TURING

图灵教育

站在巨人的肩上
Standing on the Shoulders of Giants

U0247433

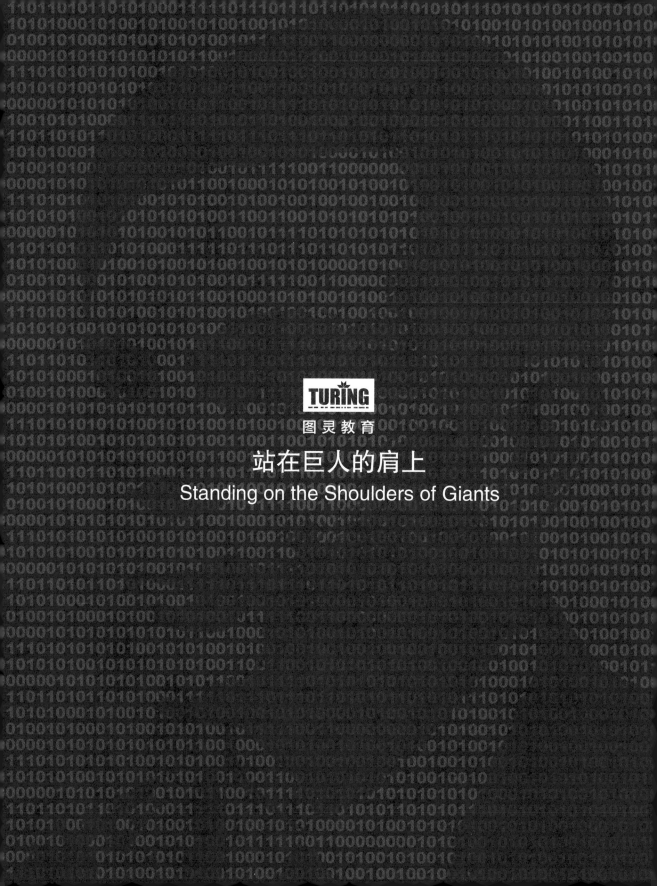

TURING
图灵教育

站在巨人的肩上
Standing on the Shoulders of Giants

图灵程序设计丛书

Keras to Kubernetes
The Journey of a Machine Learning Model to Production

Python
机器学习建模与部署
从Keras到Kubernetes

[印]达塔拉·拉奥（Dattaraj Rao）◎著

崔艳荣　詹炜　杨慧明 ◎译

人民邮电出版社

北　京

图书在版编目（CIP）数据

Python机器学习建模与部署：从Keras到Kubernetes/
(印) 达塔拉·拉奥 (Dattaraj Rao) 著；崔艳荣，詹炜，
杨慧明译. -- 北京：人民邮电出版社，2020.11
　　(图灵程序设计丛书)
　　ISBN 978-7-115-55051-4

Ⅰ．①P… Ⅱ．①达… ②崔… ③詹… ④杨… Ⅲ．①
软件工具－程序设计 Ⅳ．①TP311.561

中国版本图书馆CIP数据核字(2020)第198159号

内 容 提 要

本书从实践的角度，介绍了如何使用基于 Python 的 Keras 库和 TensorFlow 框架开发机器学习模型和深度学习模型，以及如何使用 Kubernetes 将其部署到生产环境中。书中讨论了许多流行的算法；展示了如何使用它们来构建系统；包含有大量注释的代码示例，以便读者理解并重现这些示例；使用了一个深度学习模型的示例来读取图像，并对流行品牌的标识进行分类，然后将该模型部署在分布式集群上以处理大量的客户端请求。附录中提供了一些图书和网站，这些参考资料涵盖了本书没有完全涵盖的项目的细节。

本书适合软件开发人员和数据科学家阅读。

◆ 著　　　　[印] 达塔拉·拉奥
　　译　　　　崔艳荣　詹　炜　杨慧明
　　责任编辑　温　雪
　　责任印制　周昇亮
◆ 人民邮电出版社出版发行　　北京市丰台区成寿寺路11号
　　邮编　100164　　电子邮件　315@ptpress.com.cn
　　网址　https://www.ptpress.com.cn
　　三河市祥达印刷包装有限公司印刷
◆ 开本：800×1000　1/16
　　印张：16
　　字数：378千字　　　　　　　2020年11月第 1 版
　　印数：1-2 500册　　　　　　2020年11月河北第 1 次印刷
　　著作权合同登记号　图字：01-2019-8025 号

定价：79.00元
读者服务热线：(010)51095183转600　印装质量热线：(010)81055316
反盗版热线：(010)81055315
广告经营许可证：京东市监广登字 20170147 号

版 权 声 明

献给我已故的父亲贾格迪什·拉奥，
他教会了我热爱图书，并向我展示了文字的力量。

译 者 序

机器学习是一门多领域交叉学科，涉及概率论、统计学、优化算法、神经科学、脑科学、算法复杂度理论等多门学科，专门研究计算机怎样模拟或实现人类的学习行为，以获取新的、无法被传统编程实现的知识或技能。虽然机器学习研究和发展之路漫漫，但仍有无数人纷纷投入其中，足以见得机器学习领域前景广阔。

本书内容由浅入深，围绕机器学习，演示了基于 Python 构建机器学习模型和深度学习模型的示例，并讨论了如何将机器学习模型与深度学习模型部署到生产中。本书还提供了代码文件和示例数据集，并推荐了很多优秀的文章和网站，兼顾理论与实践。读者可跟着书中的示例来操作，并在此基础上探索新的解决方案。也许机器学习领域的下一个重大解决方案就是由你提出的。

本书中文版在翻译过程中参考了大量文献，同时也纠正了原书中的不少错误。译者对译文反复斟酌，希望能将更好的译著呈现给读者。翻译此书的过程中，译者得到了很多人的帮助。

感谢江伟老师，是他的授课让译者对翻译有了更深的了解，在他的讲授当中译者学到了很多。感谢长江大学生命科学学院的张燕博士、中石化川冀东送天然气管道有限公司的杨松、长江大学外国语学院的马青副教授，他们在翻译的过程中鼓励译者，并且给译文提出了不少宝贵意见。

感谢合肥工业大学计算机与信息学院的汪荣贵教授，他做了大量的审稿和解惑的工作，感谢他的认真负责和有问必答，且从来不求回报。

感谢人民邮电出版社图灵公司副总经理傅志红老师。她对图书编辑工作的坚持，让译者深受感动。她对译著内容精益求精的追求，值得业内人称道。这些真是读者的福利！

当然，由于译者水平有限，译文难免有不足之处，若读者对书中内容有疑惑之处，请联系微信 poetryiseverything（诗歌是一切），也可以通过抖音（@无人机视觉）与译者詹炜博士交流。

欢迎一起探讨！

致中国读者

亲爱的中国读者：

感谢你阅读我的书。我非常希望能够通过这本书与你分享我的知识，如果你觉得这本书对你有帮助，我会深感荣幸。这本书已写完一年有余，并在出版之后获得了非常热烈的反响。除了在美国的图书销售榜单名列前茅，它还在印度获得了很高的评价。现在，我非常高兴这本书的中文版即将面世。

我写这本书的目的是分享我在构建和部署机器学习模型方面的经验，特别是我发现关注部署方面的相关图书非常少。我坚信，能够成功部署模型并让它在真实数据上运行才是真正的考验。我们需要更好的工具让数据科学家更轻松地做到这一点。

当前是从事机器学习研究和工作的绝佳时机——技术每天都在进步，很多优秀的人在网上共享知识，而且我们拥有许多神奇的工具和平台。我有意识地尝试关注基本概念，这些概念即使在工具改变时也保持不变。

希望你喜欢我的书。

致以诚挚的问候！

达塔拉·拉奥

前　　言

欢迎阅读！本书从实践的角度介绍了机器学习（ML）和深度学习（DL），试图解释这些技术的基本工作原理及其涉及的核心算法，重点是使用这些技术构建现实世界的系统。我看到许多关于机器学习和深度学习的书广泛地介绍了算法，但并不总能清楚地说明如何将这些算法部署到生产系统。此外，我们经常看到在如何扩展这些人工智能系统以处理大量数据（也叫作大数据）的理解上，不同的人之间存在很大差距。

如今有 Docker 和 Kubernetes 这样的系统来帮助我们打包代码，并无缝部署到大型本地系统或云系统。Kubernetes 处理所有底层基础架构问题，如扩展、故障转移、负载平衡、网络、存储、安全，等等。本书展示了机器学习项目和深度学习项目如何利用 Kubernetes 提供的丰富特性，专注于大规模部署机器学习算法和深度学习算法以及处理大量数据的技巧。

书中讨论了许多流行的算法；展示了如何使用它们来构建系统；包含有大量注释的代码示例，以便你理解并重现这些示例；使用了一个深度学习模型的示例来读取图像并对流行品牌的标识进行分类，然后将该模型部署在分布式集群上以处理大量的客户端请求。该示例展示了一种在生产中构建和部署深度学习模型的端到端方法。

附录中提供了一些图书和网站，这些参考资料涵盖了本书中没有完全涵盖的项目的细节。

本书结构

本书的前半部分（第 1 ~ 5 章）聚焦于机器学习和深度学习，展示了（在 Python 中）用代码构建机器学习模型的示例，以及自动化这个过程的工具的示例，还介绍了用 Keras 库和 TensorFlow 框架构建图像分类器模型的示例。这个标识分类器模型用于区分图像中的可口可乐标识和百事可乐标识。

本书的后半部分（第 6 ~ 10 章）讨论了如何在生产环境中实际部署这些机器学习模型和深度学习模型；研究了数据科学家普遍关心的一些问题，以及软件开发人员如何实现这些模型；解释了使用 Kubernetes 大规模部署早期标识分类器模型的示例。

排版约定

黑体字表示需要注意的关键概念，这些概念很容易掌握。

Python 代码示例[①]如下所示:

```
# 此框内含代码——主要是 Python 中的代码
import tensorflow as tf
```

代码结果如下所示:

```
Results from code are shown as a picture or in this font below the code box.
```

本书读者

本书为软件开发人员和数据科学家而写，介绍了开发机器学习模型，将它们连接到应用程序代码，并将它们部署为打包成 Docker 容器的微服务。现代软件系统主要是由机器学习驱动的，我觉得数据科学家和软件开发人员都可以通过充分了解彼此的学科而受益。

无论你是软件/数据科学的初学者还是该领域的专家，本书都会有一些内容适合你阅读。虽然有编程背景有助于理解示例，但是代码和示例是针对广大读者的。给出的代码也有很多注释，因此，你应该很容易理解。虽然我使用了 Python 和特定的库——Scikit-Learn 和 Keras，但你应该能找到等效的函数，并将代码转换为其他语言和库，如 R、MATLAB、Java、SAS、C++，等等。

我努力提供尽可能多的理论，这样你无须阅读代码即可理解概念。这些代码非常实用，可以帮助你非常容易地将概念应用于数据。你可以自由（我也鼓励你）复制代码，并用自己的数据集来尝试这些示例。

说明　所有代码都免费提供在我的GitHub网站上（https://github.com/dattarajrao/keras2kubernetes）。这个网站也包含我们在示例中使用的示例数据集和图像。数据集以逗号分隔值（CSV）形式存在于data文件夹中。[②]

需要的工具

关于概念，我会努力提供尽可能多的相关理论。代码很实用，且代码注释有助于你理解。像当今大多数数据科学家一样，我更喜欢使用 Python 编程语言。你可以从 Python 网站下载并安装最新版本的 Python。

使用 Python

编写 Python 代码的一种流行方式是使用 Jupyter Notebook。这是一个基于浏览器的界面，用

[①] 本书为方便中文版读者阅读，将部分代码输出图片上的文字译为中文。——编者注
[②] 本书中文版的读者可访问 https://www.ituring.com.cn/book/2755 下载代码文件、示例数据集和图像。——编者注

于运行 Python 代码。你在浏览器中打开一个网页，编写要执行的 Python 代码，然后就可以在该网页上看到结果。Jupyter Notebook 有一个优秀的、用户友好的界面，通过执行单个代码单元显示即时结果。我举的例子也是一些小代码块，你可以在 Jupyter Notebook 中快速地单独运行。可以从Jupyter官网下载并安装 Jupyter Notebook。

　　Python 的一大优势是它有丰富的库来解决不同的问题。我们使用 Pandas 库来加载和处理用于构建机器学习模型的数据。我们还使用 Scikit-Learn，这是一个流行的库，它为大多数机器学习技术提供实现。这些库可从 Pandas 和 Scikit-Learn 网站获得。

使用框架

　　具体来说，对于深度学习，我们使用框架来构建模型。有多种框架可供选择，本书示例使用的是谷歌的 TensorFlow。TensorFlow 有一个很好的 Python 接口，我们用它来编写深度学习代码。我们使用 Keras，这是一个运行在 TenserFlow 之上的高级抽象库。Keras 附带 TensorFlow。你可以从 TensorFlow 网站为 Python 安装 TensorFlow。

　　声明一下，虽然 TensorFlow 可以投入生产，但谷歌仍在积极开发中，每两三个月就发布一次 TensorFlow 的新版本，这对正常的软件开发来说是前所未有的。由于当今的敏捷开发和持续集成实践，谷歌能够在几周而不是几个月内发布大功能。因此，本书在 Keras 和 TensorFlow 中为深度学习展示的代码可能需要更新到库的最新版本。这通常很简单。本书讨论的概念仍然有效，你可能只是需要定期更新代码。

设置 Notebook

　　如果你不想设置自己的 Python 环境，可以用完全在云中运行的托管 Notebook。这样，你只需要一台能够连接互联网的计算机来运行所有的 Python 代码，不需要安装库或框架。所有这些都是使用云计算实现的。这里有两个受欢迎的选择：亚马逊的 SageMaker 和谷歌的 Colaboratory。我特别喜欢所有机器学习库都支持的 Colaboratory。

　　就让我向你展示如何使用谷歌的云托管编程环境 **Colaboratory** 来设置 Notebook。特别感谢谷歌的朋友们，他们向拥有谷歌账户的人免费提供了此托管环境。要设置环境，请确保你有谷歌账户（如果没有，就需要创建一个）。然后打开你的 Web 浏览器，访问谷歌 Colaboratory 网站。

　　谷歌 Colaboratory 是一个免费的 Jupyter 环境（写这本书时是如此），可以让你创建 Notebook，并轻松使用 Python 代码进行实验。这种环境预装了非常好的数据科学和机器学习库，如 Pandas、Scikit-Learn、TensorFlow 和 Keras。

　　你创建的 Notebook（工作文件）将存储在你的谷歌 Drive 账户中。登录后，打开一个新的 Python 3 Notebook，如图 0-1 所示。

图 0-1　在谷歌 Colaboratory 中打开一个新 Notebook

你会看到类似于图 0-2 的屏幕，你的第一个 Python 3 Notebook 名为 Untitled1.ipynb。可以修改名称。单击 CONNECT，连接到环境并开始。这将在后台委托一台云机器，代码会在该虚拟机上运行。这就是在云托管环境中工作的美妙之处。云平台处理了所有的处理、存储和内存问题，你可以专注于自己的逻辑。这是软件即服务（SaaS）范式的示例。

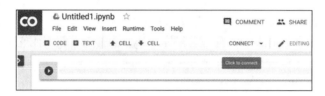

图 0-2　单击 CONNECT 以启动虚拟机

一旦 Notebook 连接了云运行时，就可以添加代码单元，然后单击幻灯片上的 Play 按钮来运行代码了。就这么简单。代码运行后，你会在块下方看到输出。还可以添加要包含的参考资料的文本块，并设置其格式。

图 0-3 显示了一个带有代码片段的 Notebook 的简单示例，用于检查 TensorFlow 库和使用 Pandas 库下载公共数据集。请记住，Python 有一套丰富的库，可以帮助加载、处理和可视化数据。

图 0-3　在 Notebook 中运行代码的示例

查找数据集

请看图 0-3 中的第二个代码块，它从互联网上加载一个 CSV 文件，并在数据帧中显示数据。该数据集显示了芝加哥市不同十字路口的交通状况，由芝加哥市维护。

多亏了出色的数据科学社区，许多这样的数据集是免费的。这些数据集经过清洗，包含格式正确的数据，用于构建模型。这些可以用来理解不同的机器学习算法及其有效性。

谷歌也有一个专门的网站 Toolbox，用来搜索可用于建立模型的数据集。

小结

下面我们将开始为现实世界中的用例构建机器学习模型和深度学习模型的旅程。我们将使用 Python 编程语言和流行的机器学习库和深度学习库，如 Scikit-Learn、TensorFlow 和 Keras。你可以从头开始构建环境，并尝试使用本书中提供的代码；还可以使用谷歌 Colaboratory 的托管 Notebook 来运行代码。有许多开放数据集可供你自由地进行模型构建和测试实验。可以使用这些数据集来提高你的数据科学技能。我举了这样的例子。我们开始吧！

致　　谢

我要感谢通用电气公司（GE）的所有同事，无论是现同事还是前同事，这些年来他们给了我很多启发和教导，尤其是我的导师 Ravi Salagame、Eric Haynes、Anthony Maiello 和 Wesley Mukai。我也要感谢几个人工智能项目的团队成员——Nidhi Naithani、Shruti Mittal、Ranjitha Kurup、S. Ritika、Nikhil Naphade 和 Scott Nelson，他们激发了我对这个领域的兴趣。此外，感谢 GE Transportation优秀的首席技术官（CTO）团队——Aaron Mitti、Mark Kraeling、Shalinda Ranasinghe、Ninad Kulkarni、Anatoly Melamud、Ankoor Patel、Richard Baker 和 Gokulnath Chidambaram。还要感谢印度果阿工程学院和人民高中的朋友们。

非常感谢本书编辑 Kezia Endsley，她非常有耐心，并且提供了专业指导。她帮助编排了本书的内容，使其更加易读，真是令人惊叹！Kezia 对细节的关注无人能及，她能够指出关键问题，进而提升我的写作水平。感谢技术编辑 Kunal Mittal，他与我分享了丰富的知识，这大大地提高了本书的内容质量。感谢 Wiley 出版社的 Devon Lewis 策划了这个选题并提供了宝贵的指导。此外，还要感谢 Wiley 出版社所有帮助本书上市的优秀人才，尤其是制作编辑 Athiyappan Lalith Kumar。

感谢我的母亲 Ranjana，她是我的力量源泉。感谢我可爱的孩子 Varada 和 Yug。最后，感谢我的妻子 Swati，她是我写作本书的灵感源泉，是她让我有了写书的想法，并激励我完成这项工作。

目　　录

第1章

大数据和人工智能

本章将概述大数据和人工智能领域的一些热门趋势。我们将看到世界如何通过数字化而改变，从而导致消费和工业领域的大数据现象；了解到数据量呈指数级增长，从太字节到艾字节再到泽字节；意识到计算机的处理能力增加了成百上千倍；讨论软件随着人工智能的应用变得更加智能，比如 IBM 的 Watson 在《危险边缘》节目中击败人类冠军，Facebook 在照片中自动为你标记朋友，还有谷歌的自动驾驶汽车；最后阐释分析技术的类型，并介绍一个简单示例：构建由分析驱动的系统来交付结果。

1.1 数据是新石油，人工智能是新电力

我们生活在互联网时代。在亚马逊网站上购物、通过优步打车、在 Netflix 网站上刷剧，所有这些都是通过互联网实现的。在这背后，大量数据不断地从我们的计算设备上传和下载到云中的远程服务器。计算设备本身不再局限于个人计算机、笔记本计算机和移动电话。今天，我们有更多智能设备或"物"连接到互联网上，比如电视、空调、洗衣机等，且与日俱增。这些设备就像计算机一样，由微处理器驱动，并具有将数据传输到云的通信接口。这些设备可以使用 Wi-Fi、蓝牙和蜂窝通信协议将数据上传到云中，还可以从远程服务器下载最新的内容，包括最新的软件更新。

物联网的出现改变了我们的生活，其现状可能非常符合 10 年前的科幻小说。我们有可以根据我们的生活方式建议日常锻炼的健身手环，有可以监测心脏异常的手表，有可以收听语音指令的家用电子设备，当然还有著名的自动驾驶汽车和卡车。这些联网设备足够智能，可以分析图像、视频和音频等复杂数据，了解其环境，预测可能的结果，执行所建议的行动或指定一个行动。

Fitbit 检查我一天内的运动量是否足够，并礼貌地"要求"我起来开始锻炼。我们有传感器可以感应任何没有运动的情况，如果房间没人了，灯就会自动关闭。苹果手表 4 有一个基本的心电图（EKG）功能，可以测量心脏状况。特斯拉汽车的消费者通过软件更新直接获得新功能，不需要去服务商店。现代物联网设备不仅是互联的，而且有实现一些惊人成果的智能，而这些在几年前只有科幻小说中才有描述。

物联网革命的影响如此巨大，以至于我们现在习惯于期待这样的结果。这项技术会一直存在下去。前几天，我 4 岁的儿子问家里的亚马逊 Echo 设备："Alexa，你可以帮我做作业吗？"（见图 1-1。）现代消费者期望设备能够提供此类新功能，任何不足都是不可接受的！

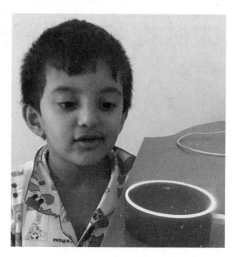

图 1-1   Alexa，你可以帮我做作业吗？

虽然结果各不相同，但这些物联网设备或"物"有一种共同模式：用传感器来"观察"环境并收集数据。这些数据可能是简单的传感器读数，如温度；也可能是复杂的非结构化数据类型，如声音和视频。有些处理是在设备端本身完成的，叫作**边缘处理**（edge processing）。物联网设备由于成本低，处理和存储能力通常很有限。为了进行更大规模的处理并与历史数据进行比较，这些设备将数据上传到远程服务器即云端。较新的高级物联网设备具有内置的云连接功能，可选择Wi-Fi、蓝牙或蜂窝通信协议。低功耗（和低成本）设备通常使用网关连接到云并上传数据。在云中，数据可以在更大、更快的计算机上进行处理，这些计算机通常安放在数据中心的大型集群中。此外，可以将设备数据与来自同一设备和许多其他设备的历史数据结合起来处理，这可能会产生新的、更复杂的结果，这些结果仅凭边缘处理是不可能产生的。产生的结果随后使用相同的连接选项下载回设备。这些物联网设备可能还需要通过及时的软件更新和配置进行远程管理，这也是通过云实现的。图 1-2 从宏观上显示了每个级别处理数据的规模。

我们正将数十亿的智能互联设备放在互联网上。我们有智能手机录制、存储和传输太字节级别的照片和视频。监控摄像机全天候收集视频。GPS 设备、射频识别标签和健身跟踪器持续监控、跟踪和报告运动状态。我们已经把图书馆从书架"搬"到了拥有成百上千本电子书的 Kindle 上。磁带和光盘转变成了 MP3 格式文件，又变成应用程序，供我们下载音乐库。Netflix 使用了世界互联网带宽的 15%。而这一切仅仅是消费互联网。

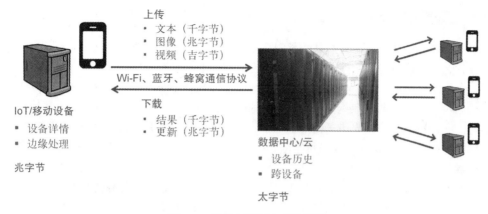

图 1-2 消费互联网上的数据量

1.1.1 机器的崛起

工业界正在发生一场并行数据的革命，其成果甚至更显著。这是一个由 GE、西门子、博世等公司倡导的全新互联网，主要面向工业应用，在欧洲叫作工业互联网或工业 4.0。燃气轮机、机车和核磁共振成像仪（MRI machine）等重型机械，而不是小型消费设备，被升级成智能设备并连接到互联网。这些机器通过升级先进的传感器、连接和处理能力，实现边缘分析与工业云的连接。工业机器每天产生太字节和拍字节级的数据，比消费设备多得多。这些数据需要实时处理，以了解机器在告诉我们什么，以及我们如何提高其性能。我们需要能够通过观察传感器数据，确定一架飞机服务年限已到，不应该再执行飞行任务。核磁共振扫描仪应该具有极高的精确度，能够捕捉图像，为医生诊断病症提供足够的证据。

从图 1-3 中可以清楚地看到，随着工业界中数据规模的增加，及时处理数据、生成结果日益重要。如果大家非常喜欢的《黑镜》剧集要缓冲，那么我们可以等上几秒钟。但是，医生晚几秒钟拿到核磁共振结果，对病人来说可能是致命的！

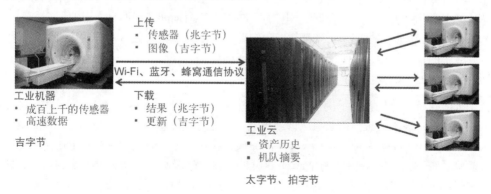

图 1-3 工业互联网上的数据量

1.1.2　处理能力的指数级增长

这是一场大数据革命，而我们身处其中。除非有办法及时处理数据并从中提取价值，不然这些数据没什么用。我们看到计算设备的处理能力出现了前所未有的增长，存储容量也出现了类似的增长。摩尔定律指出，由于电子学的进步，计算设备的处理能力每两年翻一番。基本上，我们可以在相同尺寸下封装两倍数量的晶体管，处理能力也随之翻倍。现代计算技术正在使这条定律变得过时。我们看到，使用先进的处理器［如 NVIDIA GPU、谷歌 TPU 和使用片上系统（SoC）技术集成的专用 FPGA］，处理能力每年增长 10～100 倍。当我们想到计算机时，它不再是桌子上有着键盘和中央处理器塔的笨重屏幕。我们在电视、空调、洗衣机、火车、飞机等设备中都安装了微处理器。数据存储量从太字节上升到拍字节再到艾字节，现在我们还有了一个描述大数据的新术语——**泽字节**。我们越来越擅长提升设备（边缘）的处理能力，并将更密集的存储和处理转移到云上。

数据和处理能力的增长正推动着我们改进数据分析类型。传统上，我们会按照特定的指令对计算设备进行编程，它们会毫无疑问地运行这些算法。现在我们期望这些设备更智能，并使用大数据来获得更好的结果。我们不仅仅希望预定义的规则一直运行，还希望实现之前谈到的预期结果。这些设备需要像人类一样思考。我们期望计算机通过声音和光学传感器发展出对世界的视觉感知和听觉感知能力。我们期望计算机像人类助手一样规划我们的日程——提前告诉我们汽车是否会因为发动机过热而出现问题，并像人类一样回答我们提出的问题。

1.1.3　一种新的分析方法

所有这些都需要在概念化和构建分析的方式上有一个全新的范式转变。我们正在从预定义的基于规则的方法转向在处理系统中构建人工智能。这些系统处理的数据量和数据类型及其本身的处理速度都在大幅增加，用于构建分析的传统算法方法已无法应对。现在我们需要专门的应用程序，迄今为止这些应用程序只能由人类大脑来完成，而不是用计算机来编程。如今，我们有计算机学习执行智能任务，甚至它们在这些任务上的表现超过人类。斯坦福大学教授、Coursera 创始人吴恩达博士有句名言："人工智能是新电力。"在工业革命期间，正如电力影响每个行业和人类生活的每个方面，并彻底改变了一切那样，我们看到人工智能正在做着同样的事情。人工智能正影响着生活中的很多领域，并使计算机得以实现以前无法实现的结果。大数据和人工智能正在改变生活的方方面面，改变世界！

人工智能执行智能任务的示例包括识别照片中的人（谷歌 Photos）、响应语音命令（Alexa）、玩视频游戏、查看核磁共振扫描结果以诊断患者、回复聊天信息、自动驾驶汽车、检测信用卡欺诈交易，等等。这些曾被认为是只有人类才能完成的特殊任务，但我们现在有了比人类做得更出色的计算机系统。我们有像 IBM 的 Watson 这样的示例，这是一台打败人类专家的人工智能计算机。自动驾驶卡车可以在美国进行越野旅行。亚马逊 Alexa 可以听你的命令、解释命令并回答，这只需要几秒钟。工业互联网也是如此。最近有许多示例，比如自动卡车和火车，发电厂转向预测性维护，航空公司能够在起飞前预测延误——可以看到人工智能推动了工业界的主要成果，如图 1-4 所示。

图 1-4 铁道交叉口的计算机视觉人工智能

人工智能开始在两三年前人类没有想到的领域发挥作用。最近有消息称，一幅纯粹由人工智能创作的画售价高达 432 500 美元。佳士得纽约拍卖行出售的这幅画名为"Edmond de Belamy, from La Famille de Belamy"，是由一种叫作**生成对抗网络（GAN）**的人工智能算法生成的。第 6 章有使用人工智能生成图像的示例和代码。也许你可以和人工智能一起计划下一幅画，并试着卖个好价钱！

另一个有趣的人工智能项目是由 NVIDIA 的研究人员完成的，目的是拍摄名人的面部图像并生成新图像。结果是一些惊人的新图像看起来非常真实，但不属于任何名人，它们都是假的。超级聪明的人工智能利用通过"观看"真实的名人照片而获得的随机数和模式，能够制造出难以辨别的假名人照片。[①] 第 6 章会介绍像这样酷的人工智能示例。

1.1.4 是什么让人工智能如此特别

想想铁道路口的监控摄像系统。它从多台全天候摄像机捕捉太字节的视频源，同步来自几台摄像机的视频，并在屏幕上显示它们以及每个视频的时间信息。现在，人类可以实时查看视频源

---

① 本书仅从技术角度介绍，请读者遵守相关法律、法规，切勿将此技术用于非法目的。——编者注

或者回放来了解发生了什么。在这种情况下，计算机系统以正确的格式处理数据的捕获和存储，同步几个视频源并在公共仪表板上显示。它非常高效地完成这些任务，不会感到疲倦，也不会抱怨。

接下来，由人来对视频进行实际的解释。如果我们想在火车即将到达时检查是否有人穿越铁轨，就需要依靠人工查看视频，并反馈信息。类似的监视系统用于检测公共场所的可疑行为、船上的火灾危险或机场无人看管的行李。最终的分析需要由人来完成，以提取感兴趣的模式并据此采取行动。人脑具有惊人的处理能力和内置智能，每秒能够处理并解释数百幅图像，以找出感兴趣的项（人物、火等），但缺点是随着时间的推移，人类容易疲劳也容易出错。如果一名保安连续观看实时视频，他一定会感到疲倦，并可能错过重要事件。

人工智能就是把类似人类的智能构建到计算系统中。以监控视频源为例，除了显示同步的视频源外，系统还可以识别重大活动，从而构建了人工智能系统。为此，系统需要的不仅仅是大数据和处理能力，它还需要一些智能算法来理解和提取数据中的模式，并利用这些模式对新数据进行预测。这些智能算法构成了人工智能系统的"大脑"，并帮助它像人类一样执行活动。

普通的计算机系统非常擅长执行重复性的任务。它们需要用精确的指令明确编程，以便对数据执行操作，并且它们会对系统中的新数据持续执行这些操作。我们用代码编写这些指令，计算机执行这些代码无数次都没问题。现代计算系统也可以通过在多核处理器上同时运行多个作业进行并行处理。然而，每个作业仍然是预先确定的程序。这对于早期处理视频输入并在显示器上显示非常合适。只要计算资源（CPU、内存和存储）充足，就可以同时向系统提供来自数百台摄像机的素材，系统会保持视频的格式设置并将其存储和显示在屏幕上，而不会有任何损失。我们可以将数百个视频源输入系统中，系统会很好地存储、同步，并在屏幕上显示它们。

然而，为了理解这些视频并从中提取有价值的知识，系统需要一种完全不同的能力。我们人类认为理所当然的这种能力叫作智力……但对计算机来说是件大事。智力帮助我们看视频，了解视频里发生了什么；帮助我们阅读数百页的书，并用几句话向朋友总结中心思想；帮助我们学会下棋，随着时间的推移提升棋艺。如果我们能以某种方式把这种智力推送进计算机，那么就有了速度和智能的完美结合，这能帮助我们做一些了不起的事情。以上就是人工智能的全部内容。

1.2   人工智能的应用

人工智能在我们的生活中有许多应用。就在此刻，聪明的工程师正在开发更多的人工智能应用来改善生活的各个方面。

人工智能的一个非常流行的应用是**知识表示**。这包括试图复制人脑的超强能力，通过一种易于检索和关联的方式存储大量信息，以便回答问题。如果我问你第一天工作时的情景，你可能记得很清楚，很可能还有美好的回忆，但你可能记不太清楚其他时间的事情了，比如工作的第 15 天，除非那天发生了什么大事。我们的大脑非常擅长存储大量上下文相关联的信息。因此，当需要时，它可以根据上下文快速查找正确的信息并进行检索。类似地，人工智能系统需要将大量的原始数据转换成知识，这些知识可以与上下文一起存储，并且很容易检索以找到答案。这方面的一个很好的示例是 IBM 的 Watson，它是一台超级计算机，能够通过在互联网上阅读数百万份文件并在内部存储这些知识来学习。Watson 能够利用这些知识回答问题，并在《危险边缘》节目中击败人类专家，见图 1-5。IBM 还教授 Watson 医学诊断知识，以便它能够像医生一样帮助开医学处方。

图 1-5 IBM Watson 完胜《危险边缘》节目冠军
（来源：Wikimedia）

  人工智能的另一个更流行、更酷的应用是在机器中建立一种感知。机器内部的计算机收集和解释来自高级传感器的数据，以帮助机器了解其环境。想想一辆自动驾驶汽车，它使用摄像机、激光雷达、雷达和超声波传感器来定位路上的物体。自动驾驶汽车配有人工智能计算机，帮助寻找路上的行人、汽车、标志和信号，并确保它们避开障碍物，遵守交通规则。图 1-6 展示了谷歌的自动驾驶汽车 Waymo。

图 1-6 谷歌的自动驾驶汽车
（来源：Wikimedia）

人工智能还可用于战略和规划，在这方面，我们有智能体（smart agent），它们知道如何与现实世界中的对象交互，并实现给定的目标。目标可以是人工智能在国际象棋比赛中击败特级大师，或是工业智能体、机器人从亚马逊的仓库接收在线订单，并以最快的方式准备货物。

人工智能的更多应用包括推荐引擎，如亚马逊使用的推荐引擎，它根据你的购买历史推荐你可能感兴趣的商品；又如 Netflix 根据你过去看过的电影推荐你可能喜欢的电影。在线广告是一个巨大的领域，人工智能在其中被用来理解人类活动的模式，提高产品的可见性。谷歌和 Facebook 自动标记朋友的照片也是通过人工智能完成的。

视频监控是被人工智能彻底改变的另一个领域。人工智能不仅能在监控录像中找到人，还有更多用途。人工智能能够理解人类的表情和身体姿势，以检测出有疲劳、愤怒、暴力行为等迹象的人。医院使用人工智能的摄像机来观察病人是否压力极大，并通知医生。现代汽车、卡车和火车使用摄像机来检测司机是否有压力或昏昏欲睡，从而试图避免事故。

最后，视频游戏行业是最先开始采用人工智能的行业之一，并正在充分利用其最新进展。绝大多数的现代游戏有人工智能引擎为游戏制定策略，并与用户对抗。一些现代游戏的引擎非常了不起，以至于做到了真实世界的完美再现。例如，在我最喜欢的游戏《侠盗猎车手 5》中，穿越铁路的互动非常真实。游戏中的人工智能捕捉到了各种各样的场景，包括停止交通、信号灯闪烁、让火车通过、打开大门恢复交通等，非常完美。使用强化学习等方法，游戏可以学习不同的策略来采取行动，构建能与人类竞争并让我们娱乐的智能体。

在过去的几年里，人工智能领域真正引人注目的是机器学习，这将是本书的重点内容。机器学习就是从数据中学习，提取模式，并使用这些模式进行预测。虽然大多数人把机器学习作为人工智能的一个类别，但你会发现，现代机器学习在人工智能应用的不同领域中有着相当大的影响。事实上，你可能很难找到不含任何机器学习元素的人工智能。如果你回想一下我们讨论过的不同人工智能应用，就会发现机器学习会以某种方式触及所有这些应用。

IBM Watson 建立了一个知识库，利用自然语言处理（机器学习的一个领域）从中学习，从而提供解决方案。自动驾驶汽车使用机器学习模型——更具体地说是深度学习模型——来处理大量非结构化数据，以提取有价值的知识，如行人、其他汽车和交通信号灯的位置。下象棋的智能体使用强化学习，这也是机器学习的一个领域。智能体试图通过一遍又一遍地观察国际象棋比赛来学习不同的策略，最终变得足以打败人类。这可以和孩子如何学习玩游戏相比较，但是速度要快得多。最后，找到物品和准备订单的机器人正在模仿 10 个甚至更多仓库工人会做的事情——当然，机器人没有午餐时间！

人工智能领域中备受关注的一个话题是**通用人工智能**（AGI）。这是一种高级人工智能，几乎与人类智能无法区分。它几乎能完成人类可完成的所有智力任务。通用人工智能基本上可以愚弄人类，让人类认为它也是人类。这就是你会在《黑镜》或《疑犯追踪》等电视节目中看到的那种东西。我记得在 2018 年的谷歌公司活动中，首席执行官（CEO）桑达尔·皮查伊演示了他们的虚拟助理是如何打电话给餐馆进行预约的（见图 1-7）。餐厅服务员分辨不出电话的另一端其实是计算机。这个演示引发了人工智能伦理辩论，以及对谷歌误导人们的批评。果不其然，谷歌公司团队发表了道歉声明，并发布了人工智能伦理政策，基本上是说他们不会利用人工智能做坏事。然而，我们仍然要注意，人工智能的能力日益成熟，并将越来越多地对我们的生活产生重大影响。

图 1-7　谷歌 CEO 演示 Duplex 虚拟助理愚弄餐厅服务员
（来源：Wikimedia）

1.2.1　基于数据构建分析类型

分析的发展取决于你试图解决的问题。基于你所追求的预期结果，你首先需要了解哪些数据是可用的，哪些在处理后可用，以及可以使用哪些技术来处理数据。从被调查的系统收集的数据可以是人为输入或传感器读数，也可以是数据库、摄像机的图像和视频、音频信号等现有来源。如果从头开始构建系统，你可以自由决定要测量哪些参数和安装哪些传感器。然而，在大多数情况下，你将数字化现有的系统，并在有限范围内测量新参数。你可能必须使用现有的传感器和数据源。

传感器测量特定的物理特征，将它们转换成电信号，然后转换成一系列数字进行分析。传感器测量系统的特征，如运动、温度、压力、图像、音频、视频，等等。这些通常位于战略位置，以便尽可能多地为你提供系统详细信息。例如，应该放置一个监控摄像机，使其覆盖你想要监视的最大区域。有些汽车的尾部装有超声波传感器，可以测量物体之间的距离，以便在倒车时帮助你。这些物理特征被传感器测量并转换成电信号，然后流经信号处理电路，被转换成数字。你可以用计算机对这些数字进行分析。

如果系统已有了收集数据的传感器，或者有系统数据的现有数据库，那么可以使用这些历史数据来理解系统。否则，我们可能需要安装传感器并运行系统一段时间来收集数据。工程系统也使用模拟器来生成与真实系统非常相似的数据。然后可以使用这些数据来构建处理逻辑——这就是我们的分析。例如，如果想建立温度控制逻辑来模拟恒温器数据，那么可以模拟房间中不同的温度。然后，对这些数据进行热统计分析，热统计分析是为了根据设定的温度增加或减少室内的热量流动而设计的。模拟的另一个示例可能是生成关于不同股票市场条件的数据，并利用这些数据来构建决定买卖股票的分析。从真实系统或模拟器收集的数据也可以用来训练人工智能系统学习模式，并根据系统的不同状态做出决策。

无论构建的是基于人工智能的分析还是基于非人工智能的分析，构建的一般模式都一样：从数据源读取输入，构建处理逻辑，在真实数据或模拟数据上测试该逻辑，并将其部署到系统中以生成所需的输出。从数学上讲，所有这些输入和输出的值都可以随着时间的推移而变化，它们被叫作变量。输入通常被叫作**自变量**（X），输出被叫作**因变量**（Y）。我们的分析试图在因变量和自变量之间建立一种关系。当在本书的其余部分描述不同的人工智能算法时，我们将使用这些术语。

我们的分析试图将 Y 表达或映射为 X 的函数（见图 1-8）。这可以是简单的数学公式，也可以是将自变量映射到因变量的复杂神经网络。我们可以知道公式的细节，也就是说，我们知道系统行为的内在细节。或者这种关系可能是一个黑盒，我们不知道任何细节，只使用黑盒根据输入预测输出。自变量即 X 可能有内部关系，但我们通常选择忽略这一点，而专注于 X-Y 关系。

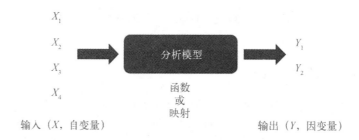

图 1-8　将 Y 表示为 X 的函数

1.2.2　分析类型：基于应用程序

分析是通过处理系统的输入数据来产生输出，这样人类就可以根据系统做出决策。在开始构建分析之前，理解我们想要问系统的问题是非常重要的。根据我们提出的问题，可能有 4 类分析。下面用这 4 类分析试图回答的问题来解释一些示例。

1. 描述性分析：发生了什么

这些非常简单，但也非常重要，因为它们试图清楚地描述数据。这里的输出可能是统计摘要，如平均值、众数和中位数。我们可以有像图表和直方图这样的视觉辅助工具来帮助人类理解数据中的模式。许多商业智能和报告工具，如 Tableau、Sisense、QlikView、Crystal Reports 等，都基于这个概念。这样做的目的是为用户提供数据的综合视图，帮助他们做出决策。图 1-9 中的示例显示了哪些月份的月支出高于平时。

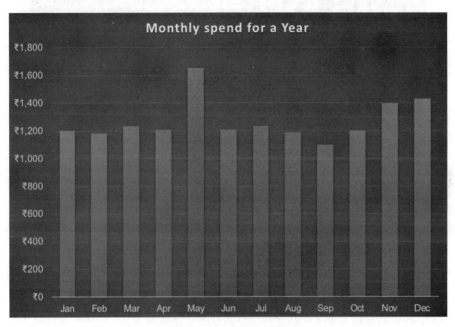

图 1-9　为人类描述数据

2. 诊断性分析：为什么会这样

在这里，我们试图诊断已发生的事情，并试图理解它为什么会发生。一个明显的示例是医生观察你的症状并诊断出疾病。我们有像 WebMD 这样的系统试图捕捉医生拥有的惊人的人类智能，并做出快速的初步诊断。类似地，像核磁共振扫描仪这样的医疗机器使用诊断性分析来试图隔离疾病模式。这种类型的分析在诊断机器的工业应用中也非常流行。工业控制和安全系统使用传感器数据和诊断规则来检测出现的故障，并试图在重大损坏发生前停止机器运行。

可以使用与描述性分析相同的工具（如图表和摘要）来诊断问题，也可以使用推理统计等技术来识别某些事件发生的根本原因。在推理统计中，假设事件依赖于问题中的某些 X，然后收集数据，看看是否有足够的数据来证明这一假设。

这里的分析通常会为我们提供关于特定事件的证据。人类仍必须用自己的直觉来确定事件发生的原因和需要做什么。图 1-10 中的示例显示了发动机机油温度如何持续升高，这可能导致了发动机故障。

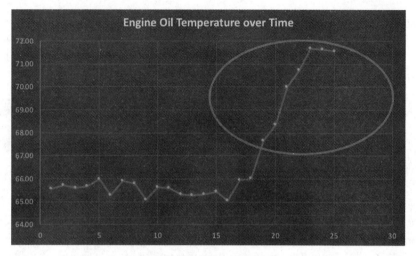

图 1-10　使用数据诊断问题

3. 预测性分析：会发生什么

前两个人工智能应用处理过去发生的事情，预测性分析则关注未来或预见。这里，我们使用机器学习等技术从历史数据中学习，并建立预测未来的模型。我们将在这里主要使用人工智能来开发预测性分析。因为我们在这里做预测，所以这些分析广泛使用概率来提供一个置信因子。本书的余下部分会讨论这种类型的分析案例。

图 1-11 中的示例显示了天气网站分析历史数据模式来预测天气。

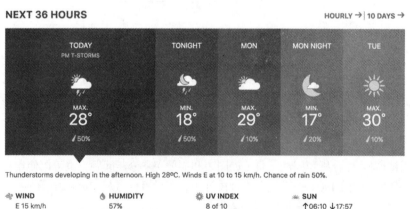

图 1-11　天气预报

（来源：The Weather Channel 网站）

4. 规划性分析：该怎么办

现在我们将预测向前推进一步，并规划一项行动。这是最复杂的分析类型，仍是一个活跃的研究领域，也有一些争论。规划性分析可以看作一种预测性分析。然而，为了使分析具有规划性，它也清楚地说明了人类必须采取的行动。在某些情况下，如果预测可信度足够高，我们可允许分析自己采取行动。这种分析在很大程度上依赖于要预测的领域。为了构建有效的规划性分析，我们需要探索许多先进的人工智能方法。

图 1-12 中的示例显示了谷歌地图如何通过考虑交通条件来规划最快的路线。

图 1-12 去上班的路
（来源：谷歌地图）

图 1-13 显示了高级别的分析类型。可以看到复杂性从描述性上升到规划性，对人类决策的帮助也在增加——规划性有可能推动完全自动化。我们使用了不同领域的示例来强调分析是一门适用于多个领域（医疗保健、工程、金融、天气，等等）的通用学科。如果重新思考每个示例，我们往往会问自己这些问题，并在大脑中计算答案。

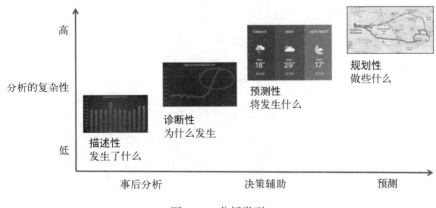

图 1-13 分析类型

我们查看不同月份的银行对账单，并使用描述性分析来推断我们在某个月份比其他月份花销大，然后深入挖掘，试图诊断原因——也许是家庭度假导致了开支的增加。我们用心智模型来将日常事件[如吃泰国菜（富含鱼油）等特定风格的菜]与可能遇到的过敏症状联系起来。我们通过做出如"八月的傍晚班加罗尔经常下雨"这样的推断成为气象专家。我们经常能做出正确预测。最后，我们听说专业机械师能感觉到汽车发动机过热或听到某些噪声，并能提出换油或水位低加水等操作。

每种分析都有人工智能的示例。我们在大脑中做出这些明智的决定，也可以建立人工智能系统来做同样的事情。我们可以建立一个人工智能系统，尝试将这些思维过程委托给计算机，以帮助我们以最大的准确性尽快获得见解。这就是我们用基于人工智能的分析所做的事。人工智能可以用于任何分析应用程序，以改善结果。

1.2.3 分析类型：基于决策逻辑

另一种在行业中更为常见的对分析进行分类的方式是，基于分析中决策逻辑的编码方式。根据编写逻辑的方式，可能有以下两种类型的分析。

1. 基于规则或物理的分析

基于规则（也叫作基于物理）是构建分析的更传统的方法。在这里，你需要知道不同的自变量是如何相互关联以构成因变量的（见图 1-14）。当你很好地理解了系统内部结构以及变量之间的关系时，这种方法是很常见的。你使用这些知识并编写显式方程，然后用计算机来计算。

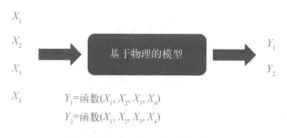

图 1-14 基于规则的分析模型

2. 数据驱动的模型

这里，我们不完全了解正在研究的系统。我们使用历史数据来导出模式，并将这些模式编码成叫作**模型**的工件。随着数据越来越多，这些模型越来越擅长做出预测，并形成了分析的内部结构（见图 1-15）。你可能已猜到，随着从现实世界系统中收集的数据的增长，这种方法越来越受欢迎。这也将是本书的重点。

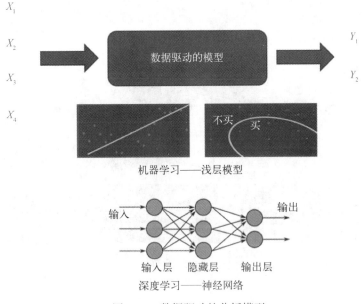

图 1-15 数据驱动的分析模型

1.2.4 构建分析驱动的系统

最后，让我们看一个分析开发的简单示例。这不是一个包含所有细节的完整系统，我们会从宏观上进行讨论，以促进你思考核心分析如何构成更大系统的一部分，以及什么是系统性思考。当你开发任何类型的分析时，记住这些非常重要。此外，我们将讨论 3 个概念，它们将帮助我们决定要开发的分析类型。

让我们以测量人运动时消耗热值的系统为例。我们感兴趣的结果是燃烧的热值数，这是因变量 Y。为了测量 Y，我们考虑可测量的自变量：所有的 X。如果能把因变量建立为自变量的函数，就有了分析模型。

为了测量运动，我们需要测量运动过程中发生的活动。运动与结果成正比，结果就是燃烧的热值数。你运动得越多，燃烧的热值就越多。可以用几种方法测量运动，接下来会讨论。

1. 受试者在跑步机上跑步

我们让受试者，即我们关注的人，在跑步机上跑步（见图 1-16）。我们找到了跑步距离，并试图用它来计算运动量。基于一个人的跑步距离、跑步时间和体重，我们可以建立方程式来测量这段时间消耗的热值。这是一个基于规则的分析，因为你确切地知道所有 X 与所有 Y 的关系。这是一个"已知的知识"的示例，即我们知道所有的变量及其关系。

图 1-16　跑步机上的人

（来源：Wikipedia）

2. Fitbit 运动跟踪

我们可以用 Fitbit 来测量手的运动，并把它与热值关联起来。Fitbit 测量 3 个方向的加速度（见图 1-17）。很难将这种加速度直接与步行或跑步的步数联系起来，然后再与热值联系起来。对于这个问题，通常采用像机器学习这样的数据驱动方法。我们从许多走路的人身上取样，测量与行走和跑步等动作相对应的加速度值。我们使用这些数据来训练一个机器学习模型。从大量数据中学习后，机器学习模型变得足够好，可以开始预测从原始加速度数据中取得的步数。然后，这些步骤的数据可以映射到燃烧的热值。机器学习让我们进入"已知的未知"的领域。我们知道影响结果的所有 X，但不知道它们与 Y 的关系。我们使用数据来确定这种关系。

图 1-17　Fitbit 手环

（来源：Wikipedia）

3. 使用外部摄像机

如果我们决定在一个人走路或跑步的时候用摄像机来监控他，会怎么样呢（见图 1-18）？这个人身上没有传感器，也没有像跑步机这样的特殊设备。这里的传感器数据是此人走路的视频片段。视频基本上是图像的序列，每个图像被数字化为像素强度值的数组。这是非结构化数据，因为图像只有一组没有条理的数据。从这组数据中，我们如何识别这个人在哪里并测量其运动呢？这就是深度学习发挥作用的地方。深度学习通过多层学习构建大型模型，帮助解码这种大量的非结构化数据并提取知识。这是我们处理"未知的未知"的领域。变量 X 太多了，我们不知道它们与 Y 有什么关系。第 4 章将详细介绍深度学习，并展示构建、训练和使用利用 Keras 开发的模型的示例。

图 1-18　摄像机追踪运动
（来源：Wikipedia）

1.3　小结

第 1 章到此结束。本章谈到了我们的世界是如何通过数字化而改变的，无论是在消费领域还是在工业领域。我们了解到设备生成的数据量呈指数级增长，计算机的处理能力增长了百倍以上，人工智能的兴起为我们提供了一种从经验中"学习"的新型应用。下一章将进一步探讨人工智能，并讨论最流行的人工智能应用之一——机器学习，它正在改变人工智能的所有其他应用。

第2章

机器学习

第 1 章概述了大数据和人工智能领域的一些新趋势，谈到了软件随着人工智能的应用变得更加智能。本章将特别关注最流行的将智能注入软件的人工智能技术之一——机器学习。本章将分析使用机器学习捕捉数据中的模式以及在叫作**模型**的工件中捕捉这些模式的示例；讨论三种机器学习技术及其应用；最后回顾一些从简单数据集构建机器学习模型的代码示例。这些代码有很多注释，因此你可以启动自己的 Colaboratory 或 Jupyter Notebook 环境运行代码。

2.1 在数据中寻找模式

如第 1 章所述，人工智能就是让计算机发展类似人类的智能。这种智能可以帮助计算机进行知识表示、学习、规划、感知、语言理解，等等。人工智能的关键领域之一是机器学习，机器学习就是在数据中发现模式。人脑善于发现模式，却不太擅长处理大量数据。

请看代码清单 2-1 中的示例。你能准确地猜出这个序列的下一个数字吗？

| 代码清单 2-1 | 整数序列 |

2	4	6	8	10	12	14	16	18	20
22	24	28	30	32	34	36	38	40	?

查看这些数据并找出其中的模式应该没有问题，这是人脑拥有的强大的自然智能。可以看到，它们都是以 2 为增量的偶数。为了在数据中捕获这种模式，机器需要做的就是建立规则：在前一个数字上加 2，就是下一个数字。很简单，是吧？

等等，你们中的一些人可能注意到了该序列中缺少数字 26。我们的大脑擅长发现模式，但是当处理更多的数据时，我们往往会遗漏一些东西。如果数据太多，随着时间的推移，我们通常会因为人为的错误和疲劳而出错。在这个简单的示例中，一些人可能注意到了缺失的 26，并可能将其归因于打印错误，但它的遗漏是有意为之的！

现在看看代码清单 2-2 中的这组数字。我们不再处理整数，而是处理带小数点的实数。在这个序列中寻找模式会更加困难。

代码清单 2-2　实数序列

2.84	2.91	2.14	1.24	1.04	1.72				
2.66	2.99	2.41	1.46	1.00	1.46	2.42	2.99	2.65	1.71
1.04	1.25	2.15	2.91						

　　仅仅通过观察这个序列，我们的大脑很难发现其中的模式。我们可以对数据的增减有所了解，但不能做太多研究。现在对计算机来说，这个新数据几乎和之前的整数列表一样。只要处理能力增强一点点，计算机就可以分析这些新数据。然而，它仍需要一种类似人类的能力来发现模式。换句话说，它需要某种程度的人工智能来发现模式。这就是机器学习发挥作用的地方。那么为什么机器学习很重要呢？如果训练计算机在海量大数据中发现模式而不感到疲倦，并且不会犯人类所犯的错误，那我们就可以快速、高精度地完成大量智能工作。

　　下面绘制上一个示例的数据，看看我们发现了什么。不进行编码，也不使用任何花哨的工具，我们只使用电子表格。取这些数字，在电子表格中画出这些点，我们可以立即看到一种模式，这些值周期性地增大和减小并形成波。因此，在数据中有一种突出的模式，我们只能通过视觉辅助工具（图）看到它（见图 2-1）。

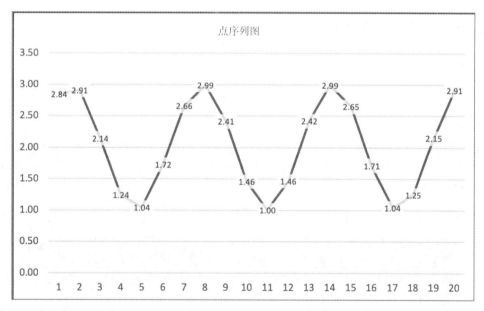

图 2-1　绘制这些实数的图显示了一种模式

　　许多商业智能和报告工具都基于这一基本原则，它们处理数据，计算重要的统计摘要，并在直观的视觉辅助工具（主要是图）上显示结果，帮助我们理解数据和寻找模式。然而，它们仍然依赖人类处理这些信息来做出最终决定。这种方法通常被叫作**描述性分析**。

　　机器学习超越了描述性分析，进入了**预测性分析**的领域。我们在数据中发现模式，并将这些模式存储在一个叫作**模型**的工件中。该模型现在可用于预测新数据。建立模型的过程叫作**训练**。甚至在开始实际训练前，我们就需要收集数据并确定我们将用于训练的算法。

为了准确地预测新数据，模型需要学习数据中的所有模式，并理解真实数据会发生的所有变化。否则，它的能力会受限，并且预测得不太准确。此外，用于建立模型的数据质量也非常重要。这里机器学习遵循"垃圾进，垃圾出"（GIGO）原则。需要给模型提供好的数据，否则它会学习不正确的模式。

以前面的整数为例。如果我们把缺失 26 的序列输入模型中，它会认为这是真实的模式并开始学习。这会影响模型的准确性。机器学习模型生命周期中有更多的步骤。我们通常关注算法，但同样重要（有时更重要）的是数据收集、准备，以及模型部署和监控步骤。现实世界在不断变化，因此随着时间的推移，部署在生产中的模型可能会因为环境的变化而变得不相关。在生产中部署机器学习模型时，可靠的监控策略和反馈周期非常重要。下一章将讨论这个问题。

让我们关注机器学习中一些流行的算法和技术。在这里，我会用简单的术语和示例代码描述一些常见的技术，还会指明详细提供这些技术的网站。

2.2　炫酷的机器学习社区

我们先来谈谈机器学习社区。机器学习社区真的很棒，免费提供了大量的数据和信息。上面有大量关于算法和技术的内容，而且其中大部分是免费的，很多时候还包括样本代码。这是一门非常有趣的学科，全球有很多人参与学习。你会发现许多杂志、文章和社区乐于倾听你的问题并帮助解决问题。

此外，像 kaggle 这样的网站会举办机器学习竞赛，用样本数据集提供现实世界的问题（见图 2-2）。任何人都可以注册并参加这些比赛，奖金可达数万美元。这里不在乎你来自哪个国家及地区，也不在乎你的学术背景如何，唯一重要的是你能否解决数据科学问题。这真正让世界变得更小！

为了解释不同的算法，我使用了一些公开的数据集。

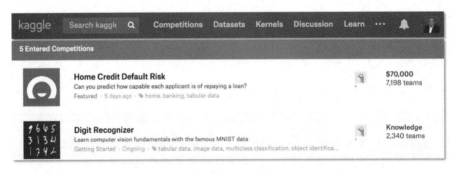

图 2-2　kaggle 举办数据科学竞赛并提供免费数据集

（来源：kaggle 网站）

再次感谢神奇的机器学习社区，它提供了许多非常好的数据集，让我们可以用来学习机器学习方法。我们将使用加利福尼亚大学欧文分校（UCI）机器学习和智能系统中心提供的数据集（见图 2-3）。

图 2-3　UCI 机器学习存储库
（来源：UCI 官网）

2.3　机器学习技术的类型

机器学习是人工智能的一个领域，触及并影响几乎所有其他学科。事实上，在过去的 5 年里，消费和工业互联网领域几乎已被机器学习所改变。前面所述的所有人工智能示例，如标记照片、推荐系统、下棋和自动驾驶汽车等，均使用了某种形式的学习方法。机器学习可分为 3 个方面，下面几节会讨论。

2.3.1　无监督机器学习

在这种情况下，我们从分析中得不到任何关于预期结果的数据。这是一种很经典的方法，从中发现模式并试图确定数据会"告诉"我们什么。我们专注于发现数据集中的一般模式，并利用这些模式获得见解。无监督学习算法可分为 3 类。

1. 聚类

聚类就是将数据集分成具有相似特征的簇或组。基于不同特征/列中数据的变化，我们试图确定哪些数据点是相似的，并将它们放在一个簇中。例如，如果一个班级中的学生身高不同，那么可以把他们分为高、中、矮 3 类。聚类技术对数据进行统计分析，以找出相似点的组。下面讨论一些常见的聚类方法。

K-Means 是一种流行的方法。在该方法中，你可以指定 K 个簇，算法会根据到每个簇的质心的距离为每个簇分配点，从而找到最优簇。在本章后面，我们使用 K-Means 算法分析房价数据集时，将看到聚类的代码示例。

另一种流行的算法叫作**具有噪声的基于密度的聚类方法**（DBSCAN）。有了它，我们就不需要像在 K-Means 中那样指定簇的数量。该算法在特征空间中发现点密度高的区域。其他流行的聚类算法包括层次聚类和 t-分布式随机邻域嵌入（t-SNE）。每种方法都有不同的聚类方式，但基本思想是一样的——找到统计上相似的数据点，并将其分组为一个簇。

2. 降维

另一种受欢迎的无监督学习方法叫作**降维**。这里的想法是减少数据集中特征/列的数量，因为特征太多就很难处理和可视化。此外，你可能最终会关注起初不感兴趣的特征。例如，假设我们有 10 个特征来描述某医疗数据集——可能是病人样本的 10 个测量值，如血压、胆固醇、血糖等，如果只有两三个特征就会更容易。我们可以绘制这些图，并观察数据的变化。这就是降维的作用。它减少了数据集的大小，同时试图捕获和记录这些特征之间的变化。因此，如果一个患者的读数与其他患者明显不同，那么在降维后，该患者的记录也会与其他患者的记录明显不同。通过分析具有数百个特征的数量集和（降维后）具有较少特征的数据集，所获得的最终结果应该相同。

减少数据集中维数的最流行技术之一是**主成分分析**（PCA）。主成分分析的思想是捕捉数据集特征之间的变化。它将数据集转换成由主成分构成的新数据集。第一个主成分试图捕捉特征之间的最大变化，然后捕捉下一个变化。各个主成分本身是相互独立的。因此，我们可以使用包含数百个特征的大型数据集，并选择前两三个主成分来查看数据中的大部分主要变化。现在这两三个特征很容易处理，我们可以绘制它们或处理它们，这比处理数百个特征更容易。我见过的主成分分析的另一个用途是隐藏数据。由于数据完全是从其原始形式转换而来的，我们可以在向第三方提供这些数据时使用它来隐藏原始的特征集。当我们有财务记录或医疗记录等敏感数据时，这一点尤其方便。

3. 异常检测

数据科学家经常使用的一种无监督学习技术是**异常检测**。这种技术使用简单的统计计算，如平均值和标准差来发现数据中的异常值。例如，假设你在跟踪每月的杂货支出，平均支出为 200 美元，偏差为正负 50 美元，因此数值范围在 150 ~ 250 美元。然后，突然有个月你花了 300 美元，这可能就被归为异常。更复杂的异常检测包括考虑上下文关系。每月 250 美元的费用不被认为是异常的，除非几年来支出一直低于 200 美元——在这种情况下，250 美元可能被视为异常。

更复杂的异常检测包括使用像聚类这样的技术，这是我们在本章前面学到的。我们可以将好的（非异常的）数据分组到一个单独的簇中，其中每个点用它到聚类质心的距离来表示。计算距离时考虑了数据集中的所有特征，这可能会变得非常复杂。如果新数据远离质心，我们可将其标记为异常。

2.3.2　监督机器学习

在这里，我们监督模型如何通过已标记的数据来学习。标记数据包含每个特征数据点（X）的预期输出值（Y）。例如，从病历数据集中，可以得到显示哪些患者患有高血压等疾病的数据。现在可以建立 X（血压、血糖、胆固醇等）与是否高血压（Y）之间的关系。这是监督学习。通常我们正在寻找的东西被看作**阳性的**。因此，如果我们在寻找高血压患者，这些患者的数据点就是阳性的（绝对与这个词的情感无关——数据科学家就是这样奇怪！）。这里输出标签非常重要。如果我们将患者的健康指标错误地标记为阳性，模型就会学习错误的模式并做出错误的预测。这就像是在教孩子说偷窃这样的行为是好的！

监督学习生成的机器学习模型基本上是 X 和 Y 之间的关系。这是我们在图 1-9 中看到的函数或分析。换句话说，我们将 X 映射到 Y，给出这个映射的函数或关系叫作**模型**。一旦有了模型，你就可以给它 X，它将为那些特定的输入预测 Y。这种内部关系在模型中的存储方式使用了叫作**权重**的特殊参数。无论你有简单的线性回归模型还是复杂的**神经网络**，它本质上都是一种用权重将输入表示为输出的函数方法。

当我们首次定义模型并初始化这些权重时，模型将无法正确预测 Y。我们需要训练模型，让它可以从训练数据中学习模式。这个学习过程基本上包括优化这些内部权重，让模型能做出接近预期结果的预测。因此，机器学习问题最终归结为优化问题，即调整模型的权重参数，使其符合训练数据。

为了优化，我们需要一个必须最小化或最大化的目标函数。这里的目标函数叫作**成本**函数或**误差**函数，用于测量预测输出和期望输出的差异。我们的模型训练过程试图以迭代的方式最小化这个成本函数。我们使用一种叫作**梯度下降**的流行优化技术来优化权重。在这种方法中，我们使用成本函数相对于每个权重的偏导数或梯度来计算要应用于该权重的校正。这种校正有望提高权重，从而使模型做出更好的预测。在优化方面，这种校正将使我们更接近目标或最小值。

我们迭代训练数据，并不断校正模型权重。这也叫作**模型训练**过程。权重增加的量由叫作**学习率**的参数控制。在训练中没有学习到的参数叫作**超参数**，我们需要在训练开始时定义它们。下一节将通过线性回归的示例来详细讨论这些概念。

监督机器学习通常分为两个方面，下面会讨论。

1. 回归

回归的目的是预测值。标记数据由期望输出值或 Y 组成。例如，假设预测一家公司下周的股价或美元对印度卢比的汇率。这些 Y 是我们将预测的实际值。模型将给出 9.58 美元（GE 股价的预测）这样的数字，这些是标记，其单位取决于输入的单位。因此，我们使用过去 6 个月的股票价值（美元）作为训练数据，预测也将采用相同的单位。我们提供的 Y 是实数，模型试图映射 X 来预测 Y 的实际值。

2. 分类

这里的目标是预测**类**，将其作为输出。有两个或更多的类可以作为结果，算法映射输入 X 来预测类。前面根据病历预测高血压患者的示例就是分类的示例。这里的输出通常表示为特定类中成员的**概率**。

对于前面预测高血压的示例，有两种可能的结果——高血压或无高血压。这是一个二元分类的示例，对于高血压（阳性）和健康患者（阴性），输出 Y 分别为 1 和 0。预测模型通常会给出一个范围在 0～1 的数字，例如 0.95。然后，我们通过确定它是接近 0 还是接近 1 来将它映射到正确的类。因此，0.95 四舍五入到 1，0.05 四舍五入到 0。

如果处理多个类预测，那么可能有多个 Y。例如，假设我们正在监测高血压和糖尿病。在这种情况下，我们有两个 Y，Y_1 代表高血压的概率，Y_2 代表糖尿病的概率。我们需要以这种格式输入数据，良好的训练模型将通过预测 Y_1 和 Y_2 在 0～1 范围内的值来输出结果。本章后面会有这方面的示例。

2.3.3　强化学习

强化学习与前两个领域大不相同。在强化学习中，我们试图构建能学习模式并采取行动的智能体。当一个人做决定时，这些智能体"观察"现实世界，并试图学习用来做这些决定的策略。例如，你可能读过人工智能在国际象棋和围棋中击败人类的故事，这就是使用强化学习的示例。此外，一些广受欢迎的电子游戏，如《使命召唤》和《侠盗飞车》，使用了强化学习的人工智能引擎。

最好用真实的示例来理解机器学习。我们从非常简单的示例开始解释这个概念。每种方法都有几种算法来建立模型。本书不会详细讨论每种算法，重点是展示如何应用算法并得到结果，然后评估结果。有许多参考资料详细地解释了每种算法。

我们将先从非常基本的数据集开始，然后研究来自 UCI 的一些更详细的数据集。我们使用流行的 Scikit-Learn 库共享每种算法的 Python 代码。该代码会有大量注释，因此你可以轻松地用不同的语言重新创建它。

好，我们开始吧。

2.4　解决简单的问题

我们将从分析房价数据集开始。数据显示，班加罗尔出售的房屋以大小和位置为特征（X），我们将要预测的是价格（Y）。房屋大小以平方米为单位（在数据集中叫作**面积**），位置等级是基于不同因素提供的主观值，如离便利设施的距离、学校、犯罪率等。在现实世界中，很多时候你不会有所需的全部数据。在这种情况下，你可能需要创建特征来代表想要测量的概念，并找到测量它们的方法。这就是我们对位置特征所做的。这叫作**特征工程**，它是机器学习中一个独立的研究领域。特征工程是整个机器学习开发生命周期中的一项主要活动，第 9 章将详细介绍。下面我们将使用图 2-4 中显示的干净的、准备好的数据来进行分析，这些数据以逗号分隔值（CSV）的形式提供。

面积 （单位：平方米）	位置等级 （1～10），10=最佳	价格（单位： 10万印度卢比）
100	4	30
250	5	80
105	6	40
260	6	60
150	8	100
180	9	120
225	4	60
95	5	40
220	5	80
160	9	110

图 2-4　我们将要分析的样本数据集

　　这是一个非常小的数据集，旨在让你理解这些概念。事实上，你需要成百上千个点来建立有效的模型，通常数据越多越好。此外，这里的所有数据都是完整的，没有缺失数据。现实生活总是很嘈杂，数据点会丢失或者重复，等等。你将不得不清洗数据，以消除不良数据，或者用良好的表示来替换它，例如一个点周围的值的平均值、中位数或插值。同样，这是一个专门的研究领域，叫作**数据清洗**，这里不会深入探讨。

　　我们将标记数据，房价为 Y，房屋大小/面积和位置为 X。通过查看数据，可以得出一些推论。例如，随着房屋大小/面积的增大，价格也会上涨；位置更好，价格也更高。然而，要理解两个 X 对 Y 一起造成的影响并不容易。这就是我们尝试用机器学习来做的。首先，让我们画出面积和位置，看看是否存在任何模式（见图 2-5）。该图展示了一些不同的数据分组，可以看到数据中有 3 组簇在发展。我们将探索是否可以使用机器学习技术来提取这种模式，而不需要人类的智能。换句话说，让我们开始建立第一个人工智能模型。

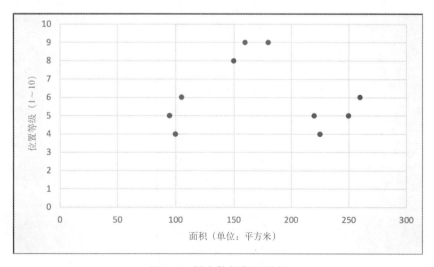

图 2-5　样本数据集的图表

2.4.1 无监督学习

让我们只看两个特征——房屋大小（或面积）和位置，看看是否找到了任何模式。我们有意不包括价格，因为想看看大小和位置是否会影响价格。我们将从无监督学习开始，特别是聚类方法。假设我们想把这些房子分成 3 组——高价、中价和低价。我们知道想要的簇的数量，所以可以使用 K-Means 算法。K-Means 背后的原理是在数据集中找到 K 个簇，并将数据分到这些簇中。这些簇的组织方式是，相对于所有特征，将数据分组，使相似的数据点在一个簇中。对于每个簇，质心平均值用作表示。对于数据集中的任何点，到簇质心的最短距离决定了它被分配到哪个簇。

我们将在数据中使用同样的概念并找到簇。首先，使用 Pandas 库来加载数据集。数据集是从存储在磁盘或云存储（如 S3 或谷歌）上的 CSV 文件加载的。Pandas 加载数据并创建一个名为**数据帧**的内存对象。

数据帧是数据科学工具（如 Pandas 和 R）中表示结构化数据的一种常见方式。数据帧像表一样存储数据，特征是具有不同标题的列和具有不同数据的行。它们经过了优化，因此我们可以通过查询特征/列并获取匹配的数据点或记录，来轻松地搜索数据。此外，因为它们被存储为二进制对象，所以可以用来快速地运行统计计算，如平均值、中位数等。我们把 CSV 文件中的数据加载到 Pandas 数据帧中，如代码清单 2-3 所示。

代码清单 2-3 使用 Python 和 Pandas 库读取 CSV 文件的代码

```
# Pandas 是我最喜欢的数据加载和处理库
import pandas as pd
# 读取 CSV 文件并显示记录
features = pd.read_csv('data/house.price.csv')
features.head(10)
```

Area	Locality	Price
100	4	30
250	5	80
105	6	40
260	6	60
150	8	100
180	9	120
225	4	60
95	5	40
220	5	80
160	9	110

现在，我们应用 K-Means 算法将数据集划分为簇（cluster），并将每个记录分配给特定的簇。我们把这应用到自变量 X，即面积/大小（Area）和位置（Locality）。这样做的目的是看看聚类是否能找到模式，然后我们将这些模式与价格（Price）联系起来。我们不使用 Y 来监督算法。这是一个无监督学习示例，如代码清单 2-4 所示。

代码清单 2-4　应用 K-Means 算法将数据分成 3 个簇

```
# 我们将使用 K-Means 算法
from sklearn.cluster import KMeans
# 仅考虑 2 个特征，并查看是否获得了模式
cluster_Xs = features[['Area', 'Locality']]
# 我们想找到多少个簇
NUM_CLUSTERS = 3
# 建立 K-Means 聚类模型
model = KMeans(n_clusters=NUM_CLUSTERS)
model.fit(cluster_Xs)
# 预测并获得簇标签——0, 1, 2 ... NUM_CLUSTERS
predictions = model.predict(cluster_Xs)
# 将预测添加到特征数据帧中
features['cluster'] = predictions
features.head(10)
```

Area	Locality	Price	cluster
100	4	30	1
250	5	80	2
220	5	80	2
105	6	40	1
260	6	60	2
150	8	100	0
180	9	120	0
225	4	60	2
95	5	40	1
160	9	110	0

结果很有趣。可以看到 3 个簇的一组点对应于前面图中的 3 个组。我们将具有特定面积/大小和位置组合的房屋分视为簇 0、1 和 2。我们的大脑通过观察视觉辅助工具（图）可以看到的逻辑是由聚类算法自己决定的（见图 2-6）。这是一个非常简单且有限的数据集。通过观察图 2-6 中的数据，可以看到具有相似大小/面积和位置等级的房屋被分为一组。然而，在现实世界中，当你有数以千计的数据点和特征时，无法通过观察轻易找到这些模式。这就是聚类算法可以在复杂数据中快速找到模式的地方。

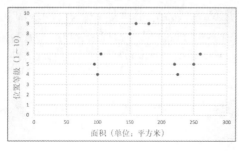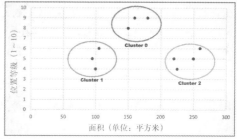

图 2-6   初始数据图上显示的簇

现在根据簇值对结果进行排序，看看是否找到了与价格的关系（见代码清单 2-5）。

代码清单 2-5   将数据分成簇并查看关系

```
features_sorted = features.sort_values('cluster')
print(features_sorted)
```

Area	Locality	Price	cluster
150	8	100	0
180	9	120	0
160	9	110	0
100	4	30	1
105	6	40	1
95	5	40	1
250	5	80	2
220	5	80	2
260	6	60	2
225	4	60	2

可以看到，这些房子按照相似的价格结构组成簇。算法使用面积/大小和位置捕捉数据的变化，并将数据分成组。这些组显示出在价格上相同的变化。在现实世界中，数据不会有这样干净的区分。你需要用不同的参数（如簇的数量）进行实验，以寻找并了解什么样的组合能带来最佳结果。

在这种情况下，簇的数量是我们提供给算法的固定值，而不是算法学习的东西。这些参数在机器学习中叫作**超参数**，通常取决于我们使用的算法。在 *K*-Means 中，超参数是簇的数量。如果我们使用随机森林，它将是树的数量和树的最大高度。本章稍后将使用一种算法来介绍随机森林。

通过使用无监督学习，我们在数据中看到了一些模式。我们看到一簇簇相似的房子，它们的价格也相似。下面看看是否能运用监督学习来发现面积/大小和位置与房价之间的关系。因为预测的是价格值，所以我们将使用回归算法。一种非常流行、非常简单的算法是线性回归。

2.4.2　监督学习：线性回归

线性回归试图通过在数据中拟合一条线来从 X 中提取线性关系。让我们举一个更简单的例子，其中只有一个 X 和一个 Y，并绘制数据，如图 2-7 所示。

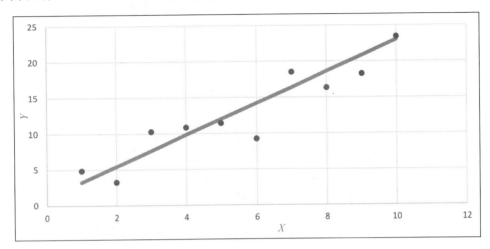

图 2-7　线性回归试图将 X 和 Y 值映射成一条直线

对于只有一个 X 变量的简单情况，线性回归方程可以写成

$$Y = w \times X + b \qquad (2.1)$$

这是一种最基本的线性回归方程，其中 w 是权重，b 是偏置项。

这意味着 Y 被表达为 X 的线性函数。因此，随着 X 的增大，Y 也会增大，反之亦然。这是变量之间最简单的关系。在现实世界中，很少有情况会表现出清晰的线性关系，从而用简单的方程来表达。然而，数据科学家有时会假设存在线性关系，并试图建立线性方程来快速得到结果。线性回归通常需要较少的处理能力，因为解决这些问题有许多统计捷径。这些都被内置在像 Scikit-Learn 这样的机器学习库中，使我们应用起来更加轻松。

w 和 b 是我们想要学习的参数。w 是与变量（X）相关的常规权重，而 b 被叫作偏置。即使变量变为零，偏置项仍会给我们一些 Y 值。即使没有输入的影响，偏置也相当于模型对预测结果所做的一些假设。

我们收集了许多 X 值和 Y 值的样本，使用它们来计算 w 和 b。使用基本统计数据，我们使用收集的 X 和 Y 样本来找到这些权重或参数值。w 是直线的斜率，b 是截距点。

在只有一个 X 和一个 Y 的简单数据集中，我们将不断改变权重 w 和 b，看看这条线是否能很好地拟合数据。示例如下所示，从零值开始，然后慢慢地改变值，看看这条线是如何开始拟合数据的。在图 2-8 所示的最后一幅图中，w 和 b 的值似乎是对线性模型的一个很好的假设。

可以看到，我们永远不会得到一条穿过每个数据点的直线。第四条线是最好的模型，误差最小，即模型线和数据集中每个点之间的距离最小。

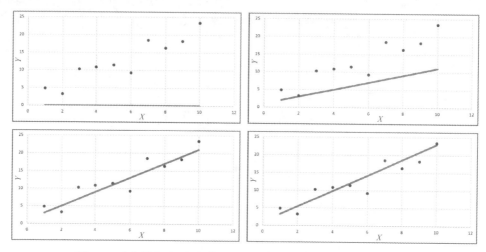

图 2-8　改变斜率（ w ）和截距（ b ）得到了不同的拟合数据的直线

这就是在数据集中拟合模型的方式。然而，通常不用这样的手动方法，因为这需要很长时间。我们有智能的优化技术，能帮助找到并获得最佳模型。我们将通过示例来了解这一点。让我们回顾一下代码清单 2-3 中的面积/大小和位置数据集。

如果想要在这个信息上拟合线性回归模型，就需要表达如式(2.2)和式(2.3)所示的关系，以线性形式表示面积、位置和价格数据：

$$价格 = 线性函数(面积, 位置) \tag{2.2}$$

或

$$价格 = w_1(面积) + w_2(位置) + b \tag{2.3}$$

可以看到这与之前见到的单个 X 问题非常相似，不同的是现在有两个 X 值。作为训练过程的一部分，我们的工作是找到权重 w_1、w_2 和偏置 b 的最佳值。同样，由于假设存在线性关系，因此这是一个非常简单的问题。对于更复杂的机器学习和深度学习问题，我们将开始研究非线性关系，并使用非常复杂的、包含许多变量的方程。而你在这里学到的机器学习训练技术也适用于这些问题。

我们有一个非常小的数据集，包含 10 个点。在开始任何机器学习分析之前，建议将数据分成训练集和验证集。训练集包含大部分记录，我们将使用这些记录来建立模型。建立模型后，我们想看看它对从未见过的数据有多有效。这将通过对验证集运行模型来完成。代码清单 2-6 中的代码将前 8 个点用于训练，其余 2 个点用于验证。在实践中，我们将使用 Scikit-Learn 库中的函数随机进行这种分离。我们将在下一个示例中讨论这一点。

代码清单 2-6 将数据分成训练集（X）和验证集（Y）

```
# 分隔前 8 个点作为训练集（0~7）
X_train = features[["Area","Locality"]].values[:7]
Y_train = features[["Price"]].values[:7]
# 将最后 2 个点作为验证集
X_val = features[["Area","Locality"]].values[7:]
Y_val = features[["Price"]].values[7:]
```

我们将使用训练集来学习模型的权重和偏置，使用验证集来检查模型是否能正确预测从未见过的数据。下面来了解模型训练过程。模型训练基本上包括调整权重 w 和偏置 b，使它们最适合训练集。

如何决定什么是最适合的呢？为此，我们需要成本函数。成本函数基本上是衡量我们的预测与期望值有多大差距的一种方法。

假设我们最初选择了一些随机权重，就像对单个 X 问题所做的那样。基于这些值，可以把训练集中的 8 个数据点传递给模型（方程），并获得相应的预测 Y 值。这些预测 Y 值很可能不同于训练集中的预期 Y 值。成本函数需要量化训练集中预测值和实际值之间的差异。如果我们预测数值输出（回归），可以发现每个训练点的预期值和实际值的差异，并组合这些差异。如果我们预测类成员（分类），可以使用函数来量化分类中的误差。成本函数也叫作误差函数，原因很简单，它帮助我们量化预测中的误差。

现在我们把所有的训练数据都传给了初始模型，我们的任务是调整权重，以便更好地预测。换句话说，需要调整权重，以便降低成本或误差函数。现在可以使用成本函数作为优化的目标函数。优化权重值，以最小化成本函数。这现在已成为了一个经典的优化问题。我们可以使用流行的优化方法，如梯度下降法来获得最佳权重，即"拟合训练数据以最小化成本"的权重。

2.4.3 梯度下降优化

梯度下降是一种流行的优化技术，用于训练机器学习算法。这是一种通用的优化技术，你可以尝试修改权重和偏置项，以便在自变量（X）和因变量（Y）之间建立关系。我们从权重和偏置项的初始近似开始，建立初始模型，再通过这个模型运行 X 并预测 Y，然后将预测与实际值进行比较，找出误差。接下来，我们找到之前的成本函数相对于每个权重和偏置项的**梯度**。梯度基本上是成本函数相对于每个权重/偏置项的偏导数。这个梯度会告诉你这个特定的权重或偏置对成本的影响的方向和大小。使用该值，你可以在降低成本的方向上调整权重和偏置项。我们还考虑了**学习率**，这一因素控制我们修改权重或偏置的程度。如果修改太多，就可能会超过最小值，但如果修改太少，收敛到最小值可能就需要很长时间。让我们将其应用到线性回归示例中。

对于前面简单的线性回归示例，我们希望优化 w_0、w_1 和 b 的值，以便最小化成本函数。当成本最小时，模型给出最好的预测。成本函数必须捕捉训练集中预测值和实际值之间的差异。我们关心的不是差异，而是距离的实际值。因此，对于线性回归，我们使用的成本函数要么是平均绝对误差，要么是均方误差。让我们看看梯度下降的步骤，如图 2-9 所示。

概括来说，梯度下降算法的工作原理如下所示。

❑ 将权重值初始化为零或随机值。对每个 X 值进行预测，并得到预测结果——我们称之为 Y′。
❑ 将 Y′ 与来自训练数据的实际 Y 值进行比较，找出误差，误差等于 Y − Y′。
❑ 正误差和负误差可以相互抵消，因此要么采用绝对误差，要么采用平方误差，这样误差符号就不会影响计算。
❑ 使用下列项之一找出总误差项的平均值：

$$平均绝对误差（MAE）= |Y − Y′| 求和 / 训练样本数 \tag{2.4}$$

$$均方误差（MSE）= (Y − Y′)^2 求和 / 训练样本数 \tag{2.5}$$

以上是成本函数。

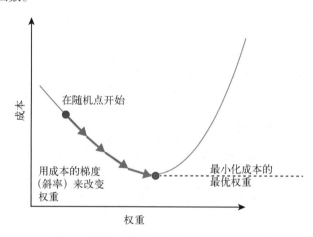

图 2-9 梯度下降以找到最佳权重和偏置项

使用上述成本函数中的任意一个，通过调整权重（w_0 和 w_1）来尽量最小化该成本（目标）。现在，这变成了一个优化问题，w_0 和 w_1 为修改项。

计算成本函数相对于要修改的权重的偏导数（梯度）。如图 2-9 所示，梯度是微积分项，它给出了曲线的斜率。梯度告诉我们应该在哪个方向修改权重值（如箭头所示）。

修改梯度的量由叫作**学习率**的常数参数控制。如果选择高学习率，那么可能会错过最小值，并且过冲（overshoot）到曲线的另一边。学习率低会使学习过程非常缓慢，因为权重变化不大。一般来说，0.05 是一个不错的学习率。

现在使用梯度来调整权重 w_0 和 w_1（如式(2.6)和式(2.7)所示）。使用学习率来控制每次迭代中权重的变化。不断优化，直到成本降至最低：

$$w_0 = w_0 − \lambda \times d(成本)/dw_0 \tag{2.6}$$

$$w_1 = w_1 - \lambda \times d(成本)/dw_1 \tag{2.7}$$

这里 λ 是学习率，d 是导数的符号。

在对所有训练点进行特定权重值评估后，我们调整权重，然后对新的权重重复这个步骤，并再次调整权重。这个迭代过程使我们不断接近成本函数的最小值。经过这么多次迭代后，或者一旦误差低于一个特定值，就会结束训练。

2.4.4 梯度下降在线性回归中的应用

让我们把线性回归应用到数据中，找到模型权重。现在，可以看到代码清单 2-7 中的代码非常简单，并且梯度下降的所有复杂细节都隐藏起来了，甚至没有指定学习率。此外，Scikit-Learn 使用一些统计快捷方式，根据训练数据快速计算最佳 w_0 和 w_1 值。然而，随着发展到复杂的模型，特别是将许多学习单元组合成网络的模型，我们将不得不仔细配置优化参数。这些学习单元网络——在机器学习中也叫作**神经网络**——在学习数据中复杂的不明显模式方面表现出色，但需要大量的人工调整。第 4 章将讨论调整这些因素（叫作**超参数**）。

代码清单 2-7 使用 Scikit-Learn 内部函数在数据上拟合线性回归模型

```
# 使用 Scikit-Learn 的内置函数来拟合线性回归模型
sklearn.linear_model import LinearRegression
model = LinearRegression()
model.fit(X_train, Y_train)
print("Model weights are: ", model.coef_)
print("Model intercept is: ", model.intercept_)

# 预测测试集中的一个点
print('Predicting for ', X_test[0])
print('Expected value ', Y_test[0])
print('Predicted value ', model.predict([[95,5]]))

Model weights are:  [[ 0.20370091 13.56708023]]
Model intercept is:  [-46.39589056]
Predicting for  [95 5]
Expected value  [40]
Predicted value  [[40.79109704]]
```

我们对训练数据建立了线性回归模型，它预测了房价与面积/大小和位置之间的关系，方程是

$$价格 \approx 0.2037(面积) + 13.5670(位置) - 46.3958 \tag{2.8}$$

我们还可以使用前面的等式（面积=95，位置=5，见式(2.9)）手动解决此问题。

$$价格 \approx 0.2037(95) + 13.5670(5) - 46.3958 = 40.7910 \tag{2.9}$$

这就是线性回归的工作原理。当然，这是一个极其简单的数据集。可以看到，对于复杂的数据集，可能无法用线性模型精确地拟合数据。MSE 或 MAE 被用来评估回归模型，当得到高值时，

我们可能不得不考虑其他模型。可以看看其他回归模型，比如支持向量回归，它使用不同的方法来形成一个模型并检查 MSE 或 MAE。

如果使用线性模型一直得到高误差值，那么通常就需要开始考虑更复杂的非线性模型。非线性回归方法中非常流行的是**神经网络**。使用神经网络，我们可以捕捉数据中的非线性，并尝试找到低误差值的模型。此外，对于像神经网络这样的复杂模型，我们将看到一种非常智能的算法——**反向传播**，它帮助我们通过网络传播实际值和预测值之间的误差，快速计算成本函数相对于每个权重和偏置项的梯度值。Geoffrey Hinton 开发的这种算法彻底革新了人工智能领域，使神经网络成为主流，以至于今天它们被看作解决计算机视觉、文本和语音识别等复杂问题的事实标准。

本章后面将详细讨论神经网络和反向传播。

2.4.5 监督学习：分类

下面谈谈另一种形式的监督机器学习——**分类**，它在现实世界的机器学习中更流行、更常见。在分类中，结果或因变量不是值，而是类成员。结果可以是从 0 到类数量的整数值。推广前面的示例，假设你有房屋位置和价格的数据，你想预测自己是否会买这所房子。这是一种常见决策。我们的大脑对这个决策做了一个心理模型，当我们看到新的房子数据时，会决定买还是不买。现在使用机器学习，我们将尝试建立这个决策的模型。这是现实世界中很常见的机器学习问题。我们必须了解各种特征，并决定每个特征属于哪个类。我们将展示一些用代码来解决这个问题的示例。

这个问题是二元分类问题，输出变量可以有两个值：买或不买。我们将其表示为 0（不买）和 1（买）。假设我们收集的数据如图 2-10 所示。价格在竖轴上，位置评级（1 ~ 10）在横轴上。

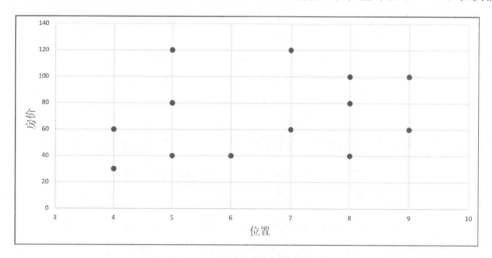

图 2-10　房价与位置的关系图

　　几个非常基本的决策是只考虑一个特征或自变量。让我们只考虑位置或价格，然后做决定。我们将划定有助于做决定的决策边界。图 2-11 和图 2-12 显示了两个这样的决策。

　　图 2-11 显示了一个决策，任何高于特定位置等级的房子我们都会买，而图 2-12 显示了如果房子的价格低于特定值，我们就会买。

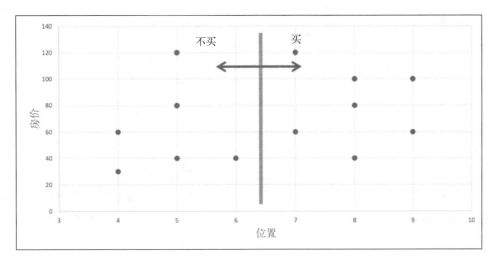

图 2-11　仅基于位置的决策

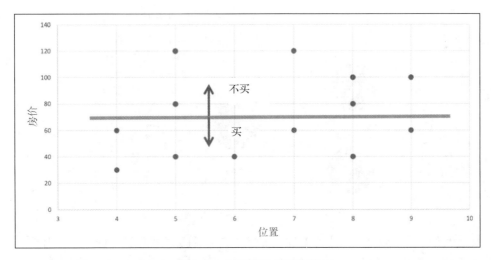

图 2-12　仅基于价格的决策

　　但是，实际上我们必须把这两个因素放在一起考虑。我们可以试着拟合变量之间的线性关系。因此，就像早期的线性回归一样，我们在这些点之间拟合一条线，但是这条线并没有预测一个值，而是试图将数据分成两类，如图 2-13 所示。

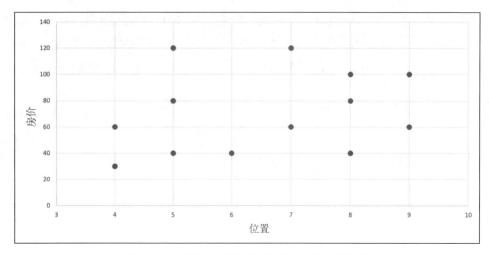

图 2-13 "买"与"不买"决策的线性决策边界

这条线是我们的决策边界，它将这些点分为两类：买和不买。这种方法叫作逻辑回归。对于任何新点，我们都可以根据它相对于模型线的位置来预测购买与否。虽然我们使用"回归"这个词，但这种技术是一种分类技术。

从数学上讲，逻辑回归相当于式(2.10)。

$$买/不买 = 逻辑函数(函数(房价, 位置)) \tag{2.10}$$

另一种看待这个问题的方法是将它可视化为一个网络，如图 2-14 所示。

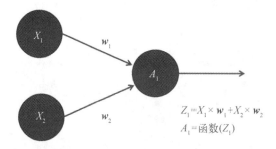

图 2-14 逻辑回归方程的简单网络表示

首先，我们学习变量之间的线性关系（新变量 Z_1），就像线性回归一样。然后用函数把这个线性项转换成一个 0~1 范围内的数。这里，我们使用逻辑函数或 Sigmoid 函数。我们不会再讨论这个公式，但本质上它会产生一个 0~1 范围内的结果（变量 A_1），类似于阈值。

Z_1 的值，如果超过某个阈值，它就是线性加权和，值接近 1；否则，它接近 0。这个阈值是机器学习算法学习的。它使用产生的结果 A_1，将数据点分为两类。这是一个二元分类，因为我们有两个分别由 0 和 1 表示的类。可以用神经网络把它推广到多类问题。我们将在第 4 章中通过示例理解这一点。

使用这个激活值 A_1 来分类数据点。如果这个数字接近 1，那么结果就是一个类；如果它接近 0，那么结果就是另一个类。根据训练数据，类成员范围在 0~1 内。让我们看一个真实的示例和一些代码。

让我们收集房屋面积/大小、位置和价格数据，并为"买"或"不买"再添加一列。如果不买，此列为 0；如果买，则为 1。现在我们希望计算机能预测你的心理模型：你为什么会预测买或不买？买和不买可能有几个标准。根据给定数据，让我们试着建立模型来预测我们是否会买房子，见图 2-15。

和前面的示例一样，让我们将数据分成训练集和验证集。我们将最后两点作为测试数据点，如代码清单 2-8 所示。

代码清单 2-8　训练集和验证集的简单分离

```
# 将前 8 点作为训练集 (0~7)
X_train = features[["Area","Locality","Price"]].values[:8]
Y_train = features["Buy"].values[:8]

# 将最后 2 点作为验证集 (8~9)
X_val = features[["Area","Locality","Price"]].values[8:]
Y_val = features["Buy"].values[8:]
```

Area	Locality	Price	Buy
100	4	30	0
250	5	80	1
220	5	80	1
105	6	40	1
150	8	100	0
180	9	120	0
225	4	60	0
95	5	40	1
260	6	60	1
160	9	110	0

图 2-15　我们的新数据集，预期买或不买

现在我们将在这些训练数据上拟合逻辑回归模型，然后利用训练后的模型对两个测试数据点进行预测，如代码清单 2-9 所示。

代码清单 2-9　在数据上拟合逻辑回归模型

```
from sklearn.linear_model import LogisticRegression

model = LogisticRegression()
model.fit(X_train, Y_train)

# 在测试数据上进行预测
Y_pred = model.predict(X_test)

# 打印预期结果
print(Y_test)
# 打印预测
print(Y_pred)

# 将最后 2 点作为验证集（8~9）
X_test = features[["Area","Locality","Price"]].values[8:]
print(Y_test)
```

结果如下所示：

```
[1 0]
[1 0]
```

从非常有限的数据中，我们得到了相当好的结果。然而，逻辑回归的局限性在于它不能在数据中捕捉非线性关系。例如，如果我们想得到如图 2-16 所示的决策边界，逻辑回归将不起作用。

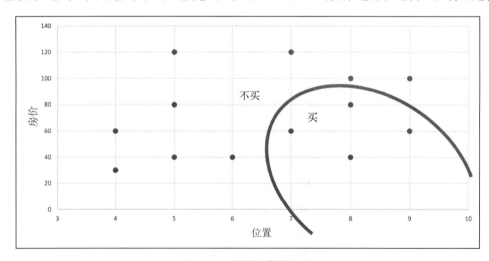

图 2-16　非线性决策边界

该决策边界在变量之间具有非线性关系，因此需要采用先进的分类方法，如 *K*-Means、决策树、随机森林和更复杂的**神经网络**。

2.5 分析更大的数据集

现在让我们看一个更复杂的示例，用更大的数据集来理解其他分类方法。

我们将使用的数据集是来自 UCI 的公开数据集：葡萄酒质量数据集。数据集中的特征列是不同葡萄酒的不同化学属性，如灰分、酒精等。结果即因变量是由人类专家通过对葡萄酒取样而确定的一类葡萄酒。每一行都是一种新的葡萄酒，根据专家意见分配在 3 个类别中。我们想建立一个模型，它可以映射人类葡萄酒专家的专业知识，并能用特征函数来表示类别。图 2-17 显示了数据集的一个示例。

fixed acidity	volatile acidity	citric acid	residual sugar	chlorides	free sulfur dioxide	total sulfur dioxide	density	pH	sulphates	alcohol	QUALITY
7.4	0.7	0	1.9	0.076	11	34	0.9978	3.51	0.56	9.4	5
7.8	0.88	0	2.6	0.098	25	67	0.9968	3.2	0.68	9.8	5
7.8	0.76	0.04	2.3	0.092	15	54	0.997	3.26	0.65	9.8	5
11.2	0.28	0.56	1.9	0.075	17	60	0.998	3.16	0.58	9.8	6
7.4	0.7	0	1.9	0.076	11	34	0.9978	3.51	0.56	9.4	5
7.4	0.66	0	1.8	0.075	13	40	0.9978	3.51	0.56	9.4	5
7.9	0.6	0.06	1.6	0.069	15	59	0.9964	3.3	0.46	9.4	5
7.3	0.65	0	1.2	0.065	15	21	0.9946	3.39	0.47	10	7
7.8	0.58	0.02	2	0.073	9	18	0.9968	3.36	0.57	9.5	7
7.5	0.5	0.36	6.1	0.071	17	102	0.9978	3.35	0.8	10.5	5
6.7	0.58	0.08	1.8	0.097	15	65	0.9959	3.28	0.54	9.2	5
7.5	0.5	0.36	6.1	0.071	17	102	0.9978	3.35	0.8	10.5	5
5.6	0.615	0	1.6	0.089	16	59	0.9943	3.58	0.52	9.9	5
7.8	0.61	0.29	1.6	0.114	9	29	0.9974	3.26	1.56	9.1	5
8.9	0.62	0.18	3.8	0.176	52	145	0.9986	3.16	0.88	9.2	5
8.9	0.62	0.19	3.9	0.17	51	148	0.9986	3.17	0.93	9.2	5
8.5	0.28	0.56	1.8	0.092	35	103	0.9969	3.3	0.75	10.5	7
8.1	0.56	0.28	1.7	0.368	16	56	0.9968	3.11	1.28	9.3	5
7.4	0.59	0.08	4.4	0.086	6	29	0.9974	3.38	0.5	9	4
7.9	0.32	0.51	1.8	0.341	17	56	0.9969	3.04	1.08	9.2	6
8.9	0.22	0.48	1.8	0.077	29	60	0.9968	3.39	0.53	9.4	6
7.6	0.39	0.31	2.3	0.082	23	71	0.9982	3.52	0.65	9.7	5
7.9	0.43	0.21	1.6	0.106	10	37	0.9966	3.17	0.91	9.5	5
8.5	0.49	0.11	2.3	0.084	9	67	0.9968	3.17	0.53	9.4	5

图 2-17 葡萄酒质量数据集样本示例

完整的数据集有 11 个特征列和 1 个结果列（即葡萄酒质量）。数据集中的记录总数为 1599 条。让我们使用不同的分类方法来尝试建立葡萄酒类别预测模型，如代码清单 2-10 所示，结果见图 2-18。

代码清单 2-10 将葡萄酒质量数据集加载到 Pandas 数据帧中

```
# Pandas 是我最喜欢的数据加载和处理工具
import pandas as pd
# 读取 CSV 文件并显示记录
features = pd.read_csv('data/winequality-red.csv')
features.describe()
```

	fixed acidity	volatile acidity	citric acid	residual sugar	chlorides	free sulfur dioxide	total sulfur dioxide	density	pH	sulphates	alcohol	quality
count	1599.00 0000	1599.000 000	1599.000 000	1599.000 000	1599.000 000	1599.000 000	1599.000 000	1599.000 000	1599.000 000	1599.000 000	1599.000 000	1599.000 000
mean	8.31963 7	0.527821	0.270976	2.538806	0.087467	15.87492 2	46.46779 2	0.996747	3.311113	0.658149	10.42298 3	5.636023
std	1.74109 6	0.179060	0.194801	1.409928	0.047065	10.46015 7	32.89532 4	0.001887	0.154386	0.169507	1.065668	0.807569
min	4.60000 0	0.120000	0.000000	0.900000	0.012000	1.000000	6.000000	0.990070	2.740000	0.330000	8.400000	3.000000
max	15.900000	1.580000	1.000000	15.50000 0	0.611000	72.00000 00	289.0000 00	1.003690	4.010000	2.000000	14.90000 0	8.000000

图 2-18　葡萄酒数据帧的摘要

　　首先，我们把"特征"数据帧分成 X 数据帧和 Y 数据帧，然后将它们进一步分成训练帧和测试帧。与之前不同，现在我们将使用内置函数按 80：20 的比例将数据随机分为训练集和测试集，如代码清单 2-11 所示。

代码清单 2-11　分离数据并构建训练集和测试集的代码

```
# 分开 X 和 Y
X = features # 所有特征
X = X.drop(['quality'],axis=1) # 删除是 Y 的质量
Y = features[['quality']]
print("X features (Inputs): ", X.columns)
print("Y features (Outputs): ", Y.columns)

X features (Inputs):
['fixed acidity', 'volatile acidity', 'citric acid', 'residual sugar',
'chlorides', 'free sulfur dioxide', 'total sulfur dioxide', 'density',
'pH', 'sulphates', 'alcohol']

Y features (Outputs):  ['quality']

from sklearn.model_selection import train_test_split
# 将数据分成训练集和测试集 -> 80：20 分割
X_train, X_test, Y_train, Y_test = train_test_split(X, Y,test_size=0.2)
print("Training features: X", X_train.shape, " Y", Y_train.shape)
print("Test features: X", X_test.shape, " Y", Y_test.shape)
```

结果如下所示：

```
Training features: X (1279, 11)  Y (1279, 1)
Test features: X (320, 11)  Y (320, 1)
```

　　我们首先把数据分成了 X 和 Y 两个数据帧。X 有 11 个输入特性，Y 是我们想要做的预测（葡萄酒质量），为单一输出。然后把它们分成 1279 个训练点和 320 个测试点。我们将使用训练数据帧来建立分类模型，并测试其性能。

准确性指标：精度和召回率

在开始训练之前，我们讨论一下将使用的指标。指标对于比较不同的算法和模型以及判断哪个准确非常重要。此外，通过调整超参数，我们可以在预测方面实现显著的改进，这也需要进行测量和基准测试。

机器学习模型的准确性是用两个流行的指标来衡量的：精度(precision)和召回率(recall rate)。图 2-19 和图 2-20 对它们进行了解释。

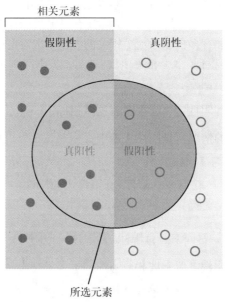

图 2-19　精度和召回率的概念
（来源：Walber-Wikipedia）

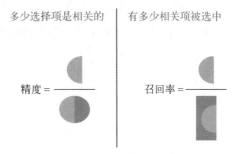

图 2-20　精度和召回率公式
（来源：Walber-Wikipedia）

精度是我们通常认为的准确性（ accuracy ）。如果我们玩飞镖游戏，4 次中有 3 次射中靶心，精度就是 3/4（ 0.75 或 75% ）。这是我们在日常生活中用来衡量准确性的标准。

召回率复杂一些，关系到我们希望实现的总体结果，以及模型在这方面的表现。很多时候，精度和召回率是相互冲突的指标，你可能不得不降低精度来提高召回率。

举个例子。假设你正在玩射击游戏，比如《使命召唤》。在一个战斗区内，你面对 5 名敌方射手。你射了 3 发子弹，干掉了 3 个敌方射手，准确率是 3/3，也就是 100%。然而，你并没有解决这个问题，仍然有两个射手能射中你。因此，除非你解决问题，否则高精度不会真正有帮助。这就是为什么仅有准确性不够，你还需要一个不同的指标：召回率。

在这种情况下，召回率是 3/5，即 60%。精度关注你有多出色，而召回率告诉你问题是否真的解决了。现在假设还有 3 发子弹，其中 1 发子弹没有射中目标，你用接下来的 2 发子弹击中了剩下的两个目标。精度告诉你有多少选择项是相关的。在 6 次射击中，有 5 次是相关的，精度是 5/6，约 83%。召回率告诉你选择了多少相关项目。5 名敌方射手都被你射中了，召回率为 100%。这个例子牺牲了精度来提高召回率。

让我们从真假阳性和真假阴性的角度来考虑这些指标。

对于第一个有 3 发子弹的情况，真阳性（击中目标）是 3 个，而假阳性（未击中）是 0，这使得精度达到 100%。精度的公式为

$$精度 = 真阳性/(真阳性 + 假阳性) \tag{2.11}$$

召回率的公式为

$$召回率 = 真阳性/(真阳性 + 假阴性) \tag{2.12}$$

在《使命召唤》游戏中，真阳性、假阳性和假阴性的定义分别为

$$真阳性 = 开枪并击中敌人 \tag{2.13}$$

$$假阳性 = 开枪但未击中 \tag{2.14}$$

$$假阴性 = 没有中弹的敌人 \tag{2.15}$$

也许你已经注意到，假阴性主要是环境属性，而真阳性和假阳性则衡量你的水平。如果想杀死所有的敌人，你需要射击更多次，这样就有可能降低精度。

当你又射击 3 次，射杀了两个敌人，但有一次未中时，新指标为

$$精度 = 5/(5 + 1) \approx 83.3\% \tag{2.16}$$

$$召回率 = 5/(5 + 0) = 100\% \tag{2.17}$$

你牺牲了精度去射击敌人，并达到了 100%的召回率。作为一名数据科学家，你将经常面临这种情况。光有高精度是不够的，你还需要专注于解决手头的问题。

现在让我们继续建立分类模型。这是非常流行的机器学习应用，在这里可以将结果预测为特定类。稍后你将看到的大多数深度学习技术也是分类模型，但更复杂。

2.6 分类方法的比较

首先，我们将应用逻辑回归对之前的葡萄酒质量数据进行分类。因为很好地划分了葡萄酒类型，所以将使用精度作为评估模型的主要指标。我们在(X_train, Y_train)上进行训练，并使用(X_test, Y_test)来评估生成的模型。接下来建立模型，预测 X_test，并将预测与基本事实进行比较。**基本事实**是我们希望模型开始预测的期望值，在这个示例中是 Y_test。

在深度学习等更复杂的技术中，当处理图像这样的非结构化数据时，基本事实通常是人类可以从这些数据中破译出来的东西。例如，假设想要区分包含百事可乐和可口可乐标识的图像。我们需要一个人来看这些图像，并标记哪些图像包含哪个标识。第 5 章将讨论这个示例。对这个示例，我们有一个由 Y_test 数组定义的、清晰的基本事实，如代码清单 2-12 所示。

代码清单 2-12 葡萄酒质量数据集的逻辑回归分类器

```
from sklearn.linear_model import LogisticRegression
# 建立模型
model = LogisticRegression()
# 拟合训练数据
model.fit(X_train, Y_train)
# 预测 X_testy 的 Y 值
Y_pred = model.predict(X_test)
# 与 Y_test 比较并记录精度
print("Precision for Logistic Regression: ", precision_score(Y_test, Y_pred,
average='micro'))
```

结果如下所示：

```
Precision for Logistic Regression:  0.590625
```

我们使用逻辑回归得到一个精度为 60% 的分类器。下面再应用一些算法来建立模型。

首先，我们将使用 K 最近邻（K-Nearest Neighbors，KNN）分类器。这是一个非常简单的分类器，它只是学会了用最接近的 K 个邻居来预测类别。对于任何新点——基于离它最近的 K 个点——它将尝试预测类别，如代码清单 2-13 所示。

代码清单 2-13 葡萄酒质量数据集上的 K 最近邻分类器

```
from sklearn.neighbors import KNeighborsClassifier
# 训练 KNN 模型
model = KNeighborsClassifier(n_neighbors=20)
model.fit(X_train, Y_train)
# 预测 X_test
Y_pred = model.predict(X_test)
# 与 Y_test 比较
print("Precision for KNN: ", precision_score(Y_test, Y_pred,average='micro'))
```

结果如下所示：

```
Precision for Logistic Regression:  0.496875
```

KNN 查看你的整个训练集，并根据最近的邻居为每个新点打分。这通常相当耗时，并且准确性可能不是最佳的。我们来寻找一个不同的算法。

现在来看一种叫作**决策树**的流行算法。顾名思义，这种方法构建了决策树，有助于将数据分类。在每个分支，我们对一个特定的特征做出决定。例如，我们可能有一个如图 2-21 所示的简单树来决定基本预测。这是一个非常简单的示例。实际上，像 CART 这样的决策树算法尝试不同的功能组合，以便很好地分离训练数据。

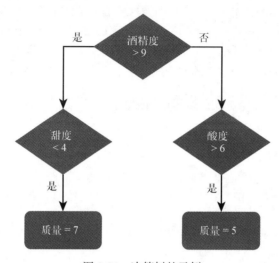

图 2-21 决策树的示例

幸运的是，大多数机器学习库有很好的决策树算法实现，我们可以在不深入研究细节的情况下使用它们。代码清单 2-14 展示了如何在 Python 中调用决策树。

代码清单 2-14 葡萄酒质量数据集的决策树分类器

```
from sklearn import tree
from sklearn.metrics import precision_score
# 建立决策树模型
model = tree.DecisionTreeClassifier()
# 使训练数据拟合模型
model.fit(X_train, Y_train)
# 预测测试集
Y_pred = model.predict(X_test)
# 查看预测的精度
print("Precision for Decision Tree: ", precision_score(Y_test, Y_pred,
average='micro'))
```

结果如下所示：

Precision for Decision Tree: 0.59375

可以使用代码清单 2-15 中的代码构建和可视化整个决策树。这可能会变得非常复杂。但是，如果你想可视化决策树，可以按照如下内容进行操作。

代码清单 2-15　在葡萄酒质量数据集上绘制决策树分类器

```
from sklearn.tree import export_graphviz
# 导出为点文件
export_graphviz(model,
                out_file='tree.dot',
                feature_names = X_train.columns,
                class_names = str(range(6)),
                rounded = True, proportion = False,
                precision = 1, filled = True)
```

这将生成一个 tree.do 文件。需使用以下命令将其转换为 PNG 文件：

```
>> dot -Tpng tree.dot -o tree.png
```

现在你有了 tree.png，如图 2-22 所示。这大约是整个图的 20%。你可以尝试这个图，看看它是如何划分数据的。

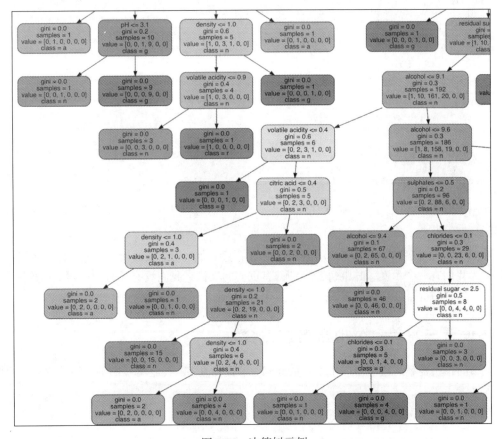

图 2-22　决策树示例

回到机器学习模型度量，我们的精度比 KNN 好，但仍不是很高。通常这些直接的机器学习方法，如逻辑回归、KNN 和决策树，会给出弱分类，除非数据非常简单，像房价示例中那样。我们必须尝试一些其他的方法来提高准确性。

一种常用的技术叫作**集成**方法。在这种技术中，我们结合许多弱分类器的预测，试图建立一个强分类器。应用于决策树算法的集成技术为我们提供了一种新的算法：**随机森林**。随机森林的思想是随机获取特征子集和数据点子集，并使用这些简化的数据来构建决策树。用特征和行的子集构建多棵决策树，最后将输出组合起来进行预测。在分类器的情况下，这种组合可以是一种模式（最常见的预测类别）。我们也可以使用随机森林来建立回归模型，得到的是单棵树输出的平均值。

让我们对数据应用随机森林。同样，像 Scikit-Learn 这样优秀的库使应用随机森林变得非常简单（见代码清单 2-16）。

代码清单 2-16　葡萄酒质量数据集上的随机森林分类器

```
from sklearn.ensemble import RandomForestClassifier
# 用 100 个随机树构建模型
model = RandomForestClassifier(n_estimators=100)
# 拟合训练数据
model.fit(X_train, Y_train)
# 对测试数据进行预测
Y_pred = model.predict(X_test)
# 显示精度值
print("Precision for Random Forest: ", precision_score(Y_test, Y_pred,
average='micro'))
```

结果如下所示：

Precision for Random Forest: 0.740625

使用集成技术，可以获得更高的精度。集成技术不限于树，还可以使用其他算法来组合结果，形成串行分类器。

在前面的所有案例中，我们使用测试数据的精度作为比较结果的指标。记住，不必担心召回率，因为我们有一个示例，其中每个类别都有重要的项目。我们没有异常值或罕见值检测案例，召回率在这种情况下变得更加重要。

2.7　偏置与方差：欠拟合与过拟合

本节讨论机器学习模型中产生误差的原因：偏置和方差。我们用一个基本的示例来理解偏置和方差。

假设你必须向镖靶投掷 5 枚飞镖。图 2-23 显示了第一次尝试的结果。

图 2-23　向左上方偏斜的飞镖

你非常擅长击中镖靶的左上角，但是仍远离目标：镖靶的中心。这是高偏置的情况。你偏向某个特定的位置，需要努力减少这种偏向以接近目标。不管尝试的次数（X）是多少，你都会得到一个相似的 Y。

现在你调整姿势，再练习几次，然后试投 5 次飞镖。假设你得到如图 2-24 所示的结果。

图 2-24　镖靶上的飞镖方差很大

飞镖不再偏向左上，但分布在整个镖靶上。因此，你得到的结果方差很大。这是一个高方差的示例。

你继续练习，并最终击中目标。你所做的是控制偏置和方差，以击中目标。虽然方差和偏置看起来是矛盾的，但有办法控制这两者，这样就能得到最佳的解决方案，即投中靶心（见图 2-25）！

图 2-25　调整偏置和方差以投中靶心

让我们看一个真实数据的示例。

我们将以逻辑回归为例。现在，我们不再只计算测试数据上的精度，而是同时计算训练数据和测试数据上的精度，如代码清单 2-17 所示。

代码清单 2-17　葡萄酒质量数据集上的逻辑回归分类器

```
from sklearn.linear_model import LogisticRegression
# 建立逻辑回归模型
model = LogisticRegression()
# 在数据上拟合模型
model.fit(X_train, Y_train)
# 预测训练数据并获得精度
Y_pred = model.predict(X_train)
print("Precision for LogisticRegression on Training data: ", precision_
score(Y_train, Y_pred, average='micro'))
# 预测测试数据并获得精度
Y_pred = model.predict(X_test)
print("Precision for LogisticRegression on Testing data: ", precision_
score(Y_test, Y_pred, average='micro'))
```

结果如下所示：

Precision for LogisticRegression on Training data:　0.58561364

Precision for LogisticRegression on Testing data:　0.590625

可以看到，训练数据和测试数据的精度基本相同。这是为什么呢？我们在训练数据上训练了模型，因此它应该在训练数据上拟合得更好，对吗？这是欠拟合的示例。

欠拟合意味着模型在训练数据和测试数据上都拟合得不好，这是因为机器学习模型的一个属性——**偏置**。偏置是指模型所做的假设，如果模型有很高的偏置，就不能很好地从数据中学习。对于模型来说，一定程度的偏置是必要的，否则模型将非常容易受到输入数据变化的影响，任何不良数据点都会导致模型出错。图 2-26 显示了一个高偏置的模型。这通常是线性回归和分类器的问题。

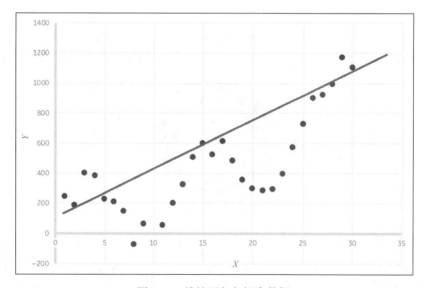

图 2-26　线性回归欠拟合数据

以随机森林为例（见代码清单2-18）。现在，我们不再只计算测试数据上的精度，也计算训练数据上的精度。

代码清单 2-18　葡萄酒质量数据集上的决策树分类器

```
from sklearn import tree
from sklearn.metrics import precision_score
# 建立决策树分类器模型
model = tree.DecisionTreeClassifier()
# 在数据上拟合模型
model.fit(X_train, Y_train)
# 预测训练数据并获得精度
Y_pred = model.predict(X_train)
print("Precision for Decision Tree on Training data: ", precision_score(Y_train,
Y_pred, average='micro'))
# 预测测试数据并获得精度
Y_pred = model.predict(X_test)
print("Precision for Decision Tree on Testing data: ", precision_
score(Y_test, Y_pred, average='micro'))
```

结果如下所示：

Precision for Decision Tree on Training data:　1.0

Precision for Decision Tree on Testing data:　0.634375

注意一件非常有趣的事情。该模型在训练数据上可提供100%的精度，但对于测试数据，精度就会下降。这个模型非常好地学习了所有的训练模式，但涉及新数据时（以前从未见过）无法获得好的结果。这种模型方差很大，但过拟合了训练数据。

在现实世界中，这就像为考试而学习，你只记住课本上的问题，如果问题不是出自课本的，那么你就不会了。相反，如果学习课本中的实际概念，你就会知道如何解决这个领域的任何问题。现在，你可以很容易地应用这些知识，并且回答并非直接出自课本的问题。这就是机器学习模型学习的方式。我们希望它能很好地应用到不可见数据上，即测试集上。

机器学习模型的方差决定了模型随着输入数据的变化而改变预测的能力。高方差意味着模型不断调整输出以适应输入数据，而不是真正学习模式。方差和偏置成反比。随着偏置增大，方差会减小，反之亦然。通常，数据科学家必须在方差和偏置之间进行权衡。决策树和随机森林一般会表现出非常高的方差和过拟合的趋势（见图2-27）。

数据科学家通常会查看拟合数据的不同模型，并评估偏置和方差，以进行良好的权衡。我们看到线性模型往往欠拟合，并显示出较高的偏置。像决策树这样的模型倾向于过拟合，并显示出较高的方差。你必须在数据集上尝试几个模型，并查看关于训练数据和测试数据的指标来评估模型性能。目的是建立一个能够很好地拟合数据的最佳模型，如图2-28所示。通常，基于真实世界数据的性质，你很可能需要非线性模型来捕捉数据中的所有变化，而不会有太大的偏置。

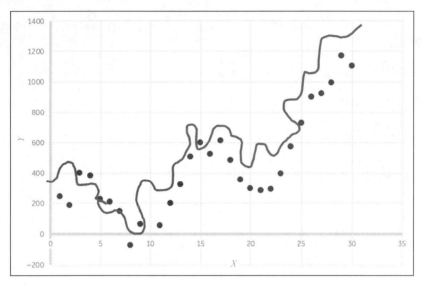

图 2-27   过拟合训练数据

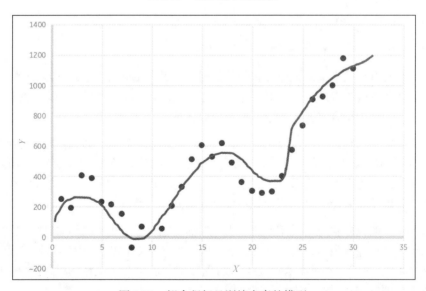

图 2-28   拟合很好且训练有素的模型

数据科学家有时选择使用线性模型，但要注意偏置误差，并尝试使用问题的某些领域知识来补偿。例如，在图 2-26 中，如果我们知道对于较低的 X 值（假设 $X < 25$），预测的 Y 值比实际值平均高 10%，而对于较高的 X 值（假设 $X > 25$），预测的 Y 值往往比实际值低 10%，那么这是一种非线性关系，线性模型是无法学习的。不过，可以在计算中加入经验法则或因素，在 $X < 25$ 的预测中增加 10%的 Y，在 $X > 25$ 的预测中减去 10%的 Y。这种调整将使我们更接近实际预测，但涉及一些领域知识。

但是，随着特征的增加和数据集变得更加复杂，尤其是图像、文本和音频等非结构化数据，你需要开始评估更复杂的模型，以便更好地拟合数据并捕捉所有非线性关系。这就开启了机器学习中一个叫作深度学习的巨大领域。第 4 章和第 5 章将详细介绍深度学习。

2.8 强化学习

最后说说**强化学习**。在此之前，先谈谈《复仇者联盟 3：无限战争》。写这本书的时候，已经是 2018 年了，我们仍在思考伟大的英雄会如何从灭霸臭名昭著的响指中归来[①]。然而，让我们来谈谈我最喜欢的复仇者——奇异博士。

在电影中最后一场战斗之前，奇异博士在脑海中勾勒出 14 000 605 种可能的战斗场景。他发现，仅在一个场景中复仇者联盟打败了灭霸。这就是强化学习的作用。它构建了在环境中工作的智能体，它们可以模拟行动并给出结果。因此，随着时间的推移，智能体会采取许多行动并比较结果，然后找出哪些行动会带来有利的结果，哪些不会。智能体会学习如何采取行动以获得长期最大回报的策略。在奇异博士的案例中，只有一个策略可以让他达到预期的最终目标。但当我们下棋的时候，有很多方法可以赢。

现在可以把强化学习和监督学习相比较了。强化学习中有一些监督，但智能体通过反复试错、采取不同的行动来学习。没有像监督学习那样事先准备好的固定训练集。不同的强化学习算法使用不同的技术来训练和学习最佳策略，以指导它们针对给定的环境采取行动。强化学习的关键是没有固定的数据集可供算法学习。相反，强化学习试图构建与环境交互的智能体，并根据反馈来学习采取哪些行动（见图 2-29）。

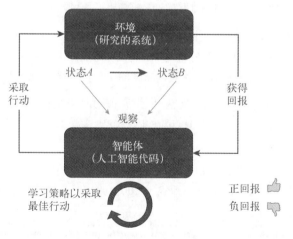

图 2-29 强化学习的工作原理

[①] 在《复仇者联盟 3：无限战争》中，灭霸打响了响指，宇宙一半的生命就此消逝，包括复仇者联盟的一些英雄。

——编者注

强化学习是机器学习的一个特殊分支，在真实或传统意义上，它可能是最接近人工智能的。它是建立能像人类一样观察和做决定的系统的过程。

强化学习通常被视为人工智能的核心技术之一，因为它类似于人脑的学习方式。想象一个孩子正在学走路。这个孩子一直在尝试用不同的方法站起来，建立平衡，走路。如果方法不对，孩子就会摔倒，而这基本上是负回报或负强化。如果孩子成功了，走了几步，则是正强化，孩子的大脑学会了如何重现那些正确的动作。每次孩子摔倒，都是负强化，告诉他不要使用那种方法。如果你仔细思考，就会发现在走路时孩子的大脑不会记住随意的移动。它从"经验"中训练，并建立一个走路时如何移动的"策略"——大脑终生都会记住它。

以类似的方式，强化学习中的智能体被赋予一个训练环境。它根据环境采取行动，改变环境的状态，并产生正强化或负强化。在学习过程中采取的这些行动可能是随机的，但是如果我们考虑到这些行动的长期回报，学习过程就会更加有效。

有两种类型的强化学习算法：基于模型的算法和无模型的算法。下面看看这些算法。

2.8.1　基于模型的强化学习

通过这种方法，可以构建一个我们正在构建智能体来控制的环境的模型。这个模型有助于回答问题，比如当对状态为 S 的环境采取行动 A 以获得回报 R 时，我们会得到什么结果（新状态）。这里的术语**模型**用于环境，而不是我们试图构建的智能体本身的机器学习模型。这是一个捕捉环境动态的数学模型。下面可以使用规划算法来找到任何状态下的最佳行动，以获得最大回报。基本上，我们可以为每个状态尝试几个动作的组合，并使用该模型来获得下一个状态和回报，找到最佳的回报策略。这可以归结为一个纯粹的优化问题。

然而，在现实世界中，很难得到一个真实的环境模型，你必须考虑所处理的系统的内部物理。此外，还有很多噪声因素需要考虑。建立能够捕捉所有状态及其转换和不同行为回报的系统模型是非常不现实的。因此，这些技术对于有限且高度简化的系统非常有用。

我们简单类比一下来更好地理解这一点。假设弗雷德向朋友安娜借钱。安娜有 200 美元，弗雷德借多少都可以，而安娜会根据她心中的某种内在规则接受或拒绝他的请求。因为弗雷德不知道安娜心里在想什么，所以他不知道该借多少钱。

我们可以把安娜想象成环境 E。环境 E 的状态 S 是由单一的变量——安娜拥有的钱数来定义的。最初的状态是安娜身上有 200 美元，即 $S_0 = 200$。弗雷德是我们的强化学习智能体，他对环境 E 采取行动 A。在这种情况下，行动是借一定数额的钱。根据他借的钱数，安娜会提供一个回报 R，R 可以是正的（接受请求）也可以是负的（拒绝请求）。因此，我们的工作是计算弗雷德可以向安娜借多少钱，而她不会说不。图 2-30 显示了这个概念。

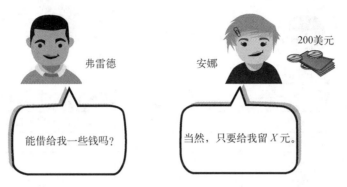

图 2-30　强化学习的简单类比

我们通过基于模型的强化学习来了解环境的内部动态。在这个示例中，如果知道安娜在想什么，她愿意借多少钱，弗雷德就有简单的解决方案来决定应该向她借多少钱。假设安娜觉得自己至少要留有 100 美元，那么弗雷德最多可以借 100 美元，在这范围内安娜很可能会答应。这里我们有环境模型，并知道它的内部工作原理。这是一个非常简单的示例，但底线是我们对环境 E 的了解足以影响我们的行动 A，并找到简单的解决方案。

然而，现实世界并非如此简单。有许多变量和限制需要考虑，还有很多影响环境行为的因素，所以很难找到合适的环境模型。

考虑一个真实的示例：驾驶汽车。我们需要智能体来控制油门位置和刹车，这样就可以从点 A 开车到点 B。其中涉及很多变量：汽车的动力学及其部件（如发动机、制动器、油门）、风阻和地面摩擦、安全特性（比如发现行人和其他车辆并避开他们），等等。可以看到这个问题变大的速度有多快，而且几乎不可能精确地模拟这样复杂的环境。因此，我们需要另一种构建智能体的方法，而不是使用确定性模型。这就是无模型强化学习智能体发挥作用的地方。事实上，对于实际应用来说，无模型智能体是非常流行的强化学习方法。

2.8.2　无模型强化学习

在这种情况下，没有环境模型。我们采取试错法来确定环境行为的模式。我们在真实系统或模拟器上运行试验，观察结果并从这些观察中学习。通过反复试错，智能体学会了最大化特定状态回报的行为模式。

我们再用弗雷德向安娜借钱的示例来考虑这种方法。不知道安娜决定如何借出钱，弗雷德别无选择，只能尝试一些请求，如图 2-31 所示。

弗雷德
（智能体）

安娜
（环境）

行动	回报	状态
		200美元（初始状态）
借20美元	同意 +	180美元
借40美元	同意 +	140美元
借50美元	拒绝 −	140美元
借30美元	同意 +	110美元
借20美元	拒绝 −	110美元
归还20美元	同意 +	130美元
借20美元	同意 +	110美元

图 2-31　从环境中获得的强化

可以看到，由于弗雷德不知道安娜在想什么，或者智能体不知道环境的模型，他一直在采取行动，试图理解安娜会如何反应。他开始只借少量的钱，比如 20 美元和 40 美元，然后逐渐增加，直到被拒绝。遭到拒绝后，他会稍微降低自己的要求，直到再次被接受。他还尝试了一种新的方法——归还 20 美元后再借钱，这样他就知道安娜会借出多少钱。

这是弗雷德经历的学习策略的过程。策略将推动他的行动。通过这种反复试错的方法，弗雷德或我们的智能体学会了一种好的决策策略。不同的强化学习算法，如 SARSA、Q 学习和深度 Q 网络（DQN）采用不同的方法来分析数据和学习好的策略。影响算法学习的关键是它如何在利用和探索之间取得平衡，我们来详细看看。

- ❑ **利用**（exploitation）意味着关注当前的正强化并遵循同一策略继续行动。因此，如果弗雷德在借 40 美元时获得同意（正强化），然后在借 50 美元时遭到拒绝，那么他可以把这作为一项策略并就此打住。由此，他可以假设安娜不会借出 140 美元以上的金额。现在，他可以继续利用这一点，通过遵循安娜的净值必须高于 140 美元的严格策略，归还和借入相同的金额。在某些问题上，利用可能是一个好策略，尤其是当你立即得出好的解决方案时。然而可以看到，在这种情况下，它不是好的解决方案。
- ❑ **探索**（exploration）是你偏离当前策略，尝试新的东西。在借 50 美元被拒绝后，弗雷德进一步探索环境，并请求借更低的金额，30 美元。这一次安娜同意了，因此探索方法奏效了。现在他可以进一步探索，并试图找到更好的策略。同样可以看到，他在图 2-31 中学习的最终策略不是最优的。安娜的净值达到 110 美元后，他可以再借 10 美元，这样就行了。

强化学习算法可以使用不同类型的策略、基于状态确定智能体的正确行动。例如，**随机策略**会让智能体采取随机行动。在这种情况下，弗雷德将继续借入和归还任意数量的钱，直到他知道安娜不会借出的阈值。另一个策略可能是**贪婪策略**，弗雷德不断借更多的钱，并选择能给他带来最直接回报的行动。

这就是无模型强化学习的工作原理。智能体尝试几种探索和利用策略来找到最佳策略，该策略可用于采取进一步的行动。接下来讨论两个在实践中非常流行的无模型学习算法——Q 学习和 DQN。

1. Q 学习

Q 学习的理念是选择一种长期回报最大化的策略。这里的概念是使用一种叫作 **Q 值**的计算方法，该方法测量在环境处于特定状态时，通过采取特定行动所获得的长期回报。因此，Q 学习表或 **Q 表**的行数等于所有可能行动的可能状态数和列数。它通常用所有零值初始化。状态和行动不相关的单元格保持为零。

现在开始训练或学习过程。我们从头到尾进行每个试验，并找出收集的回报。对于每次试验，我们使用**贝尔曼方程**来计算每个状态–行动组合的 Q 值。图 2-32 显示了这个贝尔曼方程。这里不会详细讨论该方程，但本书最后提供了参考资料。贝尔曼方程有助于根据该试验的结果计算该状态–行动组合的长期回报。因为这是一个**迭代**的学习过程，所以每次试验后，该状态–行动单元的适当 Q 值都会被更新。

$$Q^{新值}(s_t, a_t) \leftarrow \underbrace{(1-\alpha) \cdot Q(s_t, a_t)}_{旧值} + \underbrace{\alpha}_{学习率} \cdot \overbrace{\left(\underbrace{r_t}_{回报} + \underbrace{\gamma}_{折扣因子} \cdot \underbrace{\max_a Q(s_{t+1}, a)}_{最优将来值估计} \right)}^{习得值}$$

图 2-32 计算长期回报的贝尔曼方程

我们通过一个简单的示例来更好地理解这一点。假设有一个从点 S（起点）到点 E（终点）的旅行问题。我们可以走不同的路，中间点用 M_1、M_2 等表示。每走一条路，我们都会得到一个用数字代表的回报。现在我们必须找到一条最佳的旅行路线来获得最大的回报。这个问题在图 2-33 中表示为马尔可夫决策过程（MDP）。MDP 显示不同的状态和代表状态转换的连接，还能捕获每个状态转换的回报。

MDP 向我们展示了从 S 到 E 的两条可能路径。请记住，如果事先知道这个 MDP，那么这就是基于模型的强化学习问题，且我们可以很容易地找到回报最大的最佳路径。可以看到 S-M_2-E 是回报最大的路径。不过假设我们不了解 MDP，必须通过反复试错找到最佳路径。我们会应用 Q 学习，运行每条路径，并使用贝尔曼方程计算每个状态–行动对的 Q 值。在迭代过程中，这个 Q 值会在表中更新，我们会得到类似于图 2-33 中的表。

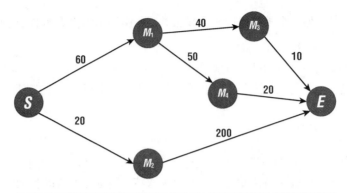

		行动					
		S to M_1	S to M_2	M_1 to M_3	M_1 to M_4	M_2 to E	M_3 to E	M_4 to E
状态	S	0.85	1.2	0	0	0	0	0
	M_1	0	0	0.45	0.6	0	0	0
	M_2	0	0	0	0	2	0	0
	M_3	0	0	0	0	0	0.1	0
	M_4	0	0	0	0	0	0	0.2

图 2-33   示例显示了 MDP 和示例 Q 学习表

说明   说说这个示例中使用的超参数:学习率为0.01,折扣因子为0.5。折扣因子告诉我们未来的回报与当前的回报相比有多重要。如你所知,手中的钱比承诺的未来更有价值。应用同样的逻辑,我们对未来的回报应用折扣因子。

因为这是一个非常简单的问题,所以我们只有 3 个试验要运行,并且要计算用于更新表的 Q 值。从 Q 表中可以看到,对于每个状态,我们可以根据最大 Q 值选择最佳行动。因此,我们取起始状态 S,并找到给出最大 Q 值的行动。结果是 S-M_2 和 M_2-E 给出了最佳路径。S-M_2-E 是回报最大的路径,我们以无模型的方式发现了这一点。

在现实问题中,会有太多的变量和状态–行动组合需要考虑。假设你和朋友下棋,从所有棋子排列的起始状态开始,移动次数和移动组合多得难以想象。你需要知道朋友在想什么,预测他的行动,做出自己的决定。除非你是像夏洛克·福尔摩斯那样的天才(尽管是虚构的),能够比对手领先 10 ~ 15 步,否则几乎不可能考虑所有可能的组合。

Q 学习虽然非常有效,但也有很大的局限性。它适用于有限状态集,我们可以构建一个有限的表以放入计算机的内存。然而,随着问题变得更加复杂,状态数量从几百增加到几百万,Q 学习就变得无效了。可以很容易地看到,如果我们在 Q 表中特定的状态没有值,智能体就会不知道采取什么行动。

为了解决这个问题,一种叫作 DQN(深度 Q 网络)的新技术流行开来。下面就来介绍一下。

2. DQN

正如我们在上一节中看到的，Q 学习可以处理一组有限的状态。对于任何**从未见过**的状态，它都无法预测要采取的行动。对于现实世界的系统，很难规划整个状态空间并将其输入 Q 学习算法中。因此，在给定状态和行动组合的情况下，我们需要一种预测 Q 值的方法。这是通过一个叫作 DQN 的神经网络来完成的。

DQN 为状态–行动对的不同组合训练神经网络，并将 Q 值作为它们的因变量。DQN 现在可以预测未知状态的 Q 值，并选择最佳行动。

另一个问题是建造状态空间通常很难。比如对于象棋来说，为 8×8 棋盘上棋子的不同位置建模非常有挑战性。一种越来越流行的技术是提供输入媒介的图像，比如棋盘，然后用它来解码状态。神经网络首先从由一组像素值组成的图像中解码状态，然后利用这个解码状态来学习如何预测 Q 值。

图 2-34 显示了如何将图像输入网络，以及如何开发 Q 值估计器。网络使用**卷积层**从图像中提取特征。它们告诉我们棋子在棋盘上的位置。然后，使用监督学习，学习预测模式。网络开始预测不同状态–行动组合的 Q 值。基于最高的 Q 值，我们可以选择行动并计划行动。

这是一个活跃的研究领域。像谷歌的 DeepMind 等公司正在积极研究新技术来构建能够解决复杂问题的 DQN。DQN 最重要的成就之一是 AlphaGo 程序击败了围棋冠军。围棋比国际象棋更复杂，有更多的组合，而 AlphaGo 能够预测所有这些组合的最佳行动。

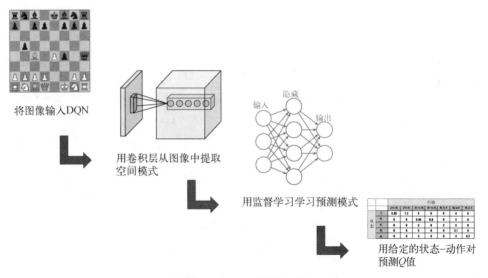

将图像输入DQN

用卷积层从图像中提取
空间模式

用监督学习学习预测模式

用给定的状态–动作对
预测Q值

图 2-34　DQN 预测 Q 值

深度强化学习是一个高度活跃且不断发展的领域。这个领域会有更多的创新，帮助我们在医疗、机器人和交通等领域实现重要的里程碑。当然，电子游戏行业一直是使用这些算法的领跑者之一。

至此强化学习的全部内容已介绍完毕。我们将回到通用机器学习技术，并特别关注深度学习。

2.9   小结

好了，这就是机器学习。我希望已为你概述了方法和算法。代码示例展示了如何将这些技术应用于数据集。我希望你能在数据上使用这些方法并找到有趣的模式。

我们讨论了机器学习是如何被分为无监督学习、监督学习和强化学习的。无监督机器学习是指在事先不知道结果的情况下发现数据中的模式，包括收集数据、减少维度（特征数量）和检测异常的算法。监督的机器学习使用标记数据建立模型，并对新数据进行预测，包括：分类算法，我们预测每个数据点是否属于特定类；回归，它根据输入特征预测数值。我们在每个类别中都给出了流行算法的示例。最后，我们讨论了强化学习，它使用智能体，通过与环境交互并接受采取行动的强化（回报）来学习模式。

下一章将探讨结构化数据和非结构化数据之间的差异，因为这种差异通常决定了使用哪种机器学习算法。第 4 章将开始研究神经网络，它使用更大、更复杂的模型，但在捕获数据中的各种非线性模式方面会更加有效。

## 第 3 章

处理非结构化数据

本章将更详细地探讨结构化数据和非结构化数据之间的差异，借此来决定选择某一类机器学习算法。我们将了解非结构化数据的独特之处，以及它为什么需要特别注意才能正确处理；探索常见类型的非结构化数据，如图像、视频和文本；学习哪些技术和工具可用于分析这些数据并从中提取知识；阐释将结构化数据转换为可用于训练机器学习模型的特征的示例。

3.1 结构化数据与非结构化数据

如上一章所述，机器学习的关键是提供好的数据，模型可以从中学习模式，然后对不可见的数据做出自己的预测。我们需要以一种可以学习的方式为模型提供良好的干净数据。**结构化数据**是易于被模型使用的数据，其中有固定的数据结构来说明如何接收数据并将其提供给模型。随着时间的推移或数据点的增多，这种结构不会改变。因此，可以将特征映射到该结构。每个数据点可以被看作大小固定的**向量**，向量的每个维度或行代表一个特征。

图 3-1 显示了结构化数据的两个示例。首先是作为传感器读数的**时间序列**数据。在这里，你可以在不同的时间间隔内获得相同的矢量数据点。在这种情况下，时间戳是唯一标识符的关键字或索引字段（列）。不会有两个具有相同时间戳的数据点（除非数据收集系统有误差）。

图 3-1 中的示例是显示金融机构贷款历史的**表格**数据。在这种情况下，通常建议使用唯一的关键字，如客户 ID，以便根据关键字进行快速搜索。然而，对于同一个客户，可能有两笔贷款，最后你会得到同一个客户 ID 的两个条目。在这种情况下，建议你使用唯一的关键字，如贷款 ID。

现在可以看到，每个数据点都是一个有限长度的数字向量，可以输入机器学习模型中进行训练。类似地，在模型被开发并用于预测或推理后，可以将具有相同结构的数据输入模型。用于训练的特征直接映射到结构化数据中的列。当然，可能仍需要清洗数据。

例如，时间序列数据总是带有由**数据采集系统（DAQ）**设置的质量值。如果 DAQ 正确获取了传感器数据，它就会分配高质量标记，在本例中为 1。例如 DAQ 的传感器导线连接到不同的输入/输出（I/O）点数。如果导线松动，且信号没有从传感器传到 DAQ 盒，它就会将标记设置为低质量。数据清洗的一个步骤是清除所有低质量的数据点。

结构化数据示例

传感器读数：时间序列

时间戳	值	量
21/01/18 0:20	22.4	1
21/01/18 0:30	22.5	1
21/01/18 0:40	22.3	1
21/01/18 0:50	22.3	1
21/01/18 1:00	22.25	1
21/01/18 1:10	22.2	1
21/01/18 1:20	22.15	1
21/01/18 1:30	22.1	1
21/01/18 1:40	22.05	1
21/01/18 1:50	22	1
21/01/18 2:00	21.95	1
21/01/18 2:10	21.9	1
21/01/18 2:20	21.85	1

↑
关键字或索引

贷款历史：表格数据

客户ID	贷款金额	期限	利息	收入	原因
111123	5000	36 months	10.65	24000	credit_card
112333	2500	60 months	15.27	30000	car
111378	2400	36 months	15.96	12252	small_business
111866	10000	36 months	13.49	49200	other
111994	5000	36 months	7.9	36000	wedding
112121	3000	36 months	18.64	48000	car
112249	5600	60 months	21.28	40000	small_business
112376	5375	60 months	12.69	15000	other
112504	6500	60 months	14.65	72000	debt_consolidation
112631	12000	36 months	12.69	75000	debt_consolidation
112759	9000	36 months	13.49	30000	debt_consolidation
112886	3000	36 months	9.91	15000	credit_card
113014	10000	36 months	10.65	100000	other
113141	1000	36 months	16.29	28000	debt_consolidation
113269	10000	36 months	15.27	42000	home_improvement
113396	3600	36 months	6.03	110000	major_purchase
113524	6000	36 months	11.71	84000	medical
113651	9200	36 months	6.03	77385.19	debt_consolidation
113779	21000	36 months	12.42	105000	debt_consolidation
113906	10000	36 months	11.71	50000	credit_card

↑
关键字或索引

图 3-1   结构化数据示例——时间序列和表格数据

结构化数据的其他示例包括：**点击流**，它是在用户点击网站链接时收集的；**网络日志**，即由 Web 服务器收集的网站统计数据的日志；当然还有**游戏数据**，它记录了你在游戏（例如《使命召唤》）中的每一步和射出的每一颗子弹！

下面我们来谈谈**非结构化数据**。这可能是从相机收集的图像或视频。视频流可以从摄像机获得，并存储在公共视频流中，如 MP4 和 AVI。文本数据可以从电子邮件、Web 搜索、产品评论、推文、社交媒体帖子等中收集。音频数据可以通过手机上的录音机收集，也可以通过在关键位置放置声传感器来获得最大的声音信号。

之所以如此称呼非结构化数据，是因为数据点不遵循固定的结构。图像可以作为像素强度值的阵列出现。文本可以被编码为特殊编码的字符序列，如美国信息交换标准码（ASCII）。声音可能以一组压力读数的形式出现。这些数据没有固定的结构。例如，不能从像素阵列中读取数据并说图像中有个人。

通常有两种常用的方法来处理非结构化数据，如图 3-2 所示。

- ❏ 第一种方法是从非结构化数据中提取**特征**。这包括清洗数据、去除噪声和发现关键特征。在图 3-2 中，我们将非结构化数据视为一个大连通区域。清洗后，可以提取结构化特征，类似于乐高积木。然后，这些乐高积木可以组装成房子等。
- ❏ 第二种方法是使用叫作**端到端**学习的方法。这类似于一个现成的房子模型，你可以在里面拟合非结构化数据。无须做任何清洗或准备，只需要得到正确的模型，并将数据拟合在其中，就能得到想要的形状。当然，你需要一个合适的模型来获得想要的特定结果。端到端模式是深度学习真正显身手的地方。这里的模型类似于用于构建模型的合适的深度学习架构，正在迅速标准化。一种叫作**卷积神经网络（CNN）**的深度学习架构作为所有图像和视频任务的标准，已被普遍接受。类似地，在处理文本和语音数据时，由于这些数据是作为一系列输入，因此这里普遍接受的架构是**递归神经网络（RNN）**。第4章和第5章将详细介绍深度学习技术。

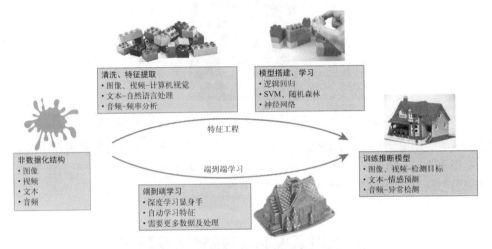

图 3-2　处理非结构化数据的两条路径

事实上，无论用哪种方法，都可能找不到银弹。端到端的方法看起来不错，但并非在所有情况下有效。你必须反复试错，看看什么最能满足需求和数据类型。有时可能不得不使用混合方法。你可能需要将数据清洗到某个级别，然后将其输入深度学习模型中。虽然递归神经网络最适合序列数据，但经过一些预处理后，你可能会发现卷积神经网络可用于序列数据。方法或方法组合通常取决于问题领域，这是数据科学家发挥经验作用的地方。下面探索每种类型的非结构化数据以及处理它的常用方法。

3.2　理解图像

当计算机读取图像时，它通常是从**数码相机**或**扫描仪**中捕获的，并以数字形式存储在计算机内存中。当我们用数码相机拍照时，相机有个光传感器，可以捕捉场景中的光线，在相机内部渲染，并将图像保存为一系列数字——一大串 0 和 1。在原始形式中，二维图像基本上是像素值的矩阵或阵列。这里每个像素值代表特定颜色的强度，但不是葡萄酒酒精含量或质量等级这样的人类可读值。这些数据通常叫作非结构化数据。单个值的意义不大，但作为整体，它们相互补充，形成像图像一样的更大的领域对象。

让我们先看一个计算机捕获和存储非结构化数据的示例。假设有一个手写数字的图像，如图

3-3 所示。这是来自开放手写图像数据集的图像，这个数据集被认为是深度学习问题的"Hello World"，叫作 MNIST。它有 60 000 个示例的训练集和 10 000 个示例的测试集，是从 NIST 获得的更大集合的子集。数字的大小已归一化并集中在固定大小的图像中。Yann Lecun 在其与 Corinna Cortes 和 Christopher J.C. Burges 合著的文章"The Minist Database of Handwritten Digits"中提供了该数据集。

图 3-3   28×28 分辨率的手写数字 5 的图像

图 3-3 中的图像是 28 像素×28 像素的图像，这意味着这个图像在计算机内存中以数字格式表示为一个由 28 行 28 列像素组成的二维阵列。阵列中每个元素的值是一个范围在 0 ~ 255 的数字，代表黑色或白色的强度，255 表示纯白色，0 表示纯黑色。150 是灰色的单元格。图 3-4 放大了该图像，以准确地显示这些像素强度值的细节。

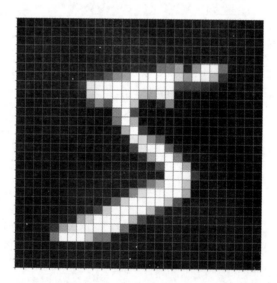

图 3-4   图像放大以详细显示 28 像素×28 像素阵列

我们在图 3-4 的放大图中看到了阵列中 28 像素×28 像素中每个像素的颜色值细节。显示边框是为了区分像素。每个像素的白色、黑色或灰度值由 0 ~ 255 的数字表示。图 3-5 显示了原始数据。

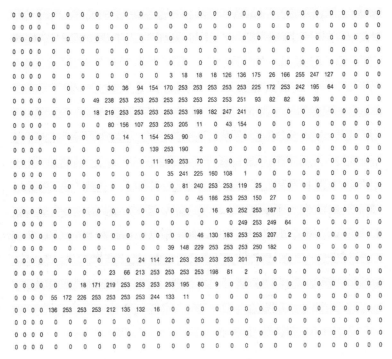

图 3-5 使用像素强度值作为原始数据的图像阵列

图 3-5 展示了计算机如何看待这个图像。可以看到大多数像素值为 0，代表黑色。白色和灰色的值形成数字 5 的模式。还要记住，因为这是灰度图像，所以像素阵列的值只是一个整数。如果我们有一个彩色图像，那么这些像素阵列值将是具有 RGB 值的阵列。也就是说，每个单元格将是一个具有红色、绿色和蓝色强度值的阵列。

此外，计算机只能理解 0 和 1。当该图像存储在计算机内存中时，像素阵列值不会存储为数字 139、253 等，而是被转换成 0 和 1 的序列。使用计算机使用的适当的数字编码，每个整数被存储为位序列（0 或 1），通常是 8 位序列，可以得到 0 ~ 255 的值。因此，255 是最高值，它被分配为白色。

实际上可以在图 3-5 的阵列中看到这一点。我们的大脑如此神奇，甚至能在如此庞大的值阵列中找到这种模式，但是计算机如何从这个像素阵列中提取这些知识呢？为此，它需要一种类似人类的智能，这种智能是通过机器学习算法实现的。

该数据集的特征是像素阵列值，因此总共 28×28=784 个像素值。要在像素值和我们想要预测的数字值之间获得常规的机器学习相关性非常困难。

这就是计算机处理图像的方式，但为每个图像存储如此大的阵列是没有意义的。实际上，我们对图像的大阵列进行压缩，以优化存储。我们知道的压缩存储格式的文件扩展名有**图形交换格**

式（GIF）、联合摄影专家组（JPG / JPEG）和便携式网络图形（PNG），它们有自己的压缩数据和保存图像的方式。你可以使用**计算机视觉**或**图像处理库**，如 OpenCV 或 Python 图像处理库（PIL），读取这些格式的文件，并将其转换成阵列进行处理。让我们看一些示例。

计算机视觉

　　计算机视觉就是用图像来看事物。我们处理图像并从中提取知识，例如在图像中找到直线、矩形、圆形等几何对象。在图像中，我们可以观察不同物体的颜色，并试图将它们分开。提取的知识（可能是几何图形或颜色）可用于准备特征，这些特征将用于训练机器学习模型。因此，计算机视觉帮助我们在特征工程中从大图像阵列中提取重要的知识。让我们通过一些示例来看一下。

　　我们将使用最流行的图像处理库之一——OpenCV。它由英特尔开发，是 OpenCV 网站上的开源解决方案。OpenCV 是用 C++ 编写的，但也有使用其他语言编写的 API，如 Python 和 Java。我们当然会像以前一样使用 Python，从网站上安装 Python。顺便说一句，当在谷歌 Colaboratory 上启动 Jupyter Notebook 时，OpenCV 就已经预装了。

　　这里将介绍一些基本的 CV 步骤，这些步骤会帮助你对图像进行预处理。你可以在 OpenCV 网站上找到更多示例。

　　下面来看一些关键的计算机视觉任务，这些任务用于加载和处理图像。这些任务将在 OpenCV 中完成。首先从磁盘加载一个图像，显示它，并操纵像素来显示它是如何变化的（见代码清单 3-1）；使用 Wikipedia 上免费公开的图像——《蒙娜丽莎》。《蒙娜丽莎》是意大利文艺复兴时期艺术家达·芬奇的作品，被描述为"世界上最著名、参观最多、描写最多、歌颂最多、模仿最多的艺术作品之一"，其价值不可估量。《蒙娜丽莎》的图像可以在 Wikipedia 网站上下载。可以把它保存在本地硬盘上，命名为 monalisa.jpg（见图 3-6）。

代码清单 3-1　将图像加载为阵列，然后调整大小并显示

```
# 导入 OpenCV 视觉库，并显示版本
# 推荐 3.0 以上版本
import cv2
print("OpenCV Version: ", cv2.__version__)

# 导入 numpy 库
import numpy as np

# 导入 matplotlib 图库
import matplotlib.pyplot as plt

# Jupyter Notebook 中的内置语法
%matplotlib inline

# 将 JPG 图像作为阵列加载
my_image = cv2.imread('monalisa.jpg')
# 从 BGR 颜色空间转换至 RGB 颜色空间
my_image = cv2.cvtColor(my_image, cv2.COLOR_BGR2RGB)
```

```
# 显示阵列大小
print("Original image array shape: ", my_image.shape)

# 显示指定位置的像素值
print ("Pixel (100,100) values: ", my_image[100][100][:])

# 调整图像大小
my_image = cv2.resize(my_image, (400,600))
plt.imshow(my_image)
plt.show()

# 显示调整后的图像大小
print("Resized image array shape: ", my_image.shape)

# 从 RGB 颜色空间转换至 BGR 颜色空间
my_image = cv2.cvtColor(my_image, cv2.COLOR_RGB2BGR)
# 存储调整后的图像
cv2.imwrite('new_monalisa.jpg', my_image)

# 图像灰度处理
my_grey = cv2.cvtColor(my_image, cv2.COLOR_RGB2GRAY)
print('Image converted to grayscale.')
plt.imshow(my_grey,cmap='gray')
plt.show()
```

结果如下所示：

```
OpenCV Version:  3.4.2
Original image array shape:  (1024, 687, 3)
Pixel (100,100) values:  [145 152  95]

Resized image array shape:  (600, 400, 3)

Image converted to grayscale.
```

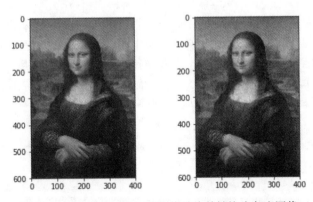

图 3-6　使用 OpenCV 加载图像并将其转换为灰度图像

　　我们已使用 OpenCV 库（CV2）加载了图像，并将它作为阵列。将图像调整为宽 400 像素，高 600 像素，并使用 Matplotlib 图库显示。

最后，将修改后的图像保存为新的 JPG 文件，命名为 new_monalisa.jpg。这张新图像有 400 像素×600 像素，即 240 000 像素。每个像素有 3 个值，表示 3 个颜色通道。代表红、蓝和绿的每个颜色值都有一个范围在 0～255 内的 8 位整数值。因此，图像的总大小应为 240 000×3×8 位=720 000×8 位，即 720 000 字节或 720 千字节（KB）。新生成的文件（叫作 new_monalisa.jpg）大约是 124KB。这就是 JPG 编码提供的压缩级别。

在这段代码中你会注意到一件事，那就是前后改变了颜色空间。颜色空间决定了数字图像中颜色信息的编码方式。最流行的颜色表示方法是使用 3 个值——红、绿和蓝（RGB）元素各 1 个。任何颜色都可以用这 3 种颜色的组合表示，如图 3-7 所示。RGB 颜色模型是一种加性颜色模型，其中红、绿和蓝的值以各种方式相加，以再现各种颜色。因此，红色表示为(255, 0, 0)，绿色表示为(0, 255, 0)，蓝色表示为(0, 0, 255)；红色和绿色组成黄色，绿色和蓝色组成青色，蓝色和红色组成粉色。

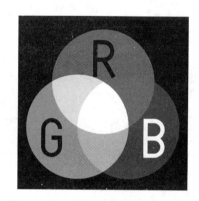

图 3-7　RGB 颜色空间来源 Wikipedia

（来源：SharkD）

代码清单 3-2 展示了 RGB 颜色空间的加性特性是如何工作的一些示例。你看，可以混合颜色并得到新的颜色。黑色和白色是两个极端，它们 RGB 颜色通道的所有值都是 0 或 255。可以尝试几种组合，看看能得到什么。请记住，这里数字颜色的**分辨率**或**粒度**是 8 位。因此，对于任何通道，可以用来表示颜色的最大数是 255。这是最常见的解决方法。然而，更清晰的系统使用 16 位或 24 位颜色分辨率，这些分辨率可以表示更多的颜色变化。

代码清单 3-2　RGB 加性颜色空间的示例

```
RED                 = (255,0,0)

GREEN               = (0,255,0)

BLUE                = (0,0,255)

RED (255,0,0)   + GREEN (0,255,0) = YELLOW (255,255,0)
```

```
BLUE (0,0,255)  + GREEN (0,255,0) = CYAN (0,255,255)

RED (255,0,0)   + BLUE (0,0,255)  = YELLOW (255,0,255)

BLACK              = (0,0,0)

WHITE              = (255,255,255)
```

不同的系统使用不同的颜色空间。例如，OpenCV 在 BGR 而不是 RGB 颜色空间中加载和保存图像。因此，我们需要在读取后或存储前转换颜色空间，以便以正确的格式保存它。其他一些流行的颜色空间是 YPbPr 和 HSV。YPbPr 是视频电子产品中使用的颜色空间，尤其是分量视频电缆。HSV（色调，饱和度，值）也是一个流行的颜色空间，通常代表真实意义上的颜色，而不是 RGB 那样的加性颜色。

下面对这个图像做一些处理，如代码清单 3-3 所示。我们首先将图像颜色转换成灰度或黑白；然后将图像的一部分变成黑色矩形；之后裁剪图像的一部分，并把它放到其他地方。我们把这些作为阵列操作，图 3-8 显示了结果。

代码清单 3-3　对图像执行阵列操作

```python
# 导入 OpenCV 视觉库，并显示版本
import cv2
print("OpenCV Version: ", cv2.__version__)

# 导入 numpy 库
import numpy as np

# 导入 matplotlib 图库
import matplotlib.pyplot as plt
# Jupyter Notebook 中的内置语法
%matplotlib inline

# 将 JPG 图像作为阵列加载
my_image = cv2.imread('new_monalisa.jpg')
# 图像从 BGR 颜色空间转至 RGB 颜色空间
my_image = cv2.cvtColor(my_image, cv2.COLOR_BGR2RGB)

# 在左上角画一个黑色矩形
my_image[10:100,10:100,:] = 0
plt.imshow(my_image)

# 在右上角画一个红色矩形
my_image[10:100,300:390,:] = 0
# 再将红色通道设置为最大值(255)
my_image[10:100,300:390,0] = 255
plt.imshow(my_image)

# 脸部的像素区域作为感兴趣区域 (ROI)
roi = my_image[50:250,125:250,:]
# 调整 ROI 的大小
```

```
roi = cv2.resize(roi,(300,300))
# 使用 ROI 区域覆盖原始图像
my_image[300:600,50:350,:] = roi
plt.imshow(my_image)
```

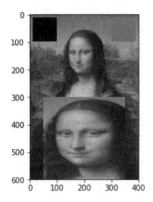

图 3-8   图像上的阵列操作结果

下面使用 OpenCV 的内置函数在图像上绘制一些几何图形和文本。我们首先在内存中复制原始图像，叫作 temp_image，然后为了显示结果，通过定义专门的函数来处理它。这将在图像显示时去除轴，并设置图像大小。代码清单 3-4 显示了该操作，图 3-9 显示了结果。

代码清单 3-4   对图像执行计算机视觉操作

```
# 将 JPG 图像作为阵列加载
my_image = cv2.imread('new_monalisa.jpg')
# 图像从 BGR 颜色空间转至 RGB 颜色空间
my_image = cv2.cvtColor(my_image, cv2.COLOR_BGR2RGB)

# 定义函数显示图像和标题
# 包括参数 p_image 和 p_title
def show_image(p_image, p_title):
    plt.figure(figsize=(5,10))
    plt.axis('off')
    plt.title(p_title)
    plt.imshow(p_image)

# 复制图像
temp_image = my_image.copy()

# 在 RGB 颜色空间中，指定两个坐标点，画一条蓝色的线(0,0,255)，线宽为 5px
cv2.line(temp_image, (10,100), (390,100), (0,0,255), 5)

# 指定矩形的左上和右下两个坐标点，画线宽为 5px 的矩形
cv2.rectangle(temp_image, (200,200), (300,400), (0,255,255), 5)

# 画圆形，设置线宽为-1
cv2.circle(temp_image,(100,200), 50, (255,0,0), -1)
```

```
# 为图像设置文字
font = cv2.FONT_HERSHEY_SIMPLEX
cv2.putText(temp_image,'Mona Lisa',(10,500), font, 1.5, (255,255,255),2,
cv2.LINE_AA)
# 调用函数显示图像
show_image(temp_image,'Result 1: Draw geometry and text')
```

图 3-9 图像上 OpenCV 操作的结果

　　下面使用 OpenCV 的函数来进行一些图像清洗操作。当我们处理有噪声的图像时，这种方法非常方便，通常会得到场图像。很多时候，颜色可能不会存储图像的重要信息。你可能对理解几何更感兴趣，在这种情况下，灰度图像是可以的。因此，首先我们将图像转换成灰度图像，然后对其进行阈值化处理。

　　阈值化是计算机视觉中非常重要的处理。它基本上是一种过滤处理，检查像素强度是否达到特定值。低于该值的任何内容都会被删除。这样，我们只能得到特定的细节，比如图像中明亮的区域。

　　代码清单 3-5 中显示了该处理，图 3-10 显示了结果。

代码清单 3-5　对图像执行计算机视觉阈值化处理

```
# 复制原始图像
temp_image = my_image.copy()

# 将图像转换成灰度图像
gray = cv2.cvtColor(temp_image, cv2.COLOR_RGB2GRAY)

# 使用不同算法为图像设置阈值
# 这里的最后一个参数是算法——我们将检查像素强度是否大于 100
ret,thresh1 = cv2.threshold(gray,100,255,cv2.THRESH_BINARY)
```

```
ret,thresh2 = cv2.threshold(gray,100,255,cv2.THRESH_BINARY_INV)
ret,thresh3 = cv2.threshold(gray,100,255,cv2.THRESH_TRUNC)
ret,thresh4 = cv2.threshold(gray,100,255,cv2.THRESH_TOZERO)
ret,thresh5 = cv2.threshold(gray,100,255,cv2.THRESH_TOZERO_INV)

# 为上述算法结果设置标题阵列
titles = ['Original Image','BINARY Threshold','BINARY_INV
Threshold','TRUNC Threshold','TOZERO Threshold','TOZERO_INV Threshold']
# 创建结果图像阵列
images = [gray, thresh1, thresh2, thresh3, thresh4, thresh5]

# 下面将这些图像绘制为一个阵列
plt.figure(figsize=(15,15))
for i in np.arange(6):
    plt.subplot(2,3,i+1),plt.imshow(images[i],'gray')
    plt.title(titles[i])
    plt.axis('off')
plt.show()
```

图 3-10　对图像进行阈值化处理的结果

下面执行两个操作，它们可以极大地帮助我们使图像平滑并消除噪声。我们将使用**卷积**过程在图像上运行滤波器（即卷积核）。滤波器将有一个特殊的结构来帮助处理和转换图像。使用特殊类型的滤波器，我们可以进行平滑、模糊或锐化图像等操作。这些操作通常由 Photoshop 和手机照片编辑器这样的图像处理软件完成。

我们将使用两个以下类型的卷积核/滤波器，将其均匀地应用于整个图像阵列，我们将看到结果如何转换图像：

```
Kernel_1 = 1/9 * [  [1,1,1],
[1,1,1],
[1,1,1]]

Kernel_2 =        [  [-1,-1,-1],
[-1,+9,-1],
[-1,-1,-1]]
```

代码清单 3-6 显示了这个操作，图 3-11 显示了结果。

代码清单 3-6　在图像上运行滤波器/卷积核来进行模糊操作和锐化操作

```python
# 复制原始图像
temp_image = my_image.copy()
show_image(temp_image,'Original image')

# 运行卷积核进行平滑操作或模糊操作
kernel = np.ones((3,3),np.float32)/9
result = cv2.filter2D(temp_image,-1,kernel)

# 进行两次模糊操作，效果更佳
result = cv2.filter2D(result,-1,kernel)
result = cv2.filter2D(result,-1,kernel)
show_image(result,'Result: Blurring filter')

# 应用锐化滤波器
kernel_sharpening = np.array([[-1,-1,-1],
                              [-1, 9,-1],
                              [-1,-1,-1]])
result = cv2.filter2D(temp_image,-1,kernel_sharpening)
show_image(result,'Result: Sharpening filter')
```

可以使用这些技术来清除图像中的噪声。平滑有助于去除图像中不需要的噪声。在某些情况下，如果图像太模糊，可以使用锐化滤波器来使特征看起来更突出。

图 3-11　对图像应用 2D 滤波的结果

　　另一种常用的并且非常有用的技术是从图像中提取几何信息。可以拍摄灰度图像并从中提取边缘。这有助于移除不需要的细节，如颜色、阴影等，而只关注突出的边缘。代码清单 3-7 显示了代码，图 3-12 显示了结果。

代码清单 3-7　运行 Canny 边缘检测算法来检测边缘

```
# 复制原始图像
temp_image = my_image.copy()

# 将图像转换成灰度图像
gray = cv2.cvtColor(temp_image,cv2.COLOR_RGB2GRAY)

# 使用 Canny 算法检测边缘
edges = cv2.Canny(gray,100,255)

plt.figure(figsize=(5,10))
plt.axis('off')
plt.title('Result: Canny Edge detection')
plt.imshow(edges, cmap='gray')
```

　　下面是最后一个示例，可能对处理图像数据有帮助。在前面的一个示例中，我们从一幅较大的图像中提取了小的感兴趣区域（ROI）。不过，在那种情况下，我们知道与蒙娜丽莎的脸相对应的确切坐标。下面我们将看到一种直接检测人脸的技术，这是 OpenCV 库中包含的机器学习技术，下一章会详细介绍机器学习。现在，让我们来谈谈这个方法。

图 3-12 应用 Canny 边缘检测的结果

OpenCV 附带了一个算法，叫作 **Haar 级联**（Haar Cascades），可以查看图像并自动检测其中的人脸。这里的想法是，利用关于面部在大像素阵列中的外观的知识。Haar 级联试图捕捉知识，比如眼睛通常比脸的其他部分暗，眼睛之间的区域较为明亮，等等。然后，使用一连串的学习单元或分类器，识别图像中人脸的坐标。这些用于检测脸、眼睛、耳朵等面部特征的分类器已进行了训练，可在 GitHub 网站 OpenCV 页面查看。

代码清单 3-8 显示了人脸检测操作，图 3-13 显示了结果。

代码清单 3-8　使用 Haar 级联检测图像中的人脸

```
# 复制原始图像
temp_image = my_image.copy()

# 将图像转换成灰度图像
gray = cv2.cvtColor(temp_image,cv2.COLOR_RGB2GRAY)

# 导入级联分类器
face_cascade = cv2.CascadeClassifier('haarcascade_profileface.xml')

# 检测人脸，并为其绘制绿色矩形
faces = face_cascade.detectMultiScale(gray,1.3,5)
for (x,y,w,h) in faces:
    roi_color = temp_image[y:y+h, x:x+w]
    # 显示检测到的 ROI 区域
    show_image(roi_color, 'Result: ROI of face detected by Haar Cascade
Classifier')
    cv2.rectangle(temp_image,(x,y),(x+w,y+h),(0,255,0),2)

# 显示检测的结果
show_image(temp_image, 'Result: Face detection using Haar Cascade
Classifier')
```

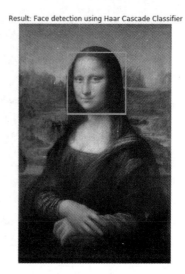

图 3-13　使用 Haar 级联分类器检测人脸的结果

　　这些预处理步骤可以极大地清除噪声图像，有助于提取有价值的信息，用于训练机器学习模型。使用平滑和边缘检测，可以去掉背景，只给出模型的相关信息。同样，假设我们正在构建面部检测分析工具，就像苹果手机用来解锁面部识别的工具。第一步是将大图像缩小到较小、较易管理的感兴趣区域，这可以通过人脸识别模型更快地处理。

　　像 OpenCV 这样的计算机视觉库提供了更多的算法和方法。如果数据涉及图像，那么可以查看一些其他方法的详细信息，如提取霍夫线（Hough line）、圆、匹配图像模板等。访问 OpenCV 网站并搜索 OpenCV-Python Tutorials 可以查看它们。

　　下面来看如何处理视频数据。同样，我们将使用计算机视觉方法来做到这一点。

3.3　处理视频

　　视频本质上是随时间变化的图像序列。它们可以像是图像数据的时间序列。通常，我们在特定时间从视频中提取帧，并使用常规的计算机视觉或机器学习算法进行处理。现在，按顺序存储这些图像可能会使视频文件变得非常大。典型的视频大约每秒 24 帧或 30 帧，这表明每秒会有 30 幅图像。可以看到，文件大小通常会变得很大。这就是视频格式发挥作用的地方。

　　就像 JPG、GIF 和 PNG 等图像存储格式将像素阵列压缩为二进制格式一样，视频压缩和解压缩（**编解码器**）将压缩生成视频的图像序列。常用的视频编解码器有 XVid、DivX 和非常流行的 H.264。这些编解码器定义如何对帧进行编码，以最大限度地提高存储容量和减少损失。

　　除了编解码器外，视频的另一个规范是所使用的**容器**类型，也叫作**格式**。容器存储的视频文件内容由相应编解码器编码，流行的容器格式有 AVI、MOV 和 MP4。虽然它们的扩展名相同，都是.MP4，但并非所有 MP4 文件均由同一编解码器编码，有些可能需要特殊的编解码器，因此视频播放器可能需要下载特殊的编解码器。有时，视频内容可以作为流而不是容器提供。这里使用了类似的编解码器，只有内容是流式的。这就是 YouTube 和 Netflix 传送内容的方式。

计算机视觉库（如 OpenCV）为解码这些视频文件和提取帧提供了编解码器支持。OpenCV 还可以从源（如摄像机）连接到实时流，并提取视频。查看代码清单 3-9 中的示例代码，其结果很难在书中显示，但可以在机器上运行这个示例。

代码清单 3-9　从视频中提取帧进行处理

```python
import cv2 as cv

# 打开视频捕捉
cap = cv2.VideoCapture('sample_video.mp4')

# 帧计数器
counter = 0

# 当视频可读时
while(cap.isOpened()):
    # 读取一帧
    ret, frame = cap.read()

    # 帧计数器加 1
    counter += 1
    print(counter)

    # 每帧图像灰度化处理
    new_frame = cv2.cvtColor(frame, cv2.COLOR_RGB2GRAY)

    # 每 30 帧显示一次
    if counter%30 == 0:
        plt.imshow(new_frame)
        plt.show()

# 发布视频文件
cap.release()
```

该代码将读取视频文件，提取帧（图像），将帧转换为灰度图像，并每 30 帧抽取一次。假设每秒 30 帧，按每 30 帧抽取一次，则应该每秒得到一帧。获得图像或帧后，可以运行相同的计算机视觉算法来提取有价值的信息。

下面讨论处理另一种有趣的数据类型：文本。

3.4　处理文本数据

文本格式的数据是我们最常见的非结构化数据形式之一。我们不经常将文本视为数据源，但分析文本可以让我们深入了解几个方面，尤其是人类行为。

你可能也有过下面的经历。某天，我在谷歌上搜索一款新 PlayStation 游戏的评论。我知道，接下来自己会被同类游戏的广告轰炸，我还收到了亚马逊的一封推荐更多游戏的电子邮件。当我输入搜索查询时，谷歌有提取搜索查询含义的算法，**知道**（learned）我对那个产品感兴趣。然后，它将这些信息传递给其他算法，这些算法找到了相似的产品，并推荐给我。这就是现代广告的魔力。广告是谷歌、Facebook 和 Twitter 等公司的主要收入来源之一。他们不断分析在产品评论、社交媒体发帖和推文中产生的大量文本内容，以提取客户生活方式的宝贵信息。很多时候，这些信息被卖给第三方，第三方可以挖掘这些数据并提取有价值的见解。文本挖掘是一项主要活动，一些公司试图使用高级**自然语言处理**（NLP）算法从文本内容中提取价值。

分析文本数据的另一个示例是**聊天机器人**，它能理解客户发送的文本信息，并通过搜索庞大的文本数据库做出合适的响应。这里的聊天机器人需要足够智能，可以理解客户的要求并做出正确的响应。许多在线支持服务使用聊天机器人，你甚至可能不知道自己是在和另一端的聊天机器人说话。文本分析也被广泛用于过滤电子邮件和识别垃圾内容。这是一个分类问题，根据邮件的内容，我们决定是否给它贴上垃圾邮件的标签。

文本数据的独特之处在于它是以字符序列的形式出现的，而不像图像，图像是一个大的连通区域或数据阵列。文本内容作为序列出现，必须进行处理，以便能够导出含义或上下文。在计算机内存中，文本数据使用几种编码方式进行编码，可以是一种专有编码（如 Microsoft Word 文件），也可以是 ASCII 指定的开放编码。下面必须分析这一系列文本数据的含义。

如图 3-2 中的文本数据，你可以遵循以下两种方法之一：使用专门的文本处理技术（如自然语言处理）对数据降噪并提取特征；或者将文本作为向量馈送到学习提取这些信息的深度学习模型中。

对于自然语言处理来说，最受欢迎的库之一是自然语言工具包（NLTK）。NLTK 是用 Python 语言编写的，由宾夕法尼亚大学计算机和信息科学系的 Steven Bird 和 Edward Loper 开发。关于这个库的详细信息，请访问 NLTK 3.5 documentation 网站的 Natural Language Toolkit 页面。

让我们看一些处理文本数据的示例：清洗文本数据并从中提取特征。下一章将分析使用端到端深度学习方法的示例以及**递归神经网络**的示例。

3.4.1   自然语言处理

自然语言处理是关于处理文本数据，并从中清洗和提取有价值的信息。如果我们能理解文本的意思并进行一些操作，那么这就成了**自然语言理解**（NLU）。自然语言处理通常处理低级操作，而自然语言理解处理高级操作。前面讨论的聊天机器人就是自然语言理解的一个示例。然而，很多时候我们泛化并对所有的文本分析使用自然语言处理。

让我们来看看关于自然语言处理的一些基本概念。文本存储在**文档**（document）中。文档包含单词，这些单词被叫作**标记**（token）。我们可以将文档中的标记组合成更小的组，用**句子**（sentence）

的句号隔开。句子通常是一系列带有某种含义的标记，应该一起按顺序处理。一组相似的文档叫作**语料库**（corpus）。许多语料库可在线免费获得，以测试自然语言处理技能。NLTK 本身也有语料库，如路透社（新闻）、Gutenberg（图书）和 WordNet（词义），它们有特定的内容。

下面来看一些简单快捷的示例，其中有 NLTK 代码示例，你可以轻松将它应用到数据中来分析文本。

首先来清洗数据。我们将文本转换成小写，然后**标记**文本以提取单词和句子；之后删除一些常见的停止词，如 the、a 和 and 等，它们通常不会给句子的整体上下文或意思添加价值；最后创建频率图来识别常见的单词。这可以很容易给我们提供重要单词的要点，并有助于总结内容。可以在代码清单 3-10 中看到这项工作。

代码清单 3-10　清洗文本数据和提取基本信息的自然语言处理方法

```python
import nltk

# 下面是要分析的文本
mytext = "We are studying Machine Learning. Our Model learns patterns
in data. This learning helps it to predict on new data."
print("ORIGINAL TEXT = ", mytext)
print('---------------------')

# 将文本转为小写
mytext = mytext.lower()

# 首先将文本标记为单词标记①
word_tokens = nltk.word_tokenize(mytext)
print("WORD TOKENS = ", word_tokens)
print('---------------------')

# 若需要，也可提取句子
sentence_tokens = nltk.sent_tokenize(mytext)
print("SENTENCE TOKENS = ", sentence_tokens)
print('---------------------')

# 删除一些常见的停止词
stp_words = ["is","a","our","on",".","!","we","are","this","of","and","from","to",
"it","in"]
print("STOP WORDS = ", stp_words)
print('---------------------')

# 定义清除标记的数组
clean_tokens = []

# 从单词标记中移除停止词
for token in word_tokens:
    if token not in stp_words:
        clean_tokens.append(token)
```

---

① 初次使用NLTK库，可能需要在交互式环境运行 `nltk.download('punkt')`。如果是 Windows 系统，可能需要防火墙权限支持下载。——译者注

```
print("CLEANED WORD TOKENS = ", clean_tokens)
print('---------------------')

from nltk.stem import WordNetLemmatizer
lemmatizer = WordNetLemmatizer()
from nltk.stem import PorterStemmer
stemmer = PorterStemmer()

# 定义清除并对标记阵列进行词形还原
clean_lemma_tokens = []
clean_stem_tokens = []

# 从单词标记中移除停止词
for token in clean_tokens:
    clean_stem_tokens.append(stemmer.stem(token))
    clean_lemma_tokens.append(lemmatizer.lemmatize(token))

print("CLEANED STEMMED TOKENS = ", clean_stem_tokens)
print('---------------------')

print("CLEANED LEMMATIZED TOKENS = ", clean_lemma_tokens)
print('---------------------')

# 单词的分布频率
freq_lemma = nltk.FreqDist(clean_lemma_tokens)
freq_stem = nltk.FreqDist(clean_stem_tokens)

# 导入 plt 库
import matplotlib.pyplot as plt
%matplotlib inline

# 设置字号
chart_fontsize = 30

# 绘制频率图
plt.figure(figsize=(20,10))
plt.tick_params(labelsize=chart_fontsize)
plt.title('Cleaned and Stemmed Words', fontsize=chart_fontsize)
plt.xlabel('Word Tokens', fontsize=chart_fontsize)
plt.ylabel('Frequency (Counts)', fontsize=chart_fontsize)
freq_stem.plot(20, cumulative=False)
plt.show()

# 绘制频率图
plt.figure(figsize=(20,10))
plt.tick_params(labelsize=chart_fontsize)
plt.title('Cleaned and Lemmatized Words', fontsize=chart_fontsize)
plt.xlabel('Word Tokens', fontsize=chart_fontsize)
plt.ylabel('Frequency (Counts)', fontsize=chart_fontsize)
freq_lemma.plot(20, cumulative=False)
plt.show()
```

结果如下所示：

```
ORIGINAL TEXT =  We are studying Machine Learning. Our Model learns
patterns in data. This learning helps it to predict on new data.
---------------------
```

```
WORD TOKENS = ['we', 'are', 'studying', 'machine', 'learning', '.',
'our', 'model', 'learns', 'patterns', 'in', 'data', '.', 'this',
'learning', 'helps', 'it', 'to', 'predict', 'on', 'new', 'data', '.']
---------------------

SENTENCE TOKENS = ['we are studying machine learning.', 'our model
learns patterns in data.', 'this learning helps it to predict on new
data.']
---------------------

STOP WORDS = ['is', 'a', 'our', 'on', '.', '!', 'we', 'are', 'this',
'of', 'and', 'from', 'to', 'it', 'in']
---------------------

CLEANED WORD TOKENS = ['studying', 'machine', 'learning', 'model',
'learns', 'patterns', 'data', 'learning', 'helps', 'predict', 'new',
'data']
---------------------

CLEANED STEMMED TOKENS = ['studi', 'machin', 'learn', 'model', 'learn',
'pattern', 'data', 'learn', 'help', 'predict', 'new', 'data']
---------------------

CLEANED LEMMATIZED TOKENS = ['studying', 'machine', 'learning',
'model', 'learns', 'pattern', 'data', 'learning', 'help', 'predict',
'new', 'data']
---------------------
```

运行代码清单 3-10 中的代码并得到结果，下面我们将通过一系列清洗步骤来整理句子。我们将文本转为小写，将文本标记为单词，并删除所有停止词。然后，对于每个标记，并行应用两种规范化技术——词干提取（stemming，见图 3-14）和词形还原（lemmatization，见图 3-15）。这两种技术都试图删除同一单词的不同变化形式，使文本变得简单。它们试图删除同一个词基的多种变化形式，如 learns、learning 和 learned 的词基都是 learn。

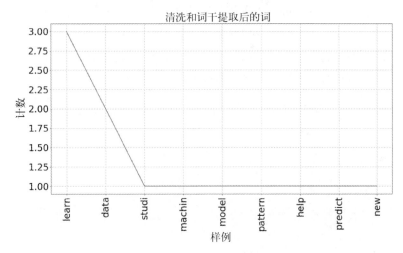

图 3-14　词干提取后常用词频率图

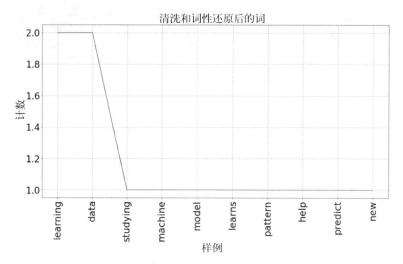

图 3-15　词形还原后常用词频率图

词干提取是一种更具启发式的技术,截断了常见的后缀,如 s、es 和 ing。然而,这有时会导致词的真正含义丢失。在词干提取的结果中,可以看到一些非单词,比如 machin 和 studi。词形还原试图导出实际的根词,并将结果保持为有效词。因此,我们将有效词视为词形还原后的结果。当我们处理文本时,它通常是首选。

最后得到最常见单词的频率,并对其进行绘图——词干提取和词形还原。这总结了最频繁出现的单词,帮助我们理解文本的要点。这里的文本非常少,但当将这种方法应用于大型文档或语料库时,可以清楚地看到关键项出现的频率很高。

清洗完文本数据后,我们将探索如何提取一些有用的信息。我们将研究两个非常有用的文本处理概念:**词性标注**(POS tagging)和**命名实体识别**(NER)。这里是在提取文本的上下文信息,因此单词的顺序非常重要。单词排列的顺序有助于算法理解每个单词代表哪一部分语音。

词性标注采用单词标记化句子,并识别词类,如名词、动词、副词等。代码清单 3-11 显示了NLTK 添加到单词中的标签名及其含义的详细列表。

代码清单 3-11　语音标签及其缩写的清单,基于 NLTK

```
CC coordinating conjunction
CD cardinal digit
DT determiner
EX existential there (like: "there is" ... think of it like "there
exists")
FW foreign word
IN preposition/subordinating conjunction
JJ adjective 'big'
JJR adjective, comparative 'bigger'
JJS adjective, superlative 'biggest'
```

```
LS list marker 1
MD modal could, will
NN noun, singular 'desk'
NNS noun plural 'desks'
NNP proper noun, singular 'Harrison'
NNPS proper noun, plural 'Americans'
PDT predeterminer 'all the kids'
POS possessive ending parent's
PRP personal pronoun I, he, she
PRP$ possessive pronoun my, his, hers
RB adverb very, silently,
RBR adverb, comparative better
RBS adverb, superlative best
RP particle give up
TO, to go 'to' the store.
UH interjection, errrrrrrm
VB verb, base form take
VBD verb, past tense took
VBG verb, gerund/present participle taking
VBN verb, past participle taken
VBP verb, sing. present, non-3d take
VBZ verb, 3rd person sing. present takes
WDT wh-determiner which
WP wh-pronoun who, what
WP$ possessive wh-pronoun whose
WRB wh-adverb where, when
```

命名实体识别通过从单词中识别人、组织、事件等真实世界的实体，使词性标注向前进了一步。下面来看代码清单 3-12 中的简单示例。

代码清单 3-12　文本上的词性标注和命名实体识别

```python
# 定义将要分析的句子
mysentence = "Mark is working at GE"
print("SENTENCE TO ANALYZE = ", mysentence)
print('---------------------')

# 下面为句子映射词性 (pos)
word_tk = nltk.word_tokenize(mysentence)
pos_tags = nltk.pos_tag(word_tk)
print("PARTS OF SPEECH FOR SENTENCE = ", pos_tags)
print('---------------------')

entities = nltk.chunk.ne_chunk(pos_tags)
print("NAMED ENTITIES FOR SENTENCE = ", entities)
print('---------------------')
```

结果如下所示：

```
SENTENCE TO ANALYZE =  Mark is working at GE
---------------------

PARTS OF SPEECH FOR SENTENCE =  [('Mark', 'NNP'), ('is', 'VBZ'),
```

```
('working', 'VBG'), ('at', 'IN'), ('GE', 'NNP')]
----------------------

NAMED ENTITIES FOR SENTENCE =  (S (PERSON Mark/NNP) is/VBZ working/VBG
at/IN (ORGANIZATION GE/NNP))
----------------------
```

这里可以看到，Mark 和 GE 被标记为专有名词，is 和 working 被标记为动词。当我们做 NER 的时候，它把 Mark 识别为人，把 GE 识别为组织。当我们分析大量的文本时，这种技术对于提取关键的命名实体非常宝贵。

3.4.2   词嵌入

到目前为止，我们保持了文本的原样，并应用了一些自然语言处理技术来清洗数据、查找词频，并提取像词性和命名实体这样的信息。然而，对于更复杂的处理，我们需要将文本转换成向量或数组，以帮助我们提取更多的值，这就像我们为了更好地处理而将图像转换成像素强度值阵列的情况一样。下面我们将了解如何将文本转换成数组。文本数据的关键是，为了提取一个值，我们需要像序列一样对待它。需要对单词进行处理，以便正确捕获上下文信息。

创建单词向量的最基本方法之一是使用**独热编码**。独热编码通常用于表示分类数据，其中每个数据点属于特定的类。因此，这里我们有一个大的二进制数组，元素等于所有可能的类。对于任何数据点，所有除了表示该数据点类的元素（值为 1）之外，其他元素是零值。代码清单 3-13 显示了一个示例。我们将首先创建所有相关单词的词汇表，这是通过分析语料库中的所有单词获得的。这里，只是一小部分文字。然后，使用这个词汇表，我们可以建立独热编码向量。

代码清单 3-13   独热编码单词的简单示例

```
# 定义分析的句子
mytext = "AI is the new electricity. AI is poised to start a large
transformation on many industries."

# 首先标记文本
word_tk = nltk.word_tokenize(mytext)
words = [w.lower() for w in word_tk]

# 创建所有相关单词的词汇表
vocab = sorted(set(words))

print("VOCABULARY = ", vocab)
print('----------------------')

# 对词汇表中每个词向量进行独热编码
for myword in vocab:
    test_1hot = [0]*len(vocab)
    test_1hot[vocab.index(myword)] = 1
    print("ONE HOT VECTOR FOR '%s' = "%myword, test_1hot)
```

结果如下所示：

```
VOCABULARY = ['.', 'a', 'ai', 'electricity', 'industries', 'is',
'large', 'many', 'new', 'on', 'poised', 'start', 'the', 'to',
'transformation']
---------------------

ONE HOT VECTOR FOR '.' =  [1, 0, 0, 0, 0, 0, 0, 0, 0, 0, 0, 0, 0, 0, 0]
ONE HOT VECTOR FOR 'a' =  [0, 1, 0, 0, 0, 0, 0, 0, 0, 0, 0, 0, 0, 0, 0]
ONE HOT VECTOR FOR 'ai' =  [0, 0, 1, 0, 0, 0, 0, 0, 0, 0, 0, 0, 0, 0, 0]
ONE HOT VECTOR FOR 'electricity' =  [0, 0, 0, 1, 0, 0, 0, 0, 0, 0, 0, 0,
0, 0, 0]
ONE HOT VECTOR FOR 'industries' =  [0, 0, 0, 0, 1, 0, 0, 0, 0, 0, 0, 0,
0, 0, 0]
ONE HOT VECTOR FOR 'is' =  [0, 0, 0, 0, 0, 1, 0, 0, 0, 0, 0, 0, 0, 0, 0]
ONE HOT VECTOR FOR 'large' =  [0, 0, 0, 0, 0, 0, 1, 0, 0, 0, 0, 0, 0, 0,
0]
ONE HOT VECTOR FOR 'many' =  [0, 0, 0, 0, 0, 0, 0, 1, 0, 0, 0, 0, 0, 0,
0]
ONE HOT VECTOR FOR 'new' =  [0, 0, 0, 0, 0, 0, 0, 0, 1, 0, 0, 0, 0, 0,
0]
ONE HOT VECTOR FOR 'on' =  [0, 0, 0, 0, 0, 0, 0, 0, 0, 1, 0, 0, 0, 0, 0]
ONE HOT VECTOR FOR 'poised' =  [0, 0, 0, 0, 0, 0, 0, 0, 0, 0, 1, 0, 0,
0, 0]
ONE HOT VECTOR FOR 'start' =  [0, 0, 0, 0, 0, 0, 0, 0, 0, 0, 0, 1, 0, 0,
0]
ONE HOT VECTOR FOR 'the' =  [0, 0, 0, 0, 0, 0, 0, 0, 0, 0, 0, 0, 1, 0,
0]
ONE HOT VECTOR FOR 'to' =  [0, 0, 0, 0, 0, 0, 0, 0, 0, 0, 0, 0, 0, 1, 0]
ONE HOT VECTOR FOR 'transformation' =  [0, 0, 0, 0, 0, 0, 0, 0, 0, 0, 0,
0, 0, 0, 1]
```

可以看到，对于非常小的文本集，像这样有几个句子，我们却得到了相当大的向量。当我们查看包含数千或数百万单词的语料库时，这些向量会变得非常大。因此，不推荐使用这种方法。

另一种表示文本的方式是对完整的句子或文档使用**词频**。首先为语料库定义词汇表，然后对每个词条或文档计算每个单词的频率。现在，可以将每个句子或文档表示为一个数组，其中包含每个单词的出现次数。可以把次数转换成百分比来显示单词的相对重要性。这种方法的问题是许多停止词（如 and、the、to 等）会有很高的频率。

还有一种流行的方法叫作**词频–逆文档频率**（term frequency-inverse document frequency，TF-IDF）。这是数字统计数据，旨在反映单词对集合或语料库中的文档有多重要。该方法为单词分配频率项，但也与语料库中不同文档中出现的单词进行比较。因此，如果语料库中有更多的文档包含该词，那么它更可能是停止词，并被赋予较小的值。另外，如果有一个词语在特定文档中很常见，但在其他文档中不常见，那么这很可能是该文档的主题领域。这就是 TF-IDF 的概念。TF-IDF 的问题是，由于词汇量大，向量可能会变得相当大。此外，它不捕捉单词的上下文，也不考虑试图捕捉上下文的单词序列。

现代系统使用一种叫作**词嵌入**的方法将单词转换成向量。这里嵌入值的赋值使得相似的单词往往一起出现。这个概念被叫作**主题建模**。我们将使用一个流行的开源库 Gensim，它关注主题建模，由自然语言处理研究员 Radim Řehůřek 及其公司 RaRe Technologies 开发和维护。详情请见 Gensim 网站。

可以使用 Python pip 安装程序安装 Gensim，如下所示：

```
pip install --upgrade gensim
```

下面来看一个非常流行的学习词嵌入的算法，叫作 Word2Vec。Word2Vec 是**神经网络**模型，它学习单词的上下文并构建稠密向量来表示每个单词及其上下文。首先需要在数据上训练这个模型，然后开始使用它来获得词嵌入。可以下载并使用通用语料库上预先训练的词嵌入模型，并使用 Word2Vec。我们将看到一个在数据集上构建嵌入的示例。与稀疏的独热编码向量不同，这里得到的向量是固定长度的稠密向量。因此，它们可以用有限的存储空间轻松地表示单词，且处理速度非常快。在内部，Word2Vec 使用两种学习模式的组合——连续词袋（CBOW）和 skip-grams。这些算法如何工作的详细信息可以在论文 "Efficient Estimation of Word Representations in Vector Space" 中找到，这篇研究论文非常精彩。

下面学习从文本中创建词嵌入的实现。请看代码清单 3-14 中的示例。

代码清单 3-14　从文本中学习词嵌入——Word2Vec

```python
# 导入 Word2Vec 模块
from gensim.models import Word2Vec

# 创建分析的文本
mytext = "AI is the new electricity. AI is poised to start a large transformation on
many industries."
print("ORIGINAL TEXT = ", mytext)
print('----------------------')

# 将文本转换至小写
mytext = mytext.lower()

# 还可以根据需要提取句子
sentence_tokens = nltk.sent_tokenize(mytext)
print("SENTENCE TOKENS = ", sentence_tokens)
print('----------------------')

# 删除一些常见的停止词
stp_words = ["is","a","our","on",".","!","we","are","this","of","and","from","to",
"it","in"]

# 定义训练数据
sentences = []
for sentence in sentence_tokens:
    word_tokens = nltk.word_tokenize(sentence)
```

```
    # 定义 clean_tokens 数组
    clean_tokens = []

    # 移除 word_tokens 中的停止词
    for token in word_tokens:
        if token not in stp_words:
            clean_tokens.append(token)

sentences.append(clean_tokens)

print ("TRAINING DATA = ", sentences)
print('----------------------')

# 在数据上训练新的 word2vec 模型——我们会使用嵌入大小 20
word2vec_model = Word2Vec(sentences, size=20, min_count=1)

# 列出从语料库中学到的词汇
words = list(word2vec_model.wv.vocab)
print("VOCABULARY OF MODEL = ", words)
print('----------------------')

# 显示一些单词的嵌入向量
print("EMBEDDINGS VECTOR FOR THE WORD 'ai' = ", word2vec_model["ai"])
print("EMBEDDINGS VECTOR FOR THE WORD 'electricity' = ", word2vec_
model["electricity"])
```

结果如下所示:

```
ORIGINAL TEXT =  AI is the new electricity. AI is poised to start a
large transformation on many industries.
----------------------


SENTENCE TOKENS = ['ai is the new electricity.', 'ai is poised to start
a large transformation on many industries.']
----------------------


TRAINING DATA = [['ai', 'the', 'new', 'electricity'], ['ai', 'poised',
'start', 'large', 'transformation', 'many', 'industries']]
----------------------


VOCABULARY OF MODEL =  ['ai', 'the', 'new', 'electricity', 'poised',
'start', 'large', 'transformation', 'many', 'industries']
----------------------


EMBEDDINGS VECTOR FOR THE WORD 'ai' = [ 2.3302788e-02  9.8732607e-03
4.6109618e-03  5.3516342e-03
 -2.4620935e-02 -5.2335849e-03 -8.8206278e-03  1.3721633e-02
 -1.8686499e-04 -2.2845879e-02  3.5632821e-03 -6.0331034e-03
 -2.2344168e-03 -2.3627717e-02 -2.3793013e-05 -1.3868282e-02
 -3.0636601e-03  1.0795521e-02  1.2196368e-02 -1.4501591e-02]
```

```
EMBEDDINGS VECTOR FOR THE WORD 'electricity' =  [-0.00058223 -0.00180565
-0.01293694  0.00430049 -0.01047355 -0.00786022
 -0.02434015  0.00157354  0.01820784 -0.00192494  0.02023665  0.01888743
 -0.02475209  0.01260937  0.00428402  0.01423089 -0.02299204 -0.02264629
  0.02108614  0.01222904]
```

Word2Vec 模型已从我们提供的少量文本中学习了一些单词。它在这些数据上训练自己，现在可以为我们提供特定单词的嵌入。嵌入向量对我们来说没有任何意义，但它是通过观察单词之间的模式以及它们出现的顺序而建立起来的。这些嵌入可用于数学分析单词，显示相似性，并应用深度学习分析。

因为这里的嵌入向量有 20 维，所以当我们显示向量时，它有 20 行。词嵌入 20 维是很难想象的。我们可以理解二维向量，并将它们绘制在图上。让我们试着做一下。

我们将使用一种叫作**主成分分析**（PCA）的无监督学习技术将 20 维向量简化为二维向量。虽然这样做会丢失信息，但二维向量将试图捕捉 20 维显示的数据点的最大变化。PCA 是一种无监督的机器学习降维技术，如第 2 章所述。下面来看一个将 PCA 应用于词嵌入以在图表上绘制单词的示例，如代码清单 3-15 所示。单词的实际图如图 3-16 所示。

代码清单 3-15   减少词嵌入的维度并绘制单词

```python
# 从机器学习库 Scikit-Learn 中导入 PCA
from sklearn.decomposition import PCA

# 使用 word2vec 模型建立训练数据
training_data = word2vec_model[word2vec_model.wv.vocab]
# 使用 PCA 进行降维
pca = decomposition.PCA(n_components=2)
result = pca.fit_transform(training_data)

# 绘制二维向量的散点图
plt.figure(figsize=(20,15))
plt.rcParams.update({'font.size': 25})
plt.title('Plot of Word embeddings from Text')
plt.scatter(result[:, 0], result[:, 1], marker="X")

# 在图中标记单词
words = list(word2vec_model.wv.vocab)
for i, word in enumerate(words):
    plt.annotate(word, xy=(result[i, 0], result[i, 1]))

plt.show()
```

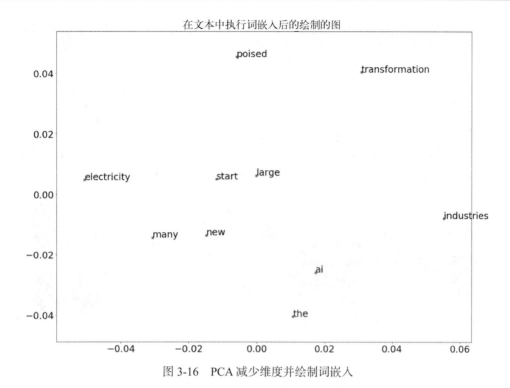

图 3-16 PCA 减少维度并绘制词嵌入

我们没有从这些词嵌入中得到太多信息，因为文本很少。但如果我们有一个大的文本语料库来训练 Word2Vec 模型，就会看到相似单词之间的关系。谷歌可以免费提供一个预训练模型，该模型包含谷歌新闻数据集中的大约 300 万个单词。可以下载该模型，并使用嵌入来建立单词之间的关系。此外，还可以使用这些转换成 300 维向量的单词来进行单词计算。

例如，许多关于词嵌入的书中引用的一个非常流行的示例是，为单词 king、man 和 woman 进行嵌入。然后，可以使用向量数学来求解这个方程：

$$(king - man) + woman$$

这个数学方程的答案是单词 queen 的向量嵌入。因此，我们能够从这些单词中提取意义或上下文，并使用它来显示关系。

在下一章中，我们将了解一个使用词嵌入来获取向量并将其馈送到情绪分析深度学习模型的示例。现在，让我们看看最后一个非结构化数据类型——音频。

3.5 听声音

音频数据无处不在，可以提供有价值的信息。我们有人类用来交流的语音形式的音频数据。如果我们能够处理声音并提取存储在声音中的知识，就会得到一些惊人的结果。我们的耳朵非常擅长分析声波，识别不同的音调，并提取信息。现代人工智能系统试图复制人类处理和理解声音的能力。**亚马逊的 Alexa** 和**谷歌的 Home** 是处理声波并解码其中信息的系统的主要示例。因此，如果我们问 Alexa："印度的首都是哪里？"它就会处理使用内置麦克风接收到的音频信号，从该信号中提取信息以将问题理解为文本，然后将该问题作为文本发送到托管在亚马逊 Web 服务上的远程云服务。

该服务执行上一节介绍的自然语言处理，以了解用户的要求。它搜索其丰富的知识库，这些知识库具有易于查询的结构化数据。一旦找到答案，答案就会被编码成文本并发送到 Alexa 设备。然后这段文本被编码成声音，Alexa 几秒钟内就回复我们了。图 3-17 显示了该高级流程图。

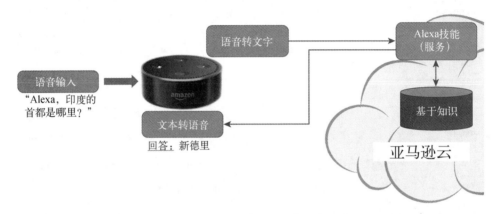

图 3-17　Alexa 回答问题的高级流程图

处理声音或音频数据的系统需要从这些数据中提取信息——特别是对于语音到文本和文本到语音这样的结果。这些通常是**序列到序列**模型的特殊模型，它们将数据序列（语音或文本）转换成另一个序列。这些模型也用于从一种语言翻译成另一种语言。这是一个活跃的研究领域，许多公司和创业公司已投入巨资来解决这个问题。然而，要开始建立模型，声音信号首先需要被转换成一个可以被计算机分析的向量——就像我们对文本数据所做的那样。下面来看怎么做。

声波基本上是由振动产生的**压力波**，这些压力波通过介质传播，介质可以是固体、液体或气体。如图 3-18 所示，随着时间的推移，时域中的波会有不同的压力值。然而，这个复杂的信号是由许多恒定频率的较小信号成分（基本上是正弦波）组成。如果我们在频域中分析这些压力波，就可以发现信号中的频率成分，这些成分在波中携带信息。

为了从声波中提取信息，我们使用麦克风或声传感器对这些压力波进行采样。这些波以非常高的频率采样，比如 44.1 千赫兹（kHz），以获得波的所有频率成分。你可能已在在线电台等流媒体应用程序中见过这个采样频率。将声波转换成频域也有助于矢量化声音序列，并将其用于机器学习模型和深度学习模型中的进一步分析。下面来看把声音转换成数字矢量的示例。

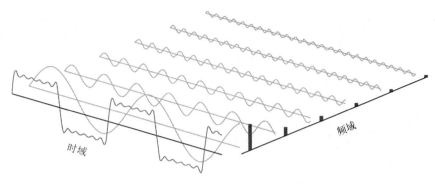

图 3-18 频域揭示了波内的隐藏信息

　　从汽车发动机中提取声音样本并对其进行分析。这个样本是用手机上的一个简单麦克风采集的，没有复杂的声传感器。首先，从声音文件中读取信号，看看时域信号是如何有噪声且不提供任何信息的（见图 3-19）；其次，使用快速傅里叶变换（Fast Fourier Transform，FFT）算法将其转换成频域（见图 3-20）。我们不涉及 FFT 算法的细节，其基本概念是将信号从时域转换到频域。示例代码见代码清单 3-16。

代码清单 3-16 使用 FFT 分析汽车声音样本

```
# 导入用于读取声音文件的库
from scipy.io import wavfile
# 导入 numpy 以进行 FFT
import numpy as np
# 导入 plt 库
import matplotlib.pyplot as plt
%matplotlib inline

# 我们将通过汽车发动机声音获取示例 WAV 文件
# 这是从以大约 2000 转每分 (r/min) 运行的发动机记录的大约 15 秒的剪辑
AUDIO_FILE = "sound_sample_car_engine.wav"

# 加载文件以获取频率和数据数组
sampling_freq, sound_data = wavfile.read(AUDIO_FILE)

# 显示读取数据的形状
print ("Sampling frequency = ", sampling_freq, "\nShape of data array = ",
sound_data.shape)

# 将-1~1 的声音值归一化
sound_data = sound_data / (2.**15)

# 仅先使用一个音频通道
if len(sound_data.shape) == 1:
    s1 = sound_data
else:
    s1 = sound_data[:,0]
```

```python
# 获取声压波的时域表示
timeArray = np.arange(0, s1.shape[0], 1.0)
timeArray = timeArray / sampling_freq
timeArray = timeArray * 1000 # 缩放到毫秒

# 显示时域中的声音信号图
plt.figure(figsize=(20,10))
plt.rcParams.update({'font.size': 25})
plt.title('Plot of sound pressure values over time')
plt.xlabel('Time in milliseconds')
plt.ylabel('Amplitude')
plt.plot(timeArray, sound_data, color='b')
plt.show()

# FFT 的点数
n = len(s1)
p = np.fft.fft(s1) # 进行 FFT

# 只有一半的点会给我们频点
nUniquePts = int(np.ceil((n+1)/2.0))
p = p[0:nUniquePts]
p = abs(p)

# 创建频率点数组
freqArray = np.arange(0, float(nUniquePts), 1.0) * float(sampling_freq)
/ n;

# 将频率（赫兹）转换为转速（转每分）
MAX_RPM = 20000
NUM_POINTS = 20

# 移除大于 MAX_RPM 的点数
maxhz = MAX_RPM/60
p[freqArray > maxhz] = 0

# 绘制频域图
plt.figure(figsize=(20,10))
plt.rcParams.update({'font.size': 25})
plt.title('Plot of sound waves in frequency domain')
plt.plot(freqArray*60, p, color='r')
plt.xlabel('Engine RPM')
plt.ylabel('Signal Power (dB)')
plt.xlim([0,MAX_RPM])
plt.xticks(np.arange(0, MAX_RPM, MAX_RPM/NUM_POINTS),
size='small',rotation=40)
plt.grid()
plt.show()
```

结果如下所示：

Sampling frequency = 44100

Shape of data array = (672768, 2)

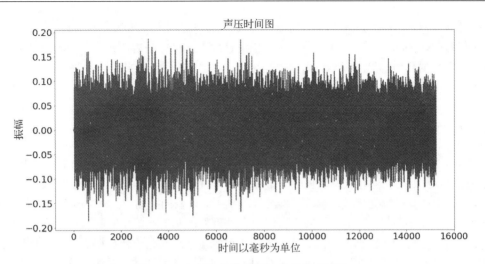

图 3-19 来自汽车发动机的声音的时域图

我们从 WAV 文件中读取声音样本（大约 15 秒）。WAV 是音频数据的一种常见而简单的扩展。现代音频被压缩成 MP3 扩展，但这需要额外的驱动程序来读取。我们的声音分析库 Scipy 可以很容易地读取 WAV。可以看到，音频的采样率是 44 100 赫兹（即 44.1 千赫兹），这很常见。首先创建一个时域信号图，即压力幅度随时间的变化。可以看到其中的声音非常嘈杂，我们并没有从中得到什么。

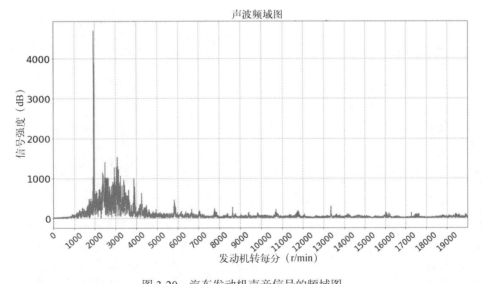

图 3-20 汽车发动机声音信号的频域图

下面使用来自 NumPy 的 FFT 库，并构建 FFT 图。当把信号分解成频域时，我们会看到一些突出的频率。我们通过将频率从赫兹转换为转每分（r/min）来显示图表。可以看到音频信号在

2000 转每分左右的频率时有一个明显的峰值。这对应于收集信号时发动机旋转的频率。这只是从音频信号中解码的一个值。在不知道发动机的情况下，可以分析声音并找到旋转频率。同样，可以使用声音信号中编码的频率数据来矢量化声音值，并使用它们来训练机器学习模型和深度学习模型。

3.6　小结

在本章中，我们研究了结构化数据和非结构化数据之间的差异；详细讨论了特定类型的非结构化数据，以及如何将这些数据转换成向量和数组进行处理；了解了图像如何用像素强度阵列表示，如何使用计算机视觉技术来清洗数据和提取信息，以及同样的方法是如何延伸到视频的，视频是图像的时间序列；分析了如何使用自然语言处理处理文本数据和提取信息；最后，阐释了使用频率分析来分析音频数据的示例。这些方法可单独用于从非结构化数据中提取有价值的信息。它们也是很好的预处理技术，使数据为高级机器学习算法和深度学习算法处理做好准备。

## 第 4 章

使用 Keras 进行深度学习

第 2 章介绍了机器学习算法和技术，以及如何使用指标（精度和召回率）来构建机器学习模型并评估模型的代码示例。这些模型很容易理解，因为有一些巧妙的方法可以捕捉数据中的模式。本章将介绍更为复杂的学习模型。这些模型有许多分层组织的学习单元和许多这样的层，使架构变得"深入"。虽然构建和训练它们很复杂，但你会看到它们在处理像图像这样的大型复杂非结构化数据方面是多么有效。最后将使用当今最受欢迎的深度学习库之一 Keras，构建可以对手写数字图像进行分类并学习标记这些数字的模型。我希望这些简单的示例能激发你的灵感。你可以重复使用此代码将学习应用于图像，并在自己的领域中构建深度模型。

4.1　处理非结构化数据

前面使用的数据（如葡萄酒质量分析）里的每列都有特定的重要性和含义。我们使用术语**特征**来描述每一列，这是我们学习方法的重要部分，以了解这些特征是如何相关的；使用归一化等技术来扩展特征，使它们处于相同的量纲；此外，还可以使用更少的特征来使模型更快地学习。简而言之，需要知道特征是什么，并且我们的模型捕获了它们之间的模式。以上是**结构化数据**。

下面让我们想想图像。计算机读取的图像通常由数码相机或扫描仪捕获，并以数字形式存储在计算机内存中。当我们用数码相机拍照时，相机有一个光传感器，可以捕捉场景中的光线，将其渲染到相机中，并将图像保存为一系列数字，本质上是 0 和 1 的大序列。在原始形式中，二维图像是像素值的矩阵或阵列。这里每个像素值表示特定颜色的强度，但没有人类可读的值，如葡萄酒酒精含量或质量评级。此数据通常叫作非结构化数据。单个值的重要性较小，但总体上它们互补并形成更大的域对象，如图像。音频、视频和文本数据等也是如此。第 3 章有更多非结构化数据的示例以及一些清洗和提取信息的基本步骤。为了分析这样的非结构化数据，我们需要更复杂的机器学习模型——神经网络，其中包括许多学习单元。

4.1.1　神经网络

对于复杂数据和非结构化数据，我们构建了更深层次的模型，这些模型使用较小的单个学习单元组合成更大的网络。该学习单元网络可以从大量特征中学习复杂模式。这就是**神经网络**。

用于表示这一点的常见类比是人类大脑，它包含叫作**神经元**的生物细胞网络，神经元通过**轴突**和**树突**连接。如果你还记得生物课所学，就知道信号通过树突流入神经元，处理过的输出通过轴突传递到其他神经元或肌肉。事实上，神经网络受人类大脑结构的启发。图 4-1 显示了一个简单的表示。

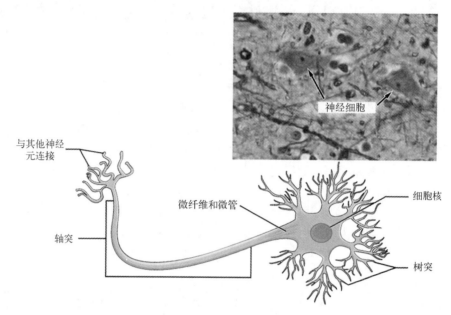

图 4-1　人脑中的生物神经元

（来源：OpenStax College-Wikipedia）

类似于人类大脑，这些人工神经网络包含叫作**神经元**的处理单元和它们之间的连接。这些网络被构造成层，每层从馈送给它的数据中提取有价值的信息。这些是深度学习网络，它们有很多学习层。他们尝试将输入空间映射到一组可能的结果或类。我们来看一个非常简单的神经网络，如图 4-2 所示。让我们了解一些基础知识，然后开始构建更复杂的网络。

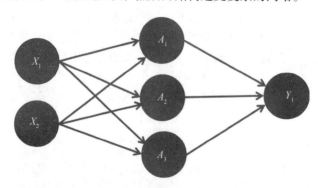

图 4-2　简单的神经网络，其中学习单元作为网络连接

在该神经网络中，第一层中有两个输入；第二层神经元是隐藏层，同样有三个神经元；最后一层是输出层，有一个神经元。

每个神经元都是一个学习单元，可以接收来自其他神经元的输入，执行一些计算，并将输出发送到其他神经元。信息流程如图 4-2 中的箭头所示。下面让我们仔细看看神经元阶段会发生什么。

让我们从第 2 章的逻辑回归函数重新审视这个图。首先计算输入的加权和（Z_1），然后应用函数返回 0 ~ 1 的值 A_1。这个结果也可以叫作**激活**。这正是神经网络中每个神经元在做的事情。我们有进入每个神经元的输入，使用权重和激活函数计算激活，这些激活会输入网络中的下一个神经元。这就是神经网络的工作原理（见图 4-3）。

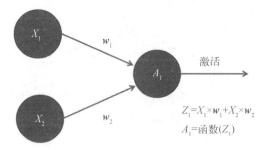

图 4-3 单个神经元的处理

这种表示通常叫作**计算图**或**数据流程**。节点接收输入或完成某些计算，边代表权重，可以将此视为节点间的数据流，每个节点都会对数据进行一些处理。让我们继续图 4-2 中的简单神经网络。

一个神经网络有许多被组织成层的神经元或学习单元。输入流向每个网络层，计算的输出或**激活**移动到下一层。如果有少量的层，通常在一个网络中有两到三层，则称它为浅网络。这些方法处理时间更短，且可以快速计算结果，但它无法学习复杂的模式，尤其是使用非结构化数据。我们在第 2 章中看到的基本机器学习模型通常有两层——输入层和输出层，如线性回归和逻辑回归。这些都是浅层的学习模式。我们可以发现这些模式内发生了什么，它们可以在几毫秒内得到快速训练。

当我们必须捕捉数据中复杂的非线性模式时，简单的浅层学习模型是不可能做到的，需要具有很多层的模型，叫作**深度学习模型**。深度学习模型分阶段或分层学习，每一层提取一些模式，然后馈送到下一层。

例如，如果你正在学习检测图像中的人脸，深度网络就会将图像的像素阵列作为输入；然后，在第一阶段，它可能学会检测直线和曲线；接下来把这些结合起来形成像矩形和圆形这样的图形；最后结合这些来识别任何人脸模式。这是深度神经网络发挥的作用。它们在数据中学习复杂的模式，且非常好地捕捉非线性关系。

神经网络的最后一层是输出层，这里的神经元数量对应于我们想要学习的输出数量。如果我们只是想根据住房变量预测买/不买，那么网络将在输出层有一个神经元，它的值决定购买决策。如果我们还想预测另一个变量，就可以把它作为神经元添加到输出层。在训练时向网络提供的训练数据中应考虑这一新输出。就是这样，不需要特别考虑，可以使用同一个网络来预测两个输出，而非一个。

深度神经网络与第 2 章的其他机器学习算法的关键区别在于，深度网络自己学习数据的重要特征。我们配置输入和寻求的输出，决定每一层的层数和神经元数量，并建立一个良好的训练集。网络学习数据中所有复杂的模式，并建立输入和输出之间的关系。基本上，它将输入空间（X）映射到输出空间（Y）。因此，神经网络通常被叫作黑盒，因为它们并没有真正告诉我们是如何找到这些关系的，只是通过内部捕捉这些关系来预测输出。

因为这些网络很复杂，所以我们经常通过考虑各个层来分析它们。让我们再看一下图 4-2 所示的神经网络。我们有一个输入层，它的两个神经元代表输入 X；一个隐藏层有三个神经元；一个输出层有一个神经元 Y。

这只是神经网络的一个示例，而且非常简单。我们只有几层，这几层中的每个神经元都与下一层中的每个神经元相连。这样的一层神经元叫作全连接层或稠密层。在稠密层中，每个神经元通过考虑来自上一层每个神经元产生的输出来学习特征。因此，这些层往往会消耗内存。在实践中，你会在深度网络的末端找到这些层，以便从较早层提取的特征中学习并做出预测。网络中较早的层可能具有更多本地连接来提取特征。在讨论高级深度学习的第 5 章中，我们将讨论其中一些特征提取层。

隐藏层和输出层神经元的功能和我们之前讨论的逻辑回归单元完全一样。它们得到输入的加权和，应用激活函数。在每个神经元上完成这些计算，并将结果前馈给下一层神经元。这种所有神经元都向前输出信息的架构叫作前馈架构。在每一层都会发生许多使用多维数组并行处理的计算。我们不会详细讨论这些方程，但这会有助于理解层中的权重。让我们在图中填充一些权重，如图 4-4 所示。

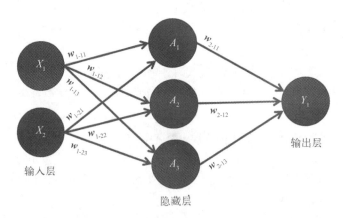

图 4-4   带有权重值的神经元

你会发现图书和文章中使用了不同的惯例。假设第一层的权重为 $w_{1\text{-}32}$，它将神经元 3 从一层连接到神经元 2 再到下一层。可以看到，在第一个隐藏层和输入层之间，有 2×3，即 6 个权重；然后在输出层和隐藏层之间，有 3×1，即 3 个权重。对于这个简单的网络，我们有 6+3，即 9 个权重。这些是在训练过程中需要"学习"的权重。

下面在这个网络中加入一种特殊类型的神经元——**偏置神经元**。我们在第 2 章的线性回归方程中看到了偏置的重要性。偏置有助于网络了解关于数据的某些假设，因此它不仅仅依赖于产生结果的变量。我们网络中的所有输入（X_1、X_2）都为零，这意味着无论权重如何，输出（Y_1）都将始终为零。在没有输入的情况下，网络没有影响其值的偏置。

好了，让我们把偏置神经元加入这个网络。偏置神经元不做任何计算。我们只需加上一个 +1 的常数值，就像其他神经元一样，它们也有与之相关的权重，如图 4-5 所示。我们将使用字母 $\boldsymbol{B}$ 来关联这些权重。

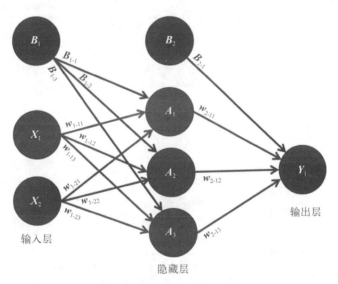

图 4-5　带有权重值和偏置值的神经网络

这里使用的惯例是 $\boldsymbol{B}_{2\text{-}1}$，它是与从第一层到下一层的神经元 1 的偏置神经元的权重。我们在输入层和隐藏层增加了偏置神经元。增加输出没有意义，因为不从这个层计算任何东西。

因此，偏置权重的总数会是 3+1，即 4。再加上之前的 9 个权重，总共有 13 个权重需要这个网络进行学习。下面来看激活函数。

激活函数取每个神经元输入的加权和，并应用一些非线性函数。常用的函数有 Tanh、Sigmoid 和 ReLU（修正线性单元）。每个函数都有助于根据输入的加权和对输出值进行阈值处理。通常，我们将相同的激活函数应用于某个特定的层。因此，该层中的每个神经元都使用相同的激活函数。附录 A 中包括参考资料以及每个激活函数的详细信息。不过根据经验，Tanh 和 ReLU 用于隐藏层，ReLU 更常见。Sigmoid 主要用于输出层神经元。Sigmoid 产生一个范围在 0 ~ 1 的值，因此它可用于分类问题。

4.1.2 反向传播和梯度下降

下面来看神经网络是如何训练的。我们会避免使用花哨的公式，让你清楚地理解概念，然后给出代码示例。

第 2 章概述了梯度下降法作为学习过程的一部分来计算梯度和优化权重。我们遵循相同的过程来训练神经网络，不过是在网络级别。用于训练神经网络的非常流行的算法叫作**反向传播**。反向传播本质上是计算不同权重下成本函数的部分导数（梯度）的一种智能方法。

其想法是要有一个成本函数，类似于我们在回归模型训练中看到的均方误差。然后使用梯度下降来调整权重，以最小化这个成本函数。为此，我们计算成本函数相对于每个权重值的偏导数。然后基于误差项，使用偏导数来找出权重变化的大小和方向，并应用该变化。每次迭代后，计算成本函数并更新权重，见图 4-6。

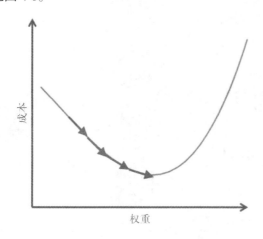

图 4-6　梯度下降如何向最小值移动

在开始训练之前，我们必须建立一个**净化和归一化**的训练集。这应该包含具有输入特征（X）和相应预期输出（Y）的数据点。这会被看作机器学习社区中叫作**基本事实**（ground truth）的东西。我们训练的模型将尝试学习模式，这样它就能产生和基本事实一样好的结果。换句话说，基本事实是机器学习模型要达到的标准。

建立基本事实并定义良好的训练集和测试集是机器学习项目生命周期的总体起点。第 9 章会详细介绍机器学习生命周期。现在，可以假设我们已正确地清洗了 X 和 Y 的数据，且可以使用它们进行训练。

以下是神经网络反向传播训练的一般步骤。

(1) 将权重值初始化为零或随机数。通过网络运行所有需要考虑的数据点，并预测数据集中每个 X 的 Y。

(2) 将每个 Y 值与预期结果或基本事实进行比较，找出值的差异。根据值的差异，计算每个输出项的误差。

(3) 建立**成本函数**，它基本上是网络中所有权重的函数，包括网络每层的权重以及偏置权重。成本函数帮助我们定义一个指标，来衡量模型预测与基本事实的差距。选择成本函数对训练好的机器学习模型非常重要。

(4) **成本函数**可能与我们之前使用的**平均绝对误差**或**均方误差**相同。当我们预测一个值时，这个成本函数是理想的，并可以使用 MAE 或 MSE 直接看到我们的预测离真实值有多远。如果我们预测一个类，那么优选的成本函数是交叉熵。交叉熵试图通过错误的分类来最小化信息损失，因此它有助于更好地捕获分类损失。

拥有成本函数的目的是在预测中建立权重和误差之间的关系。因此，当调整权重时，误差减小，我们得到了一个精确的模型。（附录 A 中提供了参考文章，详细解释了不同的成本函数。）

(5) 顾名思义，我们是通过网络反向传播计算出的误差。当从输出返回到输入时，我们使用成本函数相对于相应权重的梯度来更新权重。这与我们在图 4-5 中看到的梯度下降算法相同，但我们现在将它应用到整个网络中。

我们建立了网络的总成本函数，并使用偏导数计算了该成本函数相对于每个权重的梯度。下面从最后一层开始，根据预测值和基本事实之间的误差计算梯度。我们将这个误差从最后一层**反向传播**到第一层，从而计算每层中每个神经元的梯度。这些梯度然后用于调整层中每个神经元连接的权重值。吴恩达在其机器学习的视频课中很好地解释了这个算法的详细信息。附录 A 中包含了找到这些课程的方法。

(6) 调整所有权重后，再次运行所有数据点并找到误差项。迭代这个过程，直到完成很多的迭代或者直到达到可接受的误差值。

我们将很快通过 Keras 的示例看到这一进程的实施。

4.1.3　批量梯度下降与随机梯度下降

应用于神经网络的梯度下降可以是批处理或随机类型。我们使用训练数据点运行反向传播并调整权重。当所有的训练数据点都通过整个网络时，叫作一**轮**。在批量梯度下降中，我们等了整整一轮，以便网络看到所有的训练数据，然后调整权重。这通常需要很长时间，并且需要将变量存储在内存中。这种方法需要很长时间，但它能帮助我们一次找到权重的最优值。通常，如果我们有有限的训练集和大量的内存，就会用这种方法。

另一种类型的梯度下降是**随机梯度下降**（SGD），我们在每个数据点通过网络后调整权重。这里不会在内存中存储太多数据，也不会快速更新权重。这是一个非常快速的方法，但是我们在训练中看到了波动，因为往往会超过局部最小值。当我们只有有限的内存和大量的训练集时，这种方法是有效的。我们在每个数据点学习并更新模型。这种方法的问题是有可能"丢失"并远离最小值，特别是当有一些不良数据点时，可能导致重大误差。因此在实践中，会折中使用这两种方法。

这种折中方法叫作**小批量梯度下降**。在这里，我们将数据分成更小的批次，并在每个批次通过网络后更新权重。这是训练神经网络的更好方法。在训练的每次迭代中，训练数据的较小子集被加载到内存中以计算误差并反向传播该误差以获得梯度。因此，与将整个训练集加载到内存中相比，该算法使用的内存更少。此外，我们不需要等到所有的训练数据被处理后才能看到结果。使用这种方法，通常可以更快地收敛到最小值，并将训练时间减少几个数量级。

4.1.4　神经网络架构

图 4-4 中的特殊神经网络叫作**多层感知器**（MLP），其中所有的层都是稠密的或全连接的。它非常擅长学习模式，尤其是在结构化数据中发现非线性模式方面有多种应用。如果你能把数据作为一维向量，那么多层感知器就能快速地学习模式，因为它是完全连通的，并能做出预测。它对结构化数据非常有效。我们可以将多层感知器应用于图像这样的非结构化数据，但需要做一些修改。由于多层感知器在一维层处理数据，因此必须将三维图像数据转换成一个大的压平后的向量，并将其馈送到多层感知器。但这样，存储在三维空间中的所有有价值的空间信息都丢失了，我们得到一个大矢量。还有一些其他更深层次的架构扩展了多层感知器的思想，更适合特定类型的非结构化数据，第 5 章将讨论这一点。在这之前，让我们先建立一个多层感知器神经网络的示例。

4.2　TensorFlow 和 Keras

可以使用 Scikit-Learn 这样的库来构建神经网络，但对于复杂的网络，你会发现很多限制，尤其是在性能方面。当你必须为一个网络做大量的并行处理时，了解 TensorFlow 和 PyTorch 这样的深度学习框架是有意义的。这些框架让我们通过捕捉神经网络中的架构来构建计算或数据流程图。然后，这些图形可以被安排在并行运行的专用硬件上，如 CPU 集群或 GPU 上，以比在普通的 CPU 机器上更快的速度进行训练。这些框架有自己专用的运行时，可以是 CPU 或 GPU 集群。它们以通用语言（如 Java、Python 和 C++）公开 API，使用这些语言的软件应用程序可以构建、训练和运行深度学习模型。

TensorFlow 是谷歌开发的框架，作为开源软件提供。谷歌有一个活跃而敏捷的团队来开发和维护 TensorFlow，他们每三四个月发布一次新版本。谷歌内部也大量使用 TensorFlow 来处理各种图像、视频、文本和音频的深度学习用例。

　　Keras 是在 TensorFlow 框架上用 Python 编写的高级 API 层，由目前就职于谷歌公司的 François Chollet 开发。有了 Keras，你就不必进入劳心的定义计算图的过程，而可以专注于构建层和定义配置参数，如层的类型、神经元的数量、连接，等等。Keras 在内部为你处理计算图的构建。

说明　本书的所有深度学习示例都使用了 TensorFlow 与 Keras，主要是因为在谷歌 Colaboratory 上使用 Keras 和 TensorFlow 预先安装并开始编码，可以很容易（且免费）地创建一个 Jupyter Notebook。感谢谷歌！

　　PyTorch 是由 Facebook 开发和维护的类似框架。它大量使用 NumPy（数值 Python），这是 Python 中强大的数学处理库。PyTorch 还定义了计算图，并具有一些 Keras 内置的简单性。更重要的是根据个人偏好和时间来决定你选择哪一个框架。你的深层架构应该能够在 TensorFlow 或 PyTorch 上构建和运行。

　　让我们用 Keras 来建立多层感知器神经网络。首先，我们将加载一个示例数据集，该数据集由叫作 MNIST 的 Keras 提供。这是研究机器学习算法的标准数据集。它带有定义好的训练集和测试集。让我们加载数据，并使用 Matplotlib 库将其显示为图（见图 4-7）。这段代码非常标准，如代码清单 4-1 所示。

代码清单 4-1　在 TensorFlow 和 Keras 中加载手写数字数据集

```
# 导入TensorFlow、Keras库
import tensorflow as tf
from tensorflow import keras

# Helper库
import numpy as np
import matplotlib.pyplot as plt

# 加载Keras提供的MNIST数据集
mnist = keras.datasets.mnist

# 加载训练数据和测试数据
(img_rows, img_cols) = (28,28)
(x_train, y_train),(x_test, y_test) = mnist.load_data()

# 绘制一些数据样本
plt.figure(figsize=(10,10))
for i in range(25):
    plt.subplot(5,5,i+1)
    plt.imshow(x_train[i], cmap=plt.cm.gray)
    plt.xlabel(y_test[i])
plt.show()
```

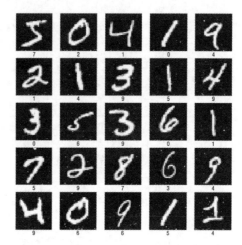

图 4-7　来自 MNIST 训练集的样本

我们看到了一个训练集的示例。每一个都有 X 和 Y，X 是特征，Y 是输出。X 有 784 个，相当于图像的 28 像素×28 像素。输出 Y 是一个 0 ~ 9 范围内的数字，代表图像所代表的数字。

让我们使用 Python 来理解 X 特征和 Y 特征的大小。这段代码对于清晰理解这些特征非常重要。建议特征具有相似的值。因此，我们将 0 ~ 255 范围内的像素值归一化为 0 ~ 1 范围内的数字。类似地，输出 Y 从 0 ~ 9 范围内的整数改变为独热编码向量。基本上，每个 Y 被转换成大小为 10 的向量，只有相关元素为 1，所有其他元素为 0。

例如，Y = 3 转换为

Y = [0, 0, 0, 1, 0, 0, 0, 0, 0, 0, 0]

代码清单 4-2 展示了实现这一点的标准代码。

代码清单 4-2　训练数据和测试数据的归一化，以便更快地学习

```
from keras.utils import to_categorical

# 独热编码结果
y_train = to_categorical(y_train)
y_test = to_categorical(y_test)

# 查看数据的尺寸
print('Training X dimensions: ', x_train.shape)
print('Training Y dimensions: ', y_train.shape)
print('Testing X dimensions: ', x_test.shape)
print('Testing Y dimensions: ', y_test.shape)

# 将数据归一化为 0~1 范围内的值
x_train, x_test = x_train / 255.0, x_test / 255.0
```

结果如下所示：

```
Training X dimensions:  (60000, 28, 28)
Training Y dimensions:  (60000, 10, 2)
Testing X dimensions:   (10000, 28, 28)
Testing Y dimensions:   (10000, 10, 2)
```

现在我们已定义了数据集，下面来看实际构建神经网络的代码。我们首先创建前述的简单多层感知器。输入层会有 784 个输入。这是通过获取 28×28 的图像阵列并使其成为大小为 784 的一维向量来创建的。这是使用 Keras 的展平层完成的。不需要为展平层指定尺寸，因为它会使用输入图层尺寸自动计算。

接下来，我们将使用一个包含 512 个神经元的隐藏层。该层是个稠密层，表示上一层的每个神经元都与下一层的每个神经元相连。我们将在这一层使用 ReLU 激活函数。如前所述，隐藏层的 ReLU 激活有助于网络学习得更快。

最后，我们有了输出层，这也是一个有 10 个神经元的稠密层。这 10 个神经元表示对图像所代表的手写数字的预测：0~9。这里我们使用 Softmax 激活函数，这样可以在 10 个神经元的每一个中得到 0~1 的输出。此外，应用于整个层的 Softmax 给我们所有神经元的总概率值为 1。因此，如果图像中指示的数字是 5，训练集结果将显示 `Y_Train` 的值，如下所示：

```
Y = [ 0, 0, 0, 1, 0, 0, 0, 0, 0, 0, 0 ]
```

训练后，我们期望模型进行预测，使得所有预测的总和为 1（表示 100% 概率），并且对于数字 5，已分配了最大概率。构建模型后，我们会显示模型的摘要，如代码清单 4-3 所示。

代码清单 4-3　我们的第一个神经网络代码

```python
from keras.models import Sequential
from keras.layers import Dense, Flatten

# 建立一个简单的神经网络
model = Sequential()
model.add(Flatten(input_shape=(28, 28)))
model.add(Dense(512, activation='relu'))
model.add(Dense(10, activation='softmax'))

# 显示摘要
model.summary()

# 为模型分配优化器并定义损失函数模型
model.compile(optimizer='adam',
              loss='categorical_crossentropy',
              metrics=['accuracy'])

# 运行实际的训练
history = model.fit(x_train, y_train, epochs=1, validation_split=0.33)

# 在测试数据上评估
model.evaluate(x_test, y_test)
```

结果如下所示：

```
Layer (type)                    Output Shape              Param #
=================================================================
flatten_6 (Flatten)             (None, 784)               0

dense_11 (Dense)                (None, 512)               401920

dense_12 (Dense)                (None, 10)                5130
Total params: 407,050
Trainable params: 407,050
Non-trainable params: 0

Train on 40199 samples, validate on 19801 samples

Epoch 1/1
40199/40199 [==============================] - 7s 178us/step -
loss: 0.2389 - acc: 0.9298 - val_loss: 0.1346 - val_acc: 0.9606

10000/10000 [==============================] - 0s 44us/step

Evaluation on Test Dataset: [0.11573542263880372, 0.9653]
```

隐藏层的数量和隐藏层中的神经元是我们的超参数。我们不会学习这些，而是修改它们，看看它们是否能让预测更好。我们将学习的是要学习的权重总数，也叫作可训练参数。模型摘要会显示可训练参数的数量。在上例中，可以看到总权重即可训练参数设置为 407 050。这种计算（见式(4.1)、式(4.2)和式(4.3)）非常简单，可用于任何网络。

第一层权重　＝(第一层神经元数量+1)×第二层神经元数量

$$= (784+1) \times 512 = 401\,920 \tag{4.1}$$

第二层权重　＝(第二层神经元数量+1)×第三层神经元数量

$$= (512+1) \times 10 = 5130 \tag{4.2}$$

模型的总权重　= 401 920+5130=407 050　　　　　　　　　　　　　　(4.3)

正如我们之前所做的，我们将使用训练的 X 值和 Y 值来构建模型和调整权重。测试值将专门用于验证。

这里，我们已收集了图像数据，将其归一化，并以 92% 的精度训练了第一个神经网络。我们的多层感知器神经网络结构如图 4-8 所示。我们要训练这个模型中的 407 050 个权重。我们有所有的稠密层。在下一章中，当处理更多类型的层时，我们会使用不同的符号。

关于代码和结果的一些观察如下所示。

❑ 我们使用了 Adam 优化器，这很常见。其他一些常见类型有 RMSProp、Adagrad、随机梯度下降。这些都是传统梯度下降优化技术的变体，因此模型收敛更快，训练过程也更快。Adam 通常很受欢迎，但可以试试其他优化器，看看结果是否会更好更快。

❑ 这是一个多类分类问题，我们使用了分类交叉熵损失函数。我们只进行了一轮的训练，并取得了相当好的结果，这是因为数据是干净且高质量的。事实上，可能会存在需要清洗和其他处理的不良数据。

❑ 另一件值得注意的事情是，MNIST 很好地为我们提供了训练数据和测试数据。然而，当训练模型时，我们还包括了 0.33（即 33%）的验证分割。因此，我们仅使用 67% 的训练数据进行训练，并使用 33% 的数据验证了模型。我们的结果显示了训练的精度、损失和验证的精度以及损失。通常，我们会调整超参数，如每层的层数和神经元数量，看看验证精度是否有提高。

❑ 测试集用于评估模型和建立基准。最后一行代码根据测试数据评估了模型，并表示它有 96.53% 的精度。现在，如果选择新架构或新算法，这会是我们要超越的基准！

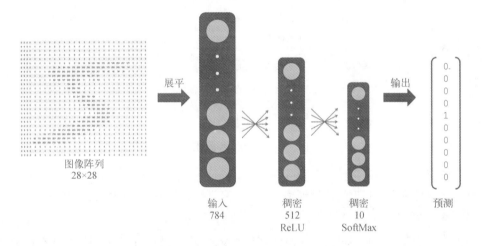

图 4-8　多层感知器神经网络概要

下面让我们来谈谈训练集、验证集和测试集，以及过拟合和欠拟合。

4.3　偏置与方差：欠拟合与过拟合

你已在第 2 章了解了过拟合和欠拟合的概念。还记得图 4-9 中再次显示的飞镖示例吗？

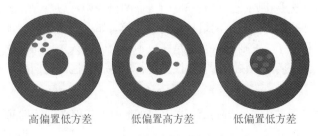

图 4-9　飞镖示例来说明偏置和方差

下面讨论训练和验证结果是如何让我们了解欠拟合和过拟合的概念的。图 4-10 显示了一张非正式的图,它可以帮助我们在构建神经网络时做出一些决策。

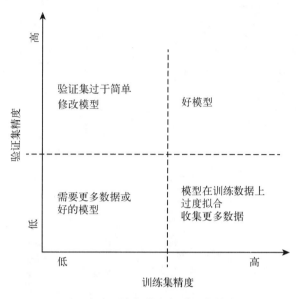

图 4-10   训练集精度与验证集精度

在构建新模型时,请始终使用单独的训练集和验证集,并在每个数据集上发现模型的精度。这个概念叫作**交叉验证**,其想法是给模型一组数据来训练,然后在新的数据集上评估它的指标,这是它以前从未见过的,为了看看它有多有效。

有一种交叉验证在行业中很流行,叫作 *K* **折交叉验证**。其想法是将完整数据集分成 *K* 个组,并在每次迭代中使用其中一组作为验证集,其余的用作训练数据。通过这种方式,你不断改变模型用于学习的"不可见"数据,并且随着时间的推移,它变得更加有效。

如果在训练数据上获得了很高的精度,在验证数据上却没有,那么模型就过拟合训练数据了。它正在学习针对训练数据的更大差异,并且不会转化为验证集。在这种情况下,需要获得更多的训练数据。还有一些可用的避免过拟合的技术,比如**正则化**和 dropout。

让我们快速看看什么是正则化。在关于反向传播的讨论中可以看到,成本函数是网络不同层中所有权重的函数,有助于我们找到网络权重的最优值。如果模型过拟合训练数据,那就意味着权重与训练数据太不相称了。正则化的思想是在成本函数中加入一些带有网络权重的特殊项,这样网络就不会很快收敛。换句话说,我们对权重进行了惩罚,这样它们就不会过拟合训练集,且更通用。

防止过拟合的第二种方法是 dropout。在 dropout 中,我们在训练期间从一层中随机丢弃一定百分比的神经元,并使用网络的其余部分进行训练。这有助于防止某些神经元与特定的输入相联系，从而防止网络过拟合。由于在任何训练迭代或轮中都有随机数量的神经元被丢弃（输出零值），因此网络被迫学习不依赖于特定训练数据或神经元的模式。

同样，在吴恩达的视频课中，这些正则化和 dropout 的概念用方程解释得非常好。对于实用的机器学习，我所介绍的已足够好了。现在你可以开始运用 Keras 使用这些层了。然而，如果你有兴趣了解背后发生了什么，我强烈建议你观看吴恩达的视频课。

如果验证数据的精度很高，但训练数据给出的有希望的结果较少，那么这可能是一个复杂的训练集和一个非常简单的验证集。在 MNIST 示例中，我们随机划分数据。然而，在实际问题中，需要构建能够很好地表示预期输出的验证集。建议你在验证集中看到所有的变化。这样，一旦在验证中获得了很好的精度，就可以非常确信模型在不可见的数据上表现良好。

最后，如果在训练集和验证集上的精度都很差，这意味着需要更多的数据或更好的模型，或者有时两者都需要。同样，如果两者都获得了很好的精度，我们就有了很好的模型，它已学习了模式，并且能很好地处理不可见的数据。这是我们的目标！

以 MNIST 为例，90%以上的准确率相当不错。我们通过 3 个数据集：训练集、验证集和测试集得到了这一点。在下一章中，我们将看到其他模型架构，如卷积神经网络，并将它们与 MNIST 模型进行比较。

4.4 小结

本章开始构建用于分析图像数据的深度神经网络模型。我们使用了 TensorFlow 框架上的 Keras 库来构建模型；了解了交叉验证，将训练数据和测试数据分开；运行了经过训练的模型，并评估了模型的精度指标。下一章将开始构建更复杂的模型，超越多层感知器进入卷积神经网络，并展示它们如何更有效地建立深度模型，尤其是用于图像分析；还将使用不同的数据——时尚商品图像数据集。希望它会很有趣，你也可以尝试使用一些自己的图像数据。

## 第 5 章

高级深度学习

上一章构建了深度神经网络模型，用于使用 Keras 和 TensorFlow 分析图像。本章将开始构建提取复杂视觉**模式**的模型；超越多层感知器进入**卷积神经网络**，并展示它们如何更有效地建立专门用于图像分析的深度模型；使用不同的数据——时尚商品图像数据集。希望它会很有趣，你可以尝试使用自己的图像数据。

5.1　深度学习模型的崛起

在上一章中，我们了解了一种叫作多层感知器的神经网络。它是 20 世纪 90 年代最常见的神经网络类型之一，但有许多局限性。

多层感知器适用于有限的一组特征，例如示例中的不到 1000 个特征。随着特征数量的增加，由于稠密层中的所有神经元都连接到下一层中的所有神经元，因此权重变得非常大。这使得模型很难训练，并且需要很高的处理能力。当在多层感知器中使用神经元增加更多的层时，我们看不到这些层在精度上产生的影响。因此，增加更多的层增加了复杂性和训练时间，但并没有真正带来多大好处。

此外，在示例中可以看到，28×28 的图像被转换为一维 784 元素向量，成为网络的输入层。但当我们将二维层平面化后，就失去了图像所承载的许多空间关系。二维结构包含像素之间的关系，有助于我们理解图像包含的模式。当我们将其展平并提供给多层感知器时，这些信息就丢失了。

可以看到，为了通过多层感知器发送图像这样的非结构化数据，需要大量的特征提取来获得有意义的结果。这可以将大图像尺寸调小、使图像灰度化以减小尺寸、阈值化图像以去除噪声等形式实现。其中许多技术属于计算机视觉领域，计算机视觉基本上是一种从以像素阵列形式数字化存储的图像中提取知识的方法。在处理音频或文本等其他类型的数据时，需要类似的方法。简而言之，为了从多层感知器中获得有效的结果，需要进行大量的特征提取。这个过程叫作**特征工程**。

在 20 世纪 90 年代的一段时间里，由于这些限制，神经网络开始失宠。然而，在 21 世纪 10 年代早期，在网络层类型和神经网络架构方面的新发现克服了这些限制。大约在同一时间，像 GPU 这样的高级硬件在处理能力上有了巨大的提升，可以并行进行成千上万个线性代数计算，这促成了机器学习领域的一个新学科——**深度学习**的问世。深度学习在技术上是机器学习的一个分支，更具体地说是一种监督学习。然而，深度学习已能够在许多具有挑战性的问题（例如图像分类、自然语言处理、语音识别、语音合成，等等）上显示出一些惊人的结果，使其成为一门非常重要的学科，迅速成为人工智能的代表。同样，因为深度学习本质上仍是一种监督学习方法，所以我们之前学到的所有概念，如偏置、方差、欠拟合和过拟合，对于深度学习模型仍有效。

5.2 新型网络层

深度学习引入的主要改进之一是，帮助构建特殊模型的新型层。这些模型在特定类型的非结构化数据（如图像或文本）上运行良好。如前所述，稠密层大大增加了需要存储在模型中的权重数量。此外，它们不捕捉数据的空间关系，而这些关系在图像中很突出。下面来看深度学习如何提供专门的层和网络架构来帮助进行图像分析。这类网络叫作卷积神经网络，是专用神经网络。卷积神经网络已经普及，被公认为当今分析图像和从中提取知识的最佳模型之一。下面详细介绍这些内容。

5.2.1 卷积层

顾名思义，与常规多层感知器网络相比，卷积神经网络的主要改进是引入了一个叫作**卷积层**的新神经元层。该层专门提取像素阵列中的空间模式。下面详细介绍这一层。

卷积是指在较大的数据或信号矩阵上运行较小矩阵（叫作卷积滤波器）的操作。在每次运行中，我们对这两个矩阵元素进行逐元素的多次复制，然后将它们相加。考虑使用图 5-1 所示的可视化示例进行卷积。

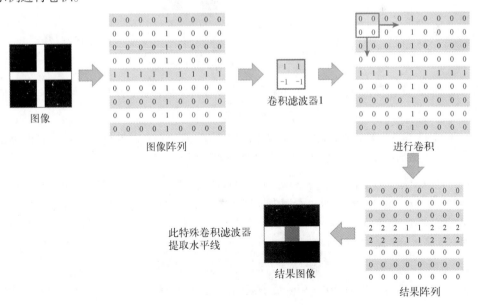

图 5-1 提取水平线的简单卷积滤波器

　　我们的测试图像是一个二进制图像，有一条水平线和一条垂直线，形成一个十字。该图像由 1 和 0 组成，分别表示白色像素和黑色像素。可以看到，这个图像的阵列表示有 9 行 9 列。选择一个形状为 2×2 的特殊卷积滤波器（也叫作**卷积核**），并在图像中移动它。在每一步，进行元素乘法，并将结果相加，由此可以得到一个 8×8 的新阵列。当我们把这个新阵列表示成图像时，可以看到一些有趣的东西。我们看到新的卷积图像只有水平线高亮显示，并能从这张图像中提取水平线的模式。

　　下面使用不同的卷积核，看看能得到什么，如图 5-2 所示。

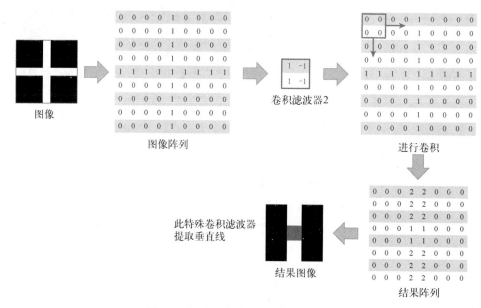

图 5-2　提取垂直线的简单卷积滤波器

　　这个滤波器可以检测垂直线。它在二维图像中寻找特定的模式，结果是一个只有非零值垂直线的阵列。

　　如果我们将二维图像阵列作为神经网络中的一个层，那么应用卷积滤波器将为我们提供一个只有垂直神经元激活的新层。这是卷积神经网络中卷积层的概念。

　　卷积层是三维层。它的两个维度是输入图像的宽度和高度；第三个维度是我们希望网络学习的滤波器数量。当网络计算数据点（本例中为训练图像）时，它会了解哪些特征是兴趣点，并开始学习这些滤波器。也许你输入的图像有很多水平线——然后它会开始学习我们之前看到的水平线滤波器。通常使用的是 3×3、5×5 或 7×7 等高阶滤波器，2×2 滤波器只是说明卷积如何工作的示例。

　　在前面的示例中可以看到，在应用滤波器后，图像的尺寸缩小了一点，9×9 的图像变成了 8×8 的图像。这是一个简单的计算，公式为

$$\text{新图像维度} = \text{图像维度} - (\text{滤波器尺寸} - 1) \tag{5.1}$$

这适用于图像的宽度和高度。我们通常使用方形滤波器，即两者的滤波器尺寸比例相同——3×3 中有 3 个，5×5 中有 5 个。很多时候，我们不希望卷积层改变图像的尺寸。在这种情况下，可以添加**填充**。使用填充，卷积操作基本上返回与输入图像大小相同的图像，但是其模式是由卷积层提取的。

一般来说，卷积神经网络和深度网络中还有几个有趣的层面。我们将通过简短的描述，借助示例更好地探索它们。

5.2.2　池化层

多层感知器和卷积神经网络的主要区别在于，卷积神经网络使用二维图像阵列，并试图使用卷积层提取空间模式。然而，我们需要能够减小图像尺寸的层，这样就可以减少处理时间。这是使用**池化层**完成的。它所做的只是根据一个池化统计数据（如平均值或最大值）对图像进行降采样。MaxPooling2D 是一个流行的池化层，它使用 2×2 或 4×4 这样的池窗口。它获取窗口中的最大值，并将其分配给新图像。它通过所选窗口的数量，减小图像阵列的大小。例如，2×2 的窗口会把 100×100 的图像降采样到 50×50。

我们之前已看到一个展平层，它将二维阵列转换为一维向量。卷积神经网络的主要区别在于，在卷积层提取出相关模式后，在网络末端使用展平层。

下面先来看两种特殊类型的层，然后再编写示例。

5.2.3　dropout 层

很多时候，卷积神经网络容易在训练数据上过拟合，某些神经元总是在训练数据中寻找固定的模式。防止这种过拟合和增加网络偏置的一种方法是，使用一种叫作 dropout 的特殊类型的层。在每次训练迭代或批处理期间，dropout 层随机地从网络中丢弃固定百分比的神经元。因此，丢弃 0.3 意味着随机抽取 30% 的神经元进入这一层，使它们的值为零。现在这些神经元不再在学习中发挥作用。这样，网络就没有机会对训练数据过拟合，因为在任何批处理迭代中，任何随机神经元都可能为零。

5.2.4　批归一化层

在之前 MNIST 数据的多层感知器示例中可以看到，我们得到了像素强度值在范围在 0～255 内的训练集和测试集。我们通过除以 255 来归一化这些数据点，从而使值范围在 0～1，这有助于加快训练过程且使网络收敛得更快。另一种非常流行的加速训练的方法是使用一个特殊的层——**批归一化层**。该层对流经网络的所有层数据进行归一化。因此，我们不仅归一化了输入数据，而且归一化了层与层之间的数据，这样网络学习更快，且得到了好的结果。

5.3   构建时尚商品图像分类的深度网络

下面来看如何构建时尚商品图像分类的深度网络。我们将采用较早的 MNIST 示例，并使用卷积神经网络而不是多层感知器。

首先如前所述，让我们加载数据并查看数据集。对于这个示例，我们会使用一个同样由 Keras 提供的新数据集——时尚商品数据集（见图 5-3）。该数据集也有 28×28 灰度训练和测试图像，如 MNIST。这些图像是时尚商品，而不是数字。此外，我们会使用标签数组来定义每个项目的标签（见代码清单 5-1）。

代码清单 5-1   加载不同的包含时尚商品的数据集

```
# 导入 Keras 库
from tensorflow import keras

# 辅助库
import numpy as np
import matplotlib.pyplot as plt
%matplotlib inline

# 加载 Keras 提供的 mnist 数据集
dataset = keras.datasets.fashion_mnist

# 图像标签
class_names = ['T-shirt/top', 'Trouser', 'Pullover', 'Dress', 'Coat',
               'Sandal', 'Shirt', 'Sneaker', 'Bag', 'Ankle boot']

# 加载训练数据和测试数据
(img_rows, img_cols) = (28,28)
(x_train, y_train),(x_test, y_test) = dataset.load_data()

# 让我们绘制一些数据样本
plt.figure(figsize=(10,10))
for i in range(25):
    plt.subplot(5,5,i+1)
    plt.xticks([])
    plt.yticks([])
    plt.grid(False)
    plt.imshow(x_test[i], cmap=plt.cm.gray)
    plt.xlabel(class_names[y_test[i]])

plt.show()
```

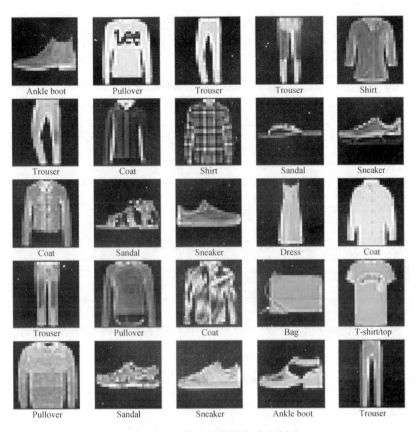

图 5-3 时尚商品图像数据集的样本

下面使用前面介绍的一些层来建立卷积神经网络。卷积神经网络的概念是先将图像输入保持在二维，并进行卷积和池化；然后将数据展平并构建一个稠密层，以映射到带有 Softmax 层的 10 个输出。网络的结构如图 5-4 所示。

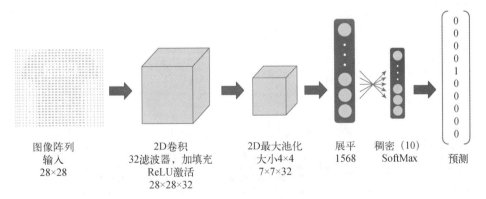

图 5-4 卷积神经网络模型的简化架构

下面用代码实现这个网络。首先对数据做一些预处理，将整数 *Y* 值转换为 0 的独热编码数组，仅预测列的值为 1；接下来将这些值除以 255，将数据归一化在 0～1 范围内；最后使用 numpy expand_dims 函数将数组（或 Tensor）从 (num_samples, 28, 28) 改为 (num_samples, 28, 28, 1)，后者是一维的。这不会改变数据，但会改变矩阵，使卷积神经网络更容易接收，如代码清单 5-2 所示。

代码清单 5-2 加载数据集、预处理，并分成训练集和测试集

```
from keras.utils import to_categorical

# 独热编码结果
y_train = to_categorical(y_train)
y_test = to_categorical(y_test)

# 将数据归一化为 0~1 范围内的值
x_train, x_test = x_train / 255.0, x_test / 255.0

# 为 CNN 定制数据——制作 3D 阵列
x_train_cnn = np.expand_dims(x_train, -1)
x_test_cnn = np.expand_dims(x_test, -1)
```

下面建立网络。如图 5-4 所示，我们将在 2D 中使用 32 滤波器的卷积层和大小 4×4 的最大池化；然后展平并应用 10 号的稠密层来表示预测，如代码清单 5-3 所示。

代码清单 5-3 在 Keras 中构建卷积神经网络模型

```
from keras.models import Sequential
from keras.layers import Dense, Dropout, Flatten, Input
from keras.layers import Conv2D, MaxPooling2D


model = Sequential()
model.add(Conv2D(32, (3, 3), activation='relu',
                 input_shape=(28, 28, 1), padding='same'))
model.add(MaxPooling2D(pool_size=(4, 4)))
model.add(Flatten())
model.add(Dense(10, activation='softmax'))

# 为模型分配优化器并定义损失函数
model.compile(optimizer='adam',
              loss='categorical_crossentropy',
              metrics=['accuracy'])

model.summary()
```

结果如下所示：

```
Layer (type)                 Output Shape              Param #
=================================================================
conv2d_18 (Conv2D)           (None, 28, 28, 32)        320
```

```
max_pooling2d_17 (MaxPooling (None, 7, 7, 32)          0

flatten_11 (Flatten)         (None, 1568)              0

dense_12 (Dense)             (None, 10)                15690
=================================================================
Total params: 16,010
Trainable params: 16,010
Non-trainable params: 0
```

下面比较卷积神经网络的模型和之前构建的多层感知器。你马上会注意到，卷积神经网络的总可训练参数或权重是 16 010，而多层感知器的是 407 050。这就是使用卷积层和池化层的优势。它们捕捉模式，但使用更少的权重，因为卷积层通过让相同的滤波器反复地在前一层上进行卷积来重用权重。

这使得卷积神经网络的模型加载更轻量，训练和预测更快。下面训练模型，如代码清单 5-4 所示。

代码清单 5-4　训练模型并观察精度和损失

```
# 进行实际训练
history = model.fit(x_train_cnn, y_train, epochs=1)

# 在测试数据上进行评估
model.evaluate(x_test_cnn, y_test)

Epoch 1/1
60000/60000 [==============================] - 20s 338us/step - loss:
0.5202 - acc: 0.8176
10000/10000 [==============================] - 2s 211us/step

[0.4220195102214813, 0.847]
```

由于这是一个比 MNIST 更复杂的数据集，因此我们在第一轮得到的精度较低。使用多层感知器可以得到相似的精度值，但模型大小很大。随着轮数的增多，精度会得到更大的提高。我们将按轮绘制精度和损失。让我们运行 20 轮，看看损失和精度如何变化，如代码清单 5-5 所示。

代码清单 5-5　进行 20 轮模型训练

```
# 进行实际训练
history = model.fit(x_train_cnn, y_train, epochs=20)
```

结果如下所示：

```
Epoch 1/20
60000/60000 [==============================] - 19s 314us/step - loss:
0.3605 - acc: 0.8722
Epoch 2/20
60000/60000 [==============================] - 17s 278us/step - loss:
0.3234 - acc: 0.8851
```

```
Epoch 3/20
60000/60000 [==============================] - 15s 248us/step - loss:
0.3031 - acc: 0.8933
Epoch 4/20
60000/60000 [==============================] - 15s 250us/step - loss:
0.2893 - acc: 0.8971
Epoch 5/20
60000/60000 [==============================] - 15s 251us/step - loss:
0.2785 - acc: 0.9007
Epoch 6/20
60000/60000 [==============================] - 15s 256us/step - loss:
0.2679 - acc: 0.9052
Epoch 7/20
60000/60000 [==============================] - 16s 260us/step - loss:
0.2608 - acc: 0.9077
Epoch 8/20
60000/60000 [==============================] - 15s 247us/step - loss:
0.2536 - acc: 0.9095
Epoch 9/20
60000/60000 [==============================] - 15s 257us/step - loss:
0.2468 - acc: 0.9123
Epoch 10/20
60000/60000 [==============================] - 15s 247us/step - loss:
0.2420 - acc: 0.9133
Epoch 11/20
60000/60000 [==============================] - 15s 248us/step - loss:
0.2354 - acc: 0.9159
Epoch 12/20
60000/60000 [==============================] - 15s 246us/step - loss:
0.2320 - acc: 0.9165
Epoch 13/20
60000/60000 [==============================] - 15s 248us/step - loss:
0.2274 - acc: 0.9181
Epoch 14/20
60000/60000 [==============================] - 15s 248us/step - loss:
0.2227 - acc: 0.9200
Epoch 15/20
60000/60000 [==============================] - 15s 250us/step - loss:
0.2197 - acc: 0.9213
Epoch 16/20
60000/60000 [==============================] - 15s 247us/step - loss:
0.2158 - acc: 0.9236
Epoch 17/20
60000/60000 [==============================] - 15s 251us/step - loss:
0.2125 - acc: 0.9222
Epoch 18/20
60000/60000 [==============================] - 15s 247us/step - loss:
0.2099 - acc: 0.9254
Epoch 19/20
60000/60000 [==============================] - 15s 244us/step - loss:
0.2071 - acc: 0.9252
Epoch 20/20
60000/60000 [==============================] - 15s 244us/step - loss:
0.2038 - acc: 0.9267
10000/10000 [==============================] - 1s 115us/step
```

下面我们将获取存储在历史变量中的学习历史数据并绘制它，如代码清单 5-6 所示。

代码清单 5-6　绘制学习历史，查看模型是如何学习的

```
import matplotlib.pyplot as plt
%matplotlib inline

# 汇总历史以查看精度变化
plt.plot(history.history['acc'])
# plt.plot(history.history['val_acc'])
plt.title('model accuracy')
plt.ylabel('accuracy')
plt.xlabel('epoch')
plt.legend(['train', 'test'], loc='upper left')
plt.show()

# 汇总历史以查看损失变化
plt.plot(history.history['loss'])
# plt.plot(history.history['val_loss'])
plt.title('model loss')
plt.ylabel('loss')
plt.xlabel('epoch')
plt.legend(['train', 'test'], loc='upper left')
plt.show()
```

图 5-5 给出了各轮的精度和损失。

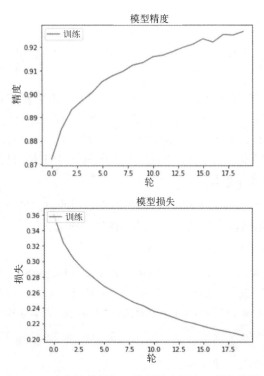

图 5-5　随着轮数增加，模型精度提高，损失降低

可以看到随着轮数增多，模型精度逐渐提高，损失降低。我们可以尝试不同的模型架构和超参数，看看是什么给了数据集最好的结果。这主要是通过反复试错来完成的，但许多经验丰富的数据科学家有其最喜欢的调整超参数的方法来获得最好的结果。这些超参数可以是层数、层的类型、每层中神经元的数量、损失函数、使用的优化器，等等。下面来看数据科学家通过调整架构和超参数来调整模型的一些常见方法。

5.4   卷积神经网络架构和超参数

多层感知器有许多层神经元和不同的参数，很容易变得非常复杂。有一些数据科学家常用的方法，可以帮助更好地调整超参数并节省大量时间。因为模型很复杂，所以需要大量的数据来训练，通常这些需要花费大量的时间，并且需要像 GPU 这样昂贵的专用硬件来训练。

首先，我们必须决定神经网络的架构，这包括有多少层、什么类型的层、每层有多少神经元。前面介绍了一个非常简单的网络，有一个卷积层、一个池化层和一个稠密层，但当我们有数百万个图像要分类成数千个类别时，这就行不通了。（是的，人们已经尝试过了！）卷积神经网络有几种流行的深度网络架构，在图像分类问题上显示出了非常好的效果，但如何比较这些呢？为此，我们需要一个标准的图像数据集。

这就是 ImageNet 发挥作用的地方。这是一个标准化的图像数据集，其中包含 1400 万个训练图像，这些图像被手动注释成大约 2 万个类别。它还有几千个独立的验证集和测试集来评估图像分类模型。值得关注的是，ImageNet 是由李飞飞领导的一个社区项目，她（截至 2018 年）是谷歌的首席科学家。

现在有了 ImageNet，世界各地的数据科学家可以提出创新的深度网络架构，并在通用的标准数据集上进行评估。当展示下一个深度学习模型架构时，你可以自信地说你在 ImageNet 上以 70%的精度对其进行了测试，那么每个人都知道这意味着什么。每年还会组织一次 ImageNet 大规模视觉识别挑战赛（ILSVRC），来自世界各地的大学和公司的计算机视觉和人工智能科学家在 ImageNet 上展开竞争。这非常棒！

图 5-6 显示了通用的标准图像数据集。全世界非常聪明的数据科学家一直在开发创新的深度网络架构来解决图像识别问题。所有这些架构都已在公共领域发布，尤其是那些多年来参与并赢得 ILSVRC 竞赛的网络架构。

其中一些流行的网络架构有 AlexNet、VGG、ResNet、Inception，等等。感兴趣的读者可查看附录 A，了解更多信息。此外，请记住，这是一个活跃并发展着的研究领域。因此，当你阅读本书的时候，世界上的某个地方可能正有一个超级聪明的数据科学家提出下一个伟大的架构，也许它将超越所有其他的架构。

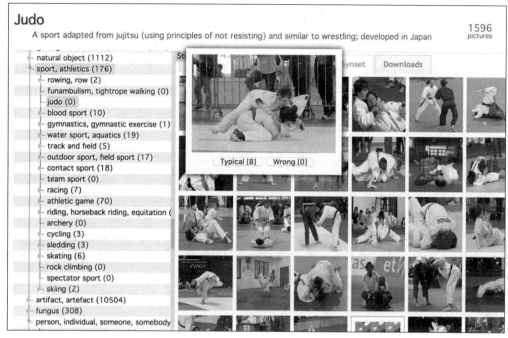

图 5-6　ImageNet 分类的图像

（来源：ImageNet 网站）

　　通常，建议从一个成熟的架构开始，并根据需求进行调整。好消息是，Keras 与大多数这些流行的架构打包在了一起。可以从其中一个开始，并使用它在数据集上进行训练。此外，Keras 还提供了模型，这些模型是在非常流行的图像分类开放数据源 ImageNet 上预先训练的！

　　我们通常会始于一个好的、经验证的模型架构，比如 VGG、ResNet 或 Inception，然后调整超参数来解决我们正在处理的问题。我们可以想到的其他一些超参数有损失函数和要使用的优化器类型。通常，交叉熵或对数损失是分类问题常用的损失函数。交叉熵损失可以是二元的或分类的，这取决于问题是在两类（二元）还是多类（分类）之间分类。我们已了解了标准批次、随机和小批次梯度下降优化器，下面就以不同的学习率来使用这些优化器以加快学习过程。此外，专门的优化器，如具有动量的随机梯度下降、RMSProp 和（上一个示例中使用的）Adam 可能会显示更好的结果。具有动量的随机梯度下降试图将权重值（施加动量）推向最小值（具有最小损失值的最优权重），RMSProp 往往在接近最小值时消除某些权重的振动，而 Adam 更受欢迎，因为它获得前两项的效果。你可能需要做大量的试错，才能为你的问题找到最佳的优化器。

　　学习率决定了我们修改权重以接近最小值时的幅度。较大的学习率可能会让你在最小值附近摇摆，而较小的学习率可能会让你花很长时间才能达到最小值。同样，这也涉及了许多试错。

5.5　使用预训练的 VGG 模型进行预测

下面会讨论一个相对简单的深度模型——牛津大学 VGG（视觉几何小组）的 VGGNet。2014 年，Simonyan 和 Zisserman 在论文 "Very Deep Convolutional Networks for Large Scale Image Recognition" 中介绍了 VGG 网络架构。它的主要特点是只包含 3×3 的相互堆叠的卷积层，以及 2×2 的最大池化 2D 层。这是一个 2D 卷积层，因为我们保持层宽不变，并且在二维方向上进行卷积。最后有两个完全相连的稠密层，映射到 1000 个图像类别。

下面我们看看代码。我们首先会在 Keras 中加载一个预训练的 VGG-16 模型，并使用它对图像进行预测；然后将研究数据扩充，从几个样本中生成大量数据，以帮助我们更好地训练模型；最后使用迁移学习来调整预训练的 VGG-16 模型的最后几层，以使其适应我们数据领域中的特定类别。这可能是你在现实世界中经常看到的事情。我们会以真实世界的标识检测器为例，它可以读取图像并告诉我们标识属于哪个品牌。你会发现这些通用方法（以及提供的代码）可以直接应用于许多常见的业务问题。要是你发现这些方法的一些很酷的用例，一定要告诉我！代码清单 5-7 展示了代码。

代码清单 5-7　导入一个受欢迎的带有预训练权重的 VGG16 模型

```
# 导入 Keras 库
from tensorflow import keras

# 导入预训练的 VGG16 模型
from keras.applications.vgg16 import VGG16

# 创建模型实例
model = VGG16()

# 展示概要
print(model.summary())
```

结果如下所示：

Layer (type)	Output Shape	Param #
input_1 (InputLayer)	(None, 224, 224, 3)	0
block1_conv1 (Conv2D)	(None, 224, 224, 64)	1792
block1_conv2 (Conv2D)	(None, 224, 224, 64)	36928
block1_pool (MaxPooling2D)	(None, 112, 112, 64)	0
block2_conv1 (Conv2D)	(None, 112, 112, 128)	73856
block2_conv2 (Conv2D)	(None, 112, 112, 128)	147584
block2_pool (MaxPooling2D)	(None, 56, 56, 128)	0

block3_conv1 (Conv2D)	(None, 56, 56, 256)	295168
block3_conv2 (Conv2D)	(None, 56, 56, 256)	590080
block3_conv3 (Conv2D)	(None, 56, 56, 256)	590080
block3_pool (MaxPooling2D)	(None, 28, 28, 256)	0
block4_conv1 (Conv2D)	(None, 28, 28, 512)	1180160
block4_conv2 (Conv2D)	(None, 28, 28, 512)	2359808
block4_conv3 (Conv2D)	(None, 28, 28, 512)	2359808
block4_pool (MaxPooling2D)	(None, 14, 14, 512)	0
block5_conv1 (Conv2D)	(None, 14, 14, 512)	2359808
block5_conv2 (Conv2D)	(None, 14, 14, 512)	2359808
block5_conv3 (Conv2D)	(None, 14, 14, 512)	2359808
block5_pool (MaxPooling2D)	(None, 7, 7, 512)	0
flatten (Flatten)	(None, 25088)	0
fc1 (Dense)	(None, 4096)	102764544
fc2 (Dense)	(None, 4096)	16781312
predictions (Dense)	(None, 1000)	4097000

```
=================================================================

Total params: 138,357,544
Trainable params: 138,357,544
Non-trainable params: 0
```

这就是 VGG-16 模型的外观。它有 16 层：初始层是 Conv2D 和 MaxPooling2D 类型；最后 3 层是稠密层，其中两层有 4096 个神经元；最后一层有 1000 个神经元，用于 1000 个类别。

下面用这个网络来做个预测。首先是从互联网上下载示例图像。我们使用了电力机车的图像，如图 5-7 所示。用感叹号（!）后跟 shell 命令 wget 下载，-O 选项指定要下载的文件的名称，如代码清单 5-8 所示。

代码清单 5-8   使用 Notebook 内部的 shell 命令下载文件

```
# 使用所需的任何 URL 从互联网上下载示例图像
!wget -O mytest.jpg https://upload.wikimedia.org/wikipedia/commons/f/fe/
Amtrak_Train_161.jpg
```

该命令会从 URL 下载图像，并将其存储为名为 mytest.jpg 的文件。

图 5-7　来自 Wikimedia 的电力机车图像

（来源：Lexcie Wikimedia）

　　下面使用加载的预训练模型来对该图像进行分类。我们在 Keras 中使用一些预构建的函数，比如 preparation_input 来归一化图像，以便 VGG 网络可以做出最佳预测；使用 decode_predictions 函数来理解模型预测的内容。它将预测 0 ~ 999 的类别号。这种方法会给我们正确的标签，如猫、狗、飞机、火车，等等，如代码清单 5-9 所示。

代码清单 5-9　使用神经网络对下载的图像进行预测

```python
from keras.preprocessing.image import load_img
from keras.preprocessing.image import img_to_array
from keras.applications.vgg16 import preprocess_input
from keras.applications.vgg16 import decode_predictions
import numpy as np

# 从文件加载图像，VGG16 需要 (244, 244) 输入
myimg = load_img('mytest.jpg', target_size=(224, 224))

# 将图像像素转换为数组
myimg = img_to_array(myimg)
myimg = np.expand_dims(myimg, axis=0)
print('Image shape to feed to VGG Net: ', myimg.shape)

# 为 VGG 模型准备图像
myimg = preprocess_input(myimg)

# 预测所有 1000 个类别的概率
pred = model.predict(myimg)
print('Predictions array shape: ', pred.shape)
```

```
# 将概率转换为类别标签
label = decode_predictions(pred)

# 检索最可能的结果，例如最高概率
label = label[0][0]

# 打印分类结果
print('Predicted class: %s (%.2f%%)' % (label[1], label[2]*100))
```

结果如下所示：

Image shape to feed to VGG Net: (1, 224, 224, 3)

Predictions array shape: (1, 1000)

Predicted class: electric_locomotive (86.93%)

我们的预训练网络测试了一幅新图像，并以 86.93% 的置信度预测它是一辆电力机车。非常棒！

在 Keras 中，只需大约 15 行代码，就可以使用这些由世界顶尖数据科学家训练的顶级深度学习模型来免费预测图像。这就是我认为深度学习社区真的很棒的原因！

5.6 数据扩充和迁移学习

下面介绍两种非常有用的技术，数据科学家经常用它们来解决问题。我见过许多数据科学家，他们非常信任这两种方法——**数据扩充**和**迁移学习**，它们会极大地节省构建模型所需的数据量和处理时间。

数据扩充是一种从有限的一组数据中创建更多数据的方法。大多数情况下，当我们处理一个新的问题域时，数据是有限的。使用扩充技术，我们可以创建更多的数据来训练模型。其中的一些技术包括翻转图像、剪切、沿特定方向缩放、放大，等等。对于图像分析问题，通常需要某种计算机视觉技术来增强图像并增加训练集的大小。幸运的是，我们非常喜欢的深度学习框架 Keras，附带了可以处理这种扩充的内置工具。我们很快就会在示例中看到这些工具。

第二种非常流行的方法叫作**迁移学习**。这里，我们采用预训练模型，该模型已针对我们要解决的问题在来自相似域的图像上进行了很好的训练。如前所述，模型训练过程本质上是在为模型找到最优权重，从而使训练数据最佳。我们可能有一个在大型标准数据集（如 ImageNet）上训练过的模型。现在，我们不再在数据集上重新训练模型，而是利用模型从以前的训练中学到的现有知识。因此，在某种程度上，我们把学习从一个问题领域迁移到了另一个问题领域。基本上，我们是在迁移从在大数据集上训练模型获得的知识，以便在特定的较小数据集上教授具有相似架构的新模型。与从头开始和建立模型相比，这可以节省很多时间。

以典型的卷积神经网络为例，如图 5-8 所示，可以看到早期的层充当特征提取器。就图像而言，它们寻找二维空间模式。例如，如果我们正在探索人脸图像数据集，这些早期层神经元可能会寻找边缘或曲线；再进一步，它们可能会寻找更完整的外形特征，如轮廓；更进一步，这些层会寻找眼睛、嘴唇等；最后，稠密层或完全连接的层将通过查看这些特征和预期输出来"学习"模式。这就是像素阵列映射到图像包含内容的预测阵列的方式。这就是深度学习！

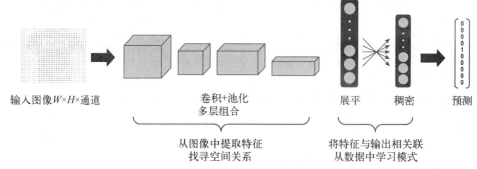

图 5-8   典型的卷积神经网络架构，其中早期层提取空间模式，最终稠密层从中学习

如果有这么一个受欢迎且经过验证的架构，它是在 ImageNet 这样的良好多样的数据集上训练的，非常善于从图像数据（基本上是三维像素值阵列）中提取特征。现在将这个特征提取器应用于数据集，我们就可以集中于训练模型来学习所提取特征中的模式，并将它们与期望的结果相关联。这大大减少了模型开发和训练时间，这就是通过迁移学习实现的。

下面研究一个使用数据扩充和迁移学习的示例。

5.7   真实的分类问题：百事可乐与可口可乐

下面用真实的示例来展示数据扩充和迁移学习在深度学习模型开发过程中的价值。假设有一些百事可乐和可口可乐产品标识的图像，我们想建立基本的深度学习分类器，读取图像并判断图像是百事可乐还是可口可乐的标识。

可以看到，这是一个图像数据的分类问题。通常，这类问题的第一步是收集成千上万的预期类别的图像——可口可乐和百事可乐的标识，它们应该涵盖标识的尺寸、颜色、形状、视角、旋转等各个方面。最终，我们训练分类器，对任何包含百事可乐或可口可乐显著标识的图像进行分类，了解图像属于哪个标识。这是一个简单的二元分类问题。

如第 1 章所述，需要始终考虑在将要使用的系统上下文中进行分析。这里，假设这是一个移动应用程序，我们使用智能手机拍照，然后以某种方式调用训练模型，以获取图像的分类——百事可乐或可口可乐。因为这是二元分类，所以输出会是个位数：0 或 1。我们可以说 0 代表可口可乐，1 代表百事可乐。也可以选择其他方式命名，只要以此将训练数据提供给模型。

因此，如果选择 0 代表可口可乐，1 代表百事可乐，那么所有的可口可乐训练图像都应该标记为 0，百事可乐图像标记为 1。

从问题的上下文来看，我们可以使用手机从任何角度拍照。因此，我们需要不同角度拍摄的训练图像。收集这些数据似乎是一项繁重的工作，即使只针对两类图像。这里，我们会使用**数据扩充**来节省时间。我们将为每类标识拍摄一些图像——5 个训练图像和 5 个验证图像，然后使用这些有限的数据集来转换出成千上万的图像进行训练。在扩充过程中，我们会使用应用程序的上下文知识来设置如何扩充图像的参数。

幸运的是，Keras 为图像数据扩充提供了一些非常好的工具。图 5-9 显示了我们为两类标识创建的文件夹结构以及两个示例图像。这就是我们为 Keras 图像扩充方法提供的信息。可以看到有两个主文件夹，一个是**训练数据集**，另一个是**验证数据集**。每个文件夹都代表了我们想要训练的两个类，即百事可乐和可口可乐。Keras 工具足够智能，可以观察这个文件夹结构并选择两个类。对于其他问题，我们可以增加训练和验证文件夹中的文件夹数量。

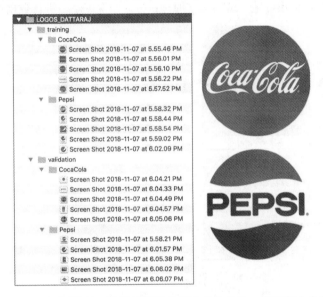

图 5-9　预测图像的二分类问题的常规文件夹结构，以及每个类的
　　　　示例标识图像

我们从 Web 上搜集了这些图像，并把它们放入文件夹。图像的宽度和高度不需要完全相同，但建议其比例相似。最终，Keras 数据扩充工具会把这些图像转换成指定的标准宽度和高度。如果保存的图像差异太大，它们看起来可能会失真。

可以看到，在训练中只使用每个类的 5 个图像。我们也有相似数量的图像进行验证。强烈建议在实际应用中使用提供给模型的图像进行验证。如果正在构建一个可以预测标识的移动应用程序，最好使用许多来自不同方位和缩放的移动图像作为验证图像。通常建议对训练数据进行数据扩充，并尽量固定验证数据数量。可以对这些数据应用非常基本的滤波器，比如缩放，就像我们将在下面的示例中所做的那样。我已把这个带有文件夹结构的小数据集作为可下载的压缩文件放在我的 S3 bucket 里。如果你正在使用谷歌 Colaboratory 运行代码，可以使用代码清单 5-10 所示的命令下载并提取代码。

代码清单 5-10　下载本示例的示例图像

```
# 在文件夹结构中下载示例图像以进行数据扩充

!wget -O LOGOS_DATTARAJ.zip https://s3.ap-south-1.amazonaws.com/
dattaraj-public/LOGOS_DATTARAJ.zip

!unzip LOGOS_DATTARAJ.zip
```

现在我们有了训练文件夹和验证文件夹，每个类都有一些图像。现在我们将利用这些图像，通过增加一些参数来从样本图像中创建新图像，并将这些新的扩充图像显示在屏幕上，如代码清单 5-11 所示。这会让你很好地了解其工作原理，独立于深度学习进行数据扩充，在现有图像的基础上生成新图像。

代码清单 5-11　数据扩充，生成新的训练图像

```
from keras.preprocessing.image import ImageDataGenerator
import matplotlib.pyplot as plt
%matplotlib inline

# 指定用于训练和验证图像的目录
training_dir = './LOGOS_DATTARAJ/training'
validation_dir = './LOGOS_DATTARAJ/validation'

# 一次生成一个图像，可以批量生成
gen_batch_size = 1

# 创建生成训练数据的生成器
# 将变换和旋转应用于新图像
# 想法是捕捉我们在现实世界中看到的不同变化
train_datagen = ImageDataGenerator(
                    rescale=1./255,
                    shear_range=0.2,
                    zoom_range=0.2,
                    fill_mode = "nearest",
                    width_shift_range = 0.3,
                    height_shift_range=0.3,
                    rotation_range=20,
                    horizontal_flip=False)



# 这是一个生成器，它将读取在子文件夹中找到的图片
# 并无限期地生成成批扩充图像数据
train_generator = train_datagen.flow_from_directory(
                    training_dir,  # 这是目标目录
                        target_size=(150, 150),
                    batch_size=gen_batch_size,
                                class_mode='binary'
                            )
# 由于我们使用 binary_crossentropy 损失，因此需要二元标签
```

```
# 生成器将按索引 0、1 指定类
class_names = ['Coca-Cola', 'Pepsi']

# 下面生成一些图像并绘制它们
print('Generating images now...')
ROW = 10
plt.figure(figsize=(20,20))
for i in range(ROW*ROW):
    plt.subplot(ROW,ROW,i+1)
    plt.xticks([])
    # 运行生成器以获取下一个图像——我们可以一直这样做
        next_set = train_generator.next()
    plt.imshow(next_set[0][0])
    plt.xticks([])
    plt.yticks([])
    plt.grid(False)
    plt.xlabel(class_names[int(next_set[1][0])])

plt.show()
```

结果如下所示：

Found 10 images belonging to 2 classes.

生成的图像如图 5-10 所示。

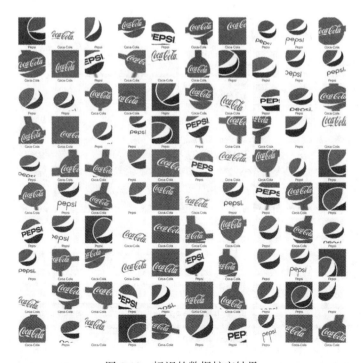

图 5-10 标识的数据扩充结果

这就是如何使用数据扩充从几个样本图像中生成成千上万个图像。可以尝试不同的生成器设置来更改生成图像中的变化量。扩充是一个非常强大的功能，还有许多其他工具可以扩充图像。你可以评估它们，看看它们有什么独特的功能。

下面建立分类模型来预测这两个标识类。就像前面的示例一样，从 VGG16 预训练模型开始。我们将使用迁移学习在特定的分类示例中重用这个模型；在 Keras 所谓的 headless 模式下加载模型，因此它将只加载特征提取器层，而不加载完全连接的学习层；构建完全连接的层来学习数据上的模式。让我们来看代码清单 5-12 是如何做到的。

代码清单 5-12　加载 VGG16 模型，并针对特定问题对其进行修改

```
from keras.layers import Flatten
from keras.layers import Dense
from keras.layers import Dropout
from keras import Model
from keras import optimizers

# 设置要输入模型的图像大小
# 输入的大小应该与生成器生成图像时的大小相同
img_width, img_height = 150, 150

# 以 headless 模式加载 VGG16 模型——include_top = False
model = VGG16(weights = "imagenet", include_top=False, input_shape =
(img_width, img_height, 3))

# 冻结所有你不想训练的特征提取器层
for layer in model.layers:
    layer.trainable = False

# 为二元分类问题添加自定义层
x = model.output
x = Flatten()(x)
x = Dense(512, activation="relu")(x)
x = Dropout(0.5)(x)
x = Dense(64, activation="relu")(x)
predictions = Dense(1, activation="sigmoid")(x)

# 创建我们将使用的最终模型
model_final = Model(input = model.input, output = predictions)

# 显示此新模型的概要
model_final.summary()
```

结果如下所示：

Layer (type)	Output Shape	Param #
input_2 (InputLayer)	(None, 150, 150, 3)	0
block1_conv1 (Conv2D)	(None, 150, 150, 64)	1792

block1_conv2 (Conv2D)	(None, 150, 150, 64)	36928
block1_pool (MaxPooling2D)	(None, 75, 75, 64)	0
block2_conv1 (Conv2D)	(None, 75, 75, 128)	73856
block2_conv2 (Conv2D)	(None, 75, 75, 128)	147584
block2_pool (MaxPooling2D)	(None, 37, 37, 128)	0
block3_conv1 (Conv2D)	(None, 37, 37, 256)	295168
block3_conv2 (Conv2D)	(None, 37, 37, 256)	590080
block3_conv3 (Conv2D)	(None, 37, 37, 256)	590080
block3_pool (MaxPooling2D)	(None, 18, 18, 256)	0
block4_conv1 (Conv2D)	(None, 18, 18, 512)	1180160
block4_conv2 (Conv2D)	(None, 18, 18, 512)	2359808
block4_conv3 (Conv2D)	(None, 18, 18, 512)	2359808
block4_pool (MaxPooling2D)	(None, 9, 9, 512)	0
block5_conv1 (Conv2D)	(None, 9, 9, 512)	2359808
block5_conv2 (Conv2D)	(None, 9, 9, 512)	2359808
block5_conv3 (Conv2D)	(None, 9, 9, 512)	2359808
block5_pool (MaxPooling2D)	(None, 4, 4, 512)	0
flatten_1 (Flatten)	(None, 8192)	0
dense_1 (Dense)	(None, 512)	4194816
dropout_1 (Dropout)	(None, 512)	0
dense_2 (Dense)	(None, 64)	32832
dense_3 (Dense)	(None, 1)	65

```
Total params: 18,942,401
Trainable params: 4,227,713
Non-trainable params: 14,714,688
```

请注意，模型中前面的层与 VGG16 相同。我们添加了后面的层 flatten_1、dense_1、dense_2 和 dense_3。dense_3 只有一个表示输出的输出神经元，根据可口可乐或百事可乐标识的图像，输出可以是 0 或 1。请注意，其中还包括一个 dropout 层，其中 50%的神经元被丢弃，这样模型就不会过拟合训练数据。这非常重要，因为我们的训练数据有限，只能通过扩充来生成新图像。这里过拟合可能是个问题。

下面使用这些生成器直接将数据输入模型并对其进行训练。我们还将创建一个验证生成器，它不会使用大量的扩充。为了便于学习，我们只缩放图像，使像素值范围在 0~1 内，如代码清单 5-13 所示。

代码清单 5-13　创建训练生成器和验证生成器，以从目录中加载和归一化图像

```
# 在此目录放验证图像
validation_dir = './LOGOS_DATTARAJ/validation'

# 一次生成一个图像——可以批量生成
gen_batch_size = 1

# 创建一个生成验证数据的生成器
# 仅对此缩放，不做其他操作
validation_datagen = ImageDataGenerator(rescale=1./255)

# 这是一个类似的生成器，用于验证数据
validation_generator = validation_datagen.flow_from_directory(
                validation_dir,
                target_size=(150, 150),
                batch_size=gen_batch_size,
                class_mode='binary')
```

结果如下所示：

```
Found 10 images belonging to 2 classes.
```

我们的验证文件夹中也有每个类的 5 个图像用于验证。建议不使用任何扩充，只使用重新缩放来加载这些图像。

下面我们使用代码将训练生成器和验证生成器应用到模型中，并进行训练。我们将在每轮使用 1000 个步骤进行训练，这意味会生成 1000 个图像并使用它们进行训练。为了验证，我们会生成 100 个图像，且只验证两轮。下面开始吧，如代码清单 5-14 所示。

代码清单 5-14　使用生成器进行模型训练

```
# 训练模型
model_final.fit_generator(
        train_generator,
        steps_per_epoch = 1000,
        epochs = 2,
        validation_data = validation_generator,
        validation_steps = 100
        )
```

结果如下所示：

```
Epoch 1/2
1000/1000 [==============================] - 32s 32ms/step - loss:
0.2738 - acc: 0.9490 - val_loss: 0.7044 - val_acc: 0.8000

Epoch 2/2
1000/1000 [==============================] - 28s 28ms/step - loss:
0.0156 - acc: 0.9970 - val_loss: 1.6118 - val_acc: 0.9000
```

可以看到，训练数据精度相当高。对于验证数据，精度会随着时间的推移不断提高。与验证相比，可以通过获取更多数据和使用良好的代表性训练集来获得更高的精度。

下面使用训练好的模型做几个预测，如代码清单 5-15 所示。

代码清单 5-15　用新模型进行预测

```
# 下载 2 个测试图像以验证模型

!wget -O test1.jpg https://encryptedtbn0.gstatic.com/images?q=tbn:
ANd9GcSgQDqAfUoTXRosjwPjUh0TCUfnNK2G2OMVh7NEc1hdrz8-1dY3

!wget -O test2.jpg https://encryptedtbn0.gstatic.com/images?q=tbn:
ANd9GcQAHyl61P__bIruOlYLq0MjEcjP10i7hMRWB9JbQ71dLwOLPZg9

###### 下面进行预测 #####

from keras.preprocessing.image import load_img
from keras.preprocessing.image import img_to_array
from keras.applications.vgg16 import preprocess_input
import numpy as np

# 以下函数读取图像，在屏幕上显示图像并进行预测
def predict_for(img_name):
    # 从文件中加载图像——VGG16 需要 (244,244) 的输入
    myimg = load_img(img_name, target_size=(150, 150))
    plt.imshow(myimg)
    plt.show()

    # 将图像像素转换为阵列
    myimg = img_to_array(myimg)
    myimg = np.expand_dims(myimg, axis=0)

        # 为 VGG 模型准备图像
    myimg = preprocess_input(myimg)

    # 预测所有 1000 个类的概率
    pred = int(model_final.predict(myimg)[0][0])
        print('Prediction for %s: %s'%(img_name, class_names[pred]))

predict_for('test1.jpg')
predict_for('test2.jpg')
```

现在我们有了一个很好的模型，可以区分两个标识。来看图 5-11 中完成的一些测试。

Prediction for test1.jpg: Coca-Cola

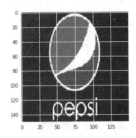

Prediction for test2.jpg: Pepsi

图 5-11   预测 test1.jpg 是可口可乐标识，test2.jpg 是百事可乐标识

我们将把它保存为模型文件。Keras 使用 HDF5 或 H5 格式存储数据，HDF 即层次型数据格式，擅长存储阵列。其他引擎可能会将模型存储为 JSON 或 YAML 文件。当保存模型时，我们保存了两样东西：网络的架构以及与之相关的权重。包含权重的文件通常是较大的文件。使用 H5格式，就可以把两者都保存在一个文件里，如代码清单 5-16 所示。

代码清单 5-16   将训练模型保存到 H5 文件中

```
# 将训练好的模型保存到 H5 文件中
    model_final.save('my_logo_model.h5')
```

下面将这个保存的模型加载到新变量中，并使用它来预测新图像，就像之前做的那样，如代码清单 5-17 所示。

代码清单 5-17   从 H5 文件加载保存的模型并进行预测

```
from keras.models import load_model

# 从保存的 H5 文件中加载模型
new_model = load_model('my_logo_model.h5')

# 下载图像以测试模型
image_url   = "http://yourblackworld.net/wp-content/uploads/2018/02/pepsi-cans.jpg"
```

```
!wget -O test.jpg {image_url}

# 下面使用新的模型对该图像进行预测

# 定义读取图像并进行预测的函数
def new_predict_for(img_name):
    # 从文件中加载图像——VGG16 需以 (224,224) 作为输入
    myimg = load_img(img_name, target_size=(150, 150))
    plt.imshow(myimg)
    plt.show()

    # 将图像像素转换为阵列
    myimg = img_to_array(myimg)
    myimg = np.expand_dims(myimg, axis=0)

    # 为 VGG 模型准备图像
    myimg = preprocess_input(myimg)

    # 预测1000个类的概率
    pred = int(new_model.predict(myimg)[0][0])
    print('Prediction for %s: %s'%(img_name, class_names[pred]))

new_predict_for('test.jpg')
```

就这样，我们有了一个模型，它被训练来"看"图像，并告诉我们图像是可口可乐标识还是百事可乐标识。这个模型可以用在新图像上，来预测图像中有什么标识。

5.8 递归神经网络

到目前为止，我们研究了图像数据以及如何建立神经网络来解码图像中的模式。卷积神经网络是从图像数据中提取知识的成熟架构。如第 3 章所述，另一种常见的非结构化数据是文本数据。文本数据以单词序列的形式出现，为了分析这些数据，需要特殊类型的网络。这些网络不是前馈式的，前馈网络中每一层只连接到下一个网络层。我们看到的新架构叫作递归神经网络，如图 5-12所示。

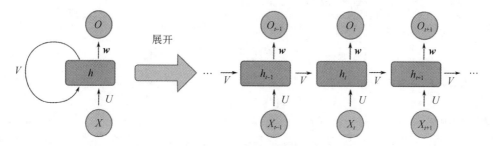

图 5-12 递归神经网络的架构

（来源：François Deloche-Wikipedia）

递归网络没有任何前馈连接。在每一层，输出值都会被点击并馈送给序列中的下一个输入。因此，该网络的输入来自序列，而值来自上一层。这在图 5-12 中有所说明，展开网络就显示了一系列时间步长的值：X_{t-1}、X_t、X_{t+1}。由于这种将部分值从序列前一项传递到下一项的特征，因此该网络在学习时可以**记住**关键值。这很像人类大脑处理序列的方式。当解释文本或语音等序列时，我们会记住以前的信息，并利用它来理解未来的值。例如，我们相信你还记得前几章提到的神经网络，希望这能帮助你理解新知识。

递归神经网络的一个问题是，它不能长久记住值。这时，一种叫作**长短期记忆（LSTM）**的特殊递归神经网络就派上用场了。LSTM 使用门控架构来记住长序列中的关键项。我们不会详细讨论 LSTM 的门控架构，但本书的末尾提供了参考资料。可以使用 LSTM 层作为 Keras 的一种新型层，它可以很好地处理文本等序列数据。

第 3 章介绍了文本是如何表达的：可以根据所使用的所有单词的词汇表，将文本主体（比如句子）作为一个整数数组，然后将这个数组转换为序列中每个单词的稠密词嵌入；这些词嵌入会捕捉使用这些单词的上下文并帮助我们进行单词数学运算。

下面把这些单词转换成嵌入，并把它们作为一个序列输入 LSTM 模型中去学习信息。我们将处理一个特殊案例来检测句子中的情绪。句子可以有积极或消极的情绪，这取决于构成句子的单词的类型和顺序。

我们将首先使用 Keras 中可用的数据集 IMDB——一个电影评论数据集，它已经使用标准词汇表转换成整数数组。我们将使用 Keras 嵌入层将这些整数转换成词嵌入向量，并学习如何对情绪进行分类；之后我们在自己的文本上运行同样的示例，看看它是否正确地预测了情绪。下面开始吧。

首先，加载数据集并探索它。如上所述，句子是整数数组，带有情绪的积极或消极标签。下面探索代码清单 5-18 中的数据。

代码清单 5-18　加载 IMDB 数据集

```
# 从 Keras 加载 Keras 库、图层和 IMDB 数据集
from keras.preprocessing import sequence
from keras.models import Sequential
from keras.layers import Dense, Embedding
from keras.layers import LSTM
from keras.datasets import imdb

# 数据集中决定要加载的最大单词数
max_features = 20000

# 句子和批中决定要加载的最大单词数
maxlen = 50
batch_size = 32

# 加载数据打印
print('Loading data...')
(x_train, y_train), (x_test, y_test) = imdb.load_data(num_words=max_features)
```

```
# 填充序列
x_train = sequence.pad_sequences(x_train, maxlen=maxlen)
x_test = sequence.pad_sequences(x_test, maxlen=maxlen)

print('x_train shape:', x_train.shape)
print('x_test shape:', x_test.shape)
```

结果如下所示：

```
Loading data...
Pad sequences (samples x time)
x_train shape: (25000, 50)
x_test shape: (25000, 50)
```

下面我们将探索数据，了解整数数组，并使用词汇表来获得完整的句子，如代码清单 5-19 所示。

代码清单 5-19 探索文本数据集

```
# 显示数据样本
print("Sample of x_train array = ", x_train[0])
print("Sample of y_train array = ", y_train[0])

# 获取用于将单词转换为数字的词汇表
imdb_vocab = imdb.get_word_index()

# 创建一个仅包含前 20 个项目的小词汇表并将其打印
# 这只是为了了解词汇表的概观
small_vocab = { key:value for key, value in imdb_vocab.items() if value < 20 }
print("Vocabulary = ", small_vocab)

# 从整数数组中获取句子的函数
# 在词汇表中反向查找单词
def get_original_text(int_arr):
    word_to_id = {k:(v+3) for k,v in imdb_vocab.items()}
    word_to_id["<PAD>"] = 0
    word_to_id["<START>"] = 1
    word_to_id["<UNK>"] = 2

    id_to_word = {value:key for key,value in word_to_id.items()}
    return ' '.join(id_to_word[id] for id in int_arr)

# 定义情感数组
sentiment_labels = ['Negative', 'Positive']

print("-------------------------")
print("SOME SENTENCE AND SENTIMENT SAMPLES")
# 打印一些训练数据
for i in range(5):
    print("Training Sentence = ", get_original_text(x_train[i]))
    print("Sentiment = ", sentiment_labels[y_train[i]])
    print("----------------------")
```

结果如下所示：

```
Sample of x_train array =  [2071    56    26   141     6   194 7486    18     4
226    22    21   134   476    26   480     5   144    30 5535    18    51    36
28   224    92    25   104     4   226    65    16    38 1334    88    12    16   283
5    16 4472   113   103    32    15    16 5345    19   178    32]


Sample of y_train array =   1


Vocabulary =  {'with': 16, 'i': 10, 'as': 14, 'it': 9, 'is': 6, 'in': 8,
'but': 18, 'of': 4, 'this': 11, 'a': 3, 'for': 15, 'br': 7, 'the': 1,
'was': 13, 'and': 2, 'to': 5, 'film': 19, 'movie': 17, 'that': 12}


------------------------
SOME SENTENCE AND SENTIMENT SAMPLES
------------------------


Training Sentence =  grown up are such a big profile for the whole film but these
children are amazing and should be praised for what they have done don't you think the
whole story was so lovely because it was true and was someone's life after all that
was shared with us all
Sentiment =  Positive
------------------------


Training Sentence =  taking away bodies and the gym still doesn't close
for <UNK> all joking aside this is a truly bad film whose only charm is to look back
on the disaster that was the 80's and have a good old laugh at how bad everything was
back then
Sentiment =  Negative
------------------------


Training Sentence =  must have looked like a great idea on paper but on film it looks
like no one in the film has a clue what is going on crap acting crap costumes i can't
get across how <UNK> this is to watch save yourself an hour a bit of your life
Sentiment =  Negative
------------------------


Training Sentence =  man to see a film that is true to Scotland this one is probably
unique if you maybe <UNK> on it deeply enough you might even reevaluate the power of
storytelling and the age old question of whether there are some truths that cannot be
told but only experienced
Sentiment =  Positive
------------------------


Training Sentence =  the <UNK> and watched it burn and that felt better than anything
else i've ever done it took American psycho army of darkness and kill bill just to get
over that crap i hate you sandler for actually going through with this and ruining a
whole day of my life
Sentiment =  Negative
------------------------
```

下面建立模型并进行训练。请注意重点更多放在嵌入层和 LSTM 层的使用，而不是像之前放在 Conv2D 层和稠密层的使用，如代码清单 5-20 所示。

代码清单 5-20 构建和训练 LSTM 模型

```
# 建立模型
model = Sequential()
model.add(Embedding(max_features, 128))
model.add(LSTM(128, dropout=0.2))
model.add(Dense(1, activation='sigmoid'))

# 试试使用不同的优化器和不同的优化器配置
model.compile(loss='binary_crossentropy',
              optimizer='adam',
              metrics=['accuracy'])

# 训练模型
model.fit(x_train, y_train,
          batch_size=batch_size,
          epochs=2,
          validation_data=(x_test, y_test))
score, acc = model.evaluate(x_test, y_test,
                batch_size=batch_size)
print('Test score:', score)
print('Test accuracy:', acc)
```

结果如下所示：

```
Train on 25000 samples, validate on 25000 samples

Epoch 1/2
25000/25000 [==============================] - 126s 5ms/step - loss:
0.4600 - acc: 0.7778 - val_loss: 0.3969 - val_acc: 0.8197

Epoch 2/2
25000/25000 [==============================] - 125s 5ms/step - loss:
0.2914 - acc: 0.8780 - val_loss: 0.4191 - val_acc: 0.8119
25000/25000 [==============================] - 26s 1ms/step

Test score: 0.41909076169013976
Test accuracy: 0.81188
```

我们将把这个模型保存为名为 imdb_nlp.h5 的 H5 文件。我们不会马上使用保存的模型文件，第 8 章才会使用该文件。下面我们将使用内存中的训练模型来预测新的文本。可以看到预测值范围在 0~1 内。如果该值接近 0，则表示情绪是积极的；否则就是消极的（见代码清单 5-21）。

代码清单 5-21 对我们的句子进行预测

```
from keras.preprocessing.text import text_to_word_sequence

# 首先保存模型
model.save('imdb_nlp.h5')

# 从 IMDB 数据集中获取单词索引
word_index = imdb.get_word_index()
```

```
# 定义文档
my_sentence1 = 'really bad experience. amazingly bad.'
my_sentence2 = 'pretty awesome to see. very good work.'

# 定义函数以使用模型预测情绪
def predict_sentiment(my_test):
    # 标记句子
    word_sequence = text_to_word_sequence(my_test)

    # 创建一个空整数序列
    int_sequence = []
    # 对句子中的每个单词
    for w in word_sequence:
    # 从 word_index (词汇表) 中获取整数，并将其添加到列表
        int_sequence.append(word_index[w])

    # 将数字序列填充到模型期望的输入大小
    sent_test = sequence.pad_sequences([int_sequence], maxlen=maxlen)

    # 使用我们的模型进行预测
    y_pred = model.predict(sent_test)
        return y_pred[0][0]

# 显示句子结果
print ('SENTENCE : ', my_sentence1, ' : ', predict_sentiment(my_sentence1), ' :
SENTIMENT : ', sentiment_labels[int(round(predict_sentiment(my_sentence1)))] )
print ('SENTENCE : ', my_sentence2, ' : ', predict_sentiment(my_sentence2), ' :
SENTIMENT : ', sentiment_labels[int(round(predict_sentiment(my_sentence2)))] )
```

结果如下所示：

```
SENTENCE :  really bad experience. amazingly bad.  :
0.8450574  : SENTIMENT :  Negative

SENTENCE :  pretty awesome to see. very good work.  :
0.21833718  : SENTIMENT :  Positive
```

就这样，我们对图像进行分类以检测标识，对文本进行分类以识别句子的情绪。深度学习和 Keras 的内容比本章讨论的多得多，本章仅仅是蜻蜓点水。希望我们已激起了你对这个领域的兴趣，并教给了你足够多的东西，可以让你开始在这个领域使用自己的数据集。通过使用像谷歌 Colaboratory 这样的工具，你可以在非常好的硬件环境（比如 GPU 和 TPU）中运行自己的代码，无须任何成本。祝你一切顺利！

5.9　小结

本章从基础知识转向了深度学习中的一些高级概念，也研究了数据扩充和迁移学习等概念，这些概念可以帮助你处理有限的数据，并重用现有的成熟模型架构中的知识。此外，我们还阐释了一个构建模型的示例，该模型用于了解包含产品标识的图像数据并将其用于真实世界的预测。

深度学习先暂时说到这儿。在下一章中,我们将开始研究软件应用程序的历史,以及如何使用容器开发微服务和云应用程序;探索 Kubernetes,它正迅速成为管理容器生命周期和提供容器即服务范式的首选平台。现代应用程序,尤其是云原生应用程序被打包成容器,可以由 Kubernetes进行调度。

5

第6章 前沿深度学习项目 6

深度学习正在通过处理图像、文本、语音和视频，给我们的世界带来一些惊人的成果。它从非结构化数据中提取知识和信息。第 5 章介绍了使用深度学习处理图像和文本数据的示例。在本章中，我们将进一步学习，并了解一些有趣的项目。这些是人们开发并与社区共享的创新解决方案，由于其独特的性质变得非常受欢迎，你可能已阅读了一些关于这些促进人工智能的新闻文章。我们将了解一些很酷的项目，比如按照著名画家的风格重新绘制照片，以及生成看起来与真实图像难以区分的假图像；探索使用无监督深度学习检测信用卡交易欺诈的示例。虽然这里的结果是独特的，但是深度学习的技术和概念是一样的。只要理解了前几章中的概念，你就可以很好地理解这些。也许这些项目会在你的脑海中激发出创新火花，你会想出下一个大的人工智能解决方案。希望如此！

6.1 神经风格迁移

2018 年，关于人工智能的一个头条新闻是，一幅完全由人工智能绘制的画作售价约 40 万美元。许多研究人员正在积极评估艺术创作学习模式的算法，并使用它们来绘制新画。这很吸引人，也很有趣。下面给出一个这样的示例。该示例从名画中学习模式，并将其应用到我们提供的照片中。具体来说，我们会复制一幅名画的风格，并把它和我们的内容（照片）一起画出来。这叫作**神经风格迁移**。该话题在计算机视觉研究人员中很受欢迎，并已发展出很多方法。有几个网站和一个名为 Prizma 的移动应用程序，可以对照片进行实时处理。下面来看看其中的原理。

我们知道深度学习涉及建立深度神经网络，从低级特征（特别是像素强度数组这样的低级特征）中提取高级特征。模型在学习从图像数据中识别模式时，学习了图像的许多方面，比如像素排列形成边缘、曲线和表面的方式。现在，如果我们在一幅画的数字图像上训练网络，那么网络很有可能学习画家用来创作这幅画的笔触等特征。这就是神经风格迁移背后的想法。简而言之，这个过程可以描述为如图 6-1 所示，该图来自描述这种方法的精彩论文 "A Neural Algorithm of Artistic Style"，由 Leon A. Gatys、Alexander S. Ecker 和 Matthias Bethge 撰写。

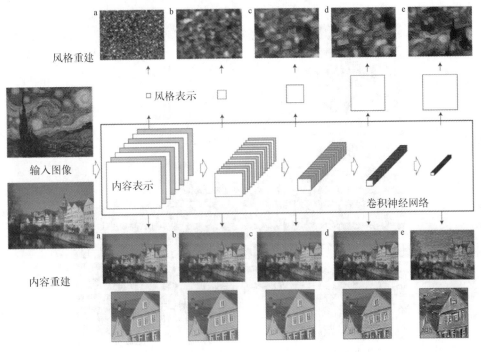

图 6-1 神经风格迁移工作原理的一般想法

这里我们看到有两幅图像。一幅是内容图像，也就是建筑物的照片；另一幅是风格图像，是文森特·凡·高的名画《星空》。可以看到，卷积神经网络的初始层具有较少的滤波器和较大的像素数组。当我们沿着网络向后移动，使用池化层来减小元素的大小时，可以看到滤波器增多。因此，层的深度在增加，下面的层从图像中学习更高级别的特征集。同时，在同一层滤波器中，如果我们分析变化并试图关联滤波器，就可以得到图像的风格信息。因此，在整个网络中，捕获的风格信息也会增多。

我们将使用的是风格图像，这是一幅名画。内容图像将是要处理的图像。我们将定义风格距离和内容距离并对这两个损失函数尽量优化。图 6-2 显示了带有示例的总体概念。

一般的想法是使用卷积神经网络这样的深度网络的某些特征层来计算两幅图像之间的风格距离和内容距离。我们将使用受欢迎的 VGG19 模型，它在 ImageNet 数据上进行了训练。VGG19是标准的深度学习架构，有 16 个卷积层和 3 个全连接层。这些是权重层，中间有几个池化层。请看下面的代码，我们将展示并解释各个代码块，然后把它们组合一起，给出完整的程序。

图 6-2   神经风格迁移的示例

下面几节中的代码灵感来自于谷歌的 Keras/TensorFlow 风格迁移示例。可以在 TensorFlow 安装中或 GitHub 网站（搜索Keras-team/Keras）上查看这些代码。

还有一篇优秀的媒体报道 "Neural Style Transfer: Creating Art with Deep Learning Using tf.keras and Eager Execution"，其作者是 Raymond Yuan。

让我们从代码清单 6-1 开始。我们将在 ImageNet 数据上导入一个预训练的 VGG19 模型，然后把 TensorFlow 的及早执行（eager execution）设置为 "on"，这样它就不会创建计算图，而是直接执行代码以获得快速结果。

代码清单 6-1   加载 VGG19 模型并进行描述

```
# 导入 TensorFlow 库
import tensorflow as tf
# 加载简单执行库
import tensorflow.contrib.eager as tfe
import time

# 启用及早执行——应该在程序开始时执行
tf.enable_eager_execution()
print("Eager execution: {}".format(tf.executing_eagerly()))
```

```
# 使用 ImageNet 权重从 Keras 加载模型
vgg19 = tf.keras.applications.vgg19.VGG19(include_top=False,
weights='imagenet')
vgg19.trainable = False
vgg19.summary()
```

结果如下所示：

```
Eager execution: True
```

Layer (type)	Output Shape	Param #
input_3 (InputLayer)	(None, None, None, 3)	0
block1_conv1 (Conv2D)	(None, None, None, 64)	1792
block1_conv2 (Conv2D)	(None, None, None, 64)	36928
block1_pool (MaxPooling2D)	(None, None, None, 64)	0
block2_conv1 (Conv2D)	(None, None, None, 128)	73856
block2_conv2 (Conv2D)	(None, None, None, 128)	147584
block2_pool (MaxPooling2D)	(None, None, None, 128)	0
block3_conv1 (Conv2D)	(None, None, None, 256)	295168
block3_conv2 (Conv2D)	(None, None, None, 256)	590080
block3_conv3 (Conv2D)	(None, None, None, 256)	590080
block3_conv4 (Conv2D)	(None, None, None, 256)	590080
block3_pool (MaxPooling2D)	(None, None, None, 256)	0
block4_conv1 (Conv2D)	(None, None, None, 512)	1180160
block4_conv2 (Conv2D)	(None, None, None, 512)	2359808
block4_conv3 (Conv2D)	(None, None, None, 512)	2359808
block4_conv4 (Conv2D)	(None, None, None, 512)	2359808
block4_pool (MaxPooling2D)	(None, None, None, 512)	0
block5_conv1 (Conv2D)	(None, None, None, 512)	2359808
block5_conv2 (Conv2D)	(None, None, None, 512)	2359808
block5_conv3 (Conv2D)	(None, None, None, 512)	2359808
block5_conv4 (Conv2D)	(None, None, None, 512)	2359808
block5_pool (MaxPooling2D)	(None, None, None, 512)	0

6

```
Total params: 20,024,384
Trainable params: 0
Non-trainable params: 20,024,384
```

接下来选择某些特征层作为风格层和内容层。这些层将用于提取 VGG19 模型从图像上学习到的特征，这些特征会让我们对各自图像的内容和风格有大致了解。如前所述，我们的目标是最小化风格和内容距离（也叫作**成本**），我们将进行优化。让我们在描述中根据它们的名称来选择其中的一些层。也可以用不同的层做实验。我们将使用 block_5 中的卷积层来比较内容，并使用多个卷积层来比较风格，如代码清单 6-2 所示。使用这些特征层，我们将构建一个名为 style_model 的新模型，它只返回这些层。我们不再关注模型做出的预测。

代码清单 6-2　构建新的模型输出层，以比较风格和内容

```python
# 内容层，我们将在其中提取特征地图
content_layers = ['block5_conv2']

# style_layers 中我们关注的风格层
style_layers = ['block1_conv1',\
                'block2_conv1',
                'block3_conv1',
                'block4_conv1',
                'block5_conv1'
                ]

# 获取风格层和内容层的计数器
num_content_layers = len(content_layers)
num_style_layers = len(style_layers)

# 获取与风格层和内容层对应的输出层
style_outputs = [vgg19.get_layer(name).output for name in style_layers]
content_outputs = [vgg19.get_layer(name).output for name in content_layers]
model_outputs = style_outputs + content_outputs

# 建立模型
style_model = tf.keras.models.Model(vgg19.input, model_outputs)
```

接下来下载两个图像：一个用于内容，另一个用于风格（见图 6-3）。我们将它们转换成数组并显示出来，如代码清单 6-3 所示。

内容图像　　　　　　　　风格图像

 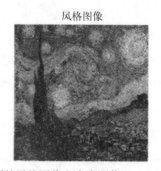

图 6-3　在此演示中使用的风格图像和内容图像

代码清单 6-3　加载风格和内容的图像

```
# 下载风格和内容图像文件
!wget -O mycontent.jpg https://pbs.twimg.com/profile_images/872804244910358528/
w5H_uzUD_400x400.jpg

!wget -O mystyle.jpg https://upload.wikimedia.org/wikipedia/commons/thumb/e/ea/
Van_Gogh_-_Starry_Night_-_Google_Art_Project.jpg/1920px-Van_Gogh_-_Starry_Night_-_
Google_Art_Project.jpg

# 导入绘图库
import matplotlib.pyplot as plt
%matplotlib inline

# 导入 numpy
import numpy as np
# 导入用于准备图像的预处理功能
from keras.preprocessing import image
from keras.applications.vgg19 import preprocess_input
content_path = 'mycontent.jpg'
style_path = 'mystyle.jpg'

# 在内存中加载内容图像和风格图像
content = image.load_img(content_path, target_size=(224, 224))
style = image.load_img(style_path, target_size=(224, 224))

# 将风格图像和内容图像转换为数组
content_x = image.img_to_array(content)
content_x = np.expand_dims(content_x, axis=0)
content_x = preprocess_input(content_x)

style_x = image.img_to_array(style)
style_x = np.expand_dims(style_x, axis=0)
style_x = preprocess_input(style_x)

# 显示加载的图像
plt.subplot(1, 2, 1)
plt.axis('off')
plt.title('Content image')
plt.imshow(content)

plt.subplot(1, 2, 2)
plt.axis('off')
plt.title('Style image')
plt.imshow(style)
plt.show()
```

代码清单 6-4 展示了一些辅助函数，这些函数将用于计算内容和风格的损失，以及将用于优化的梯度。

代码清单 6-4　计算损失的辅助函数

```python
# 定义一些辅助函数

# 从模型生成的归一化结果中获取实际像素值
def deprocess_img(processed_img):
    x = processed_img.copy()
    if len(x.shape) == 4:
        x = np.squeeze(x, 0)
    # 执行预处理步骤的逆过程
    x[:, :, 0] += 103.939
    x[:, :, 1] += 116.779
    x[:, :, 2] += 123.68
    x = x[:, :, ::-1]
    # 删除小于 0 和大于 255 的所有值
    x = np.clip(x, 0, 255).astype('uint8')
    return x


# 将内容损失定义为内容与目标之间的距离
def get_content_loss(base_content, target):
    return tf.reduce_mean(tf.square(base_content - target))


# 要先获得风格损失，我们应该计算格拉姆矩阵
def gram_matrix(input_tensor):
    # 首先制作图像通道
    channels = int(input_tensor.shape[-1])
    a = tf.reshape(input_tensor, [-1, channels])
    n = tf.shape(a)[0]
    # 通过将矩阵与转置相乘获得格拉姆矩阵
    gram = tf.matmul(a, a, transpose_a=True)
    return gram / tf.cast(n, tf.float32)


# 计算风格损失
def get_style_loss(base_style, gram_target):
    # 我们通过特征图的大小和滤波器的数量来缩放给定层的损失
    height, width, channels = base_style.get_shape().as_list()
    gram_style = gram_matrix(base_style)

    return tf.reduce_mean(tf.square(gram_style - gram_target))


# 计算总损失
def compute_loss(model, loss_weights, init_image,
gram_style_features,content_features):
    style_weight, content_weight = loss_weights

    # 模型就像其他函数一样可调用
    model_outputs = model(init_image)
    style_output_features = model_outputs[:num_style_layers]
    content_output_features = model_outputs[num_style_layers:]

    style_score = 0
    content_score = 0
```

```
    # 累积所有图层的风格损失
    weight_per_style_layer = 1.0 / float(num_style_layers)
    for target_style, comb_style in zip(gram_style_features, style_output_features):
        style_score += weight_per_style_layer * get_style_loss(comb_
style[0], target_style)

    # 累积所有层的内容损失
    weight_per_content_layer = 1.0 / float(num_content_layers)
    for target_content, comb_content in zip(content_features,
content_output_features):
        content_score += weight_per_content_layer* get_content_loss(comb_content[0],
target_content)

    style_score *= style_weight
    content_score *= content_weight
    # 获得全部损失
    loss = style_score + content_score
    return loss, style_score, content_score

# 计算梯度的函数
def compute_grads(cfg):
    with tf.GradientTape() as tape:
        all_loss = compute_loss(**cfg)
    # 计算输入图像的梯度
    total_loss = all_loss[0]
    return tape.gradient(total_loss, cfg['init_image']), all_loss

# 计算内容特征表示和风格特征表示
def get_feature_representations(model, content_path, style_path):
    # 批量计算内容特征和风格特征
    style_outputs = model(style_x)
    content_outputs = model(content_x)
    # 从模型中获取风格特征表示和内容特征表示
    style_features = [style_layer[0] for style_layer in style_
outputs[:num_style_layers]]
    content_features = [content_layer[0] for content_layer in
content_outputs[num_style_layers:]]
    return style_features, content_features

# 显示图像函数
def display_result(p_image):
    plt.figure(figsize=(8,8))
    plt.axis('off')
    plt.imshow(p_image)
    plt.show()
```

下面定义用来进行风格迁移优化的主要函数。我们指定迭代次数,并为内容和风格提供权重,
如代码清单 6-5 所示。

代码清单 6-5 运行风格迁移的主要函数

```
# 实际运行风格迁移的主要函数
def run_style_transfer (num_iterations=1000, content_weight=1e3, style_
weight=1e-2):
```

```python
# 因为我们不会学习，所以将图层设置为不可训练
model = style_model
for layer in style_model.layers:
    layer.trainable = False

# （从我们指定的中间层）获取风格特征表示和内容特征表示
style_features, content_features = get_feature_representations
(style_model, content_path, style_path)
gram_style_features = [gram_matrix(style_feature) for style_feature in
style_features]

# 将初始图像设置为内容图像
init_image = content_x.copy()
init_image = tfe.Variable(init_image, dtype=tf.float32)
# 让我们构建一个 Adam 优化器
opt = tf.train.AdamOptimizer(learning_rate=2.0, beta1=0.99,
epsilon=1e-1)

# 用于显示中间图像
iter_count = 1

# 我们的最佳结果
best_loss, best_img = float('inf'), None

# 定义损失项并建立配置对象
loss_weights = (style_weight, content_weight)
cfg = {
        'model': style_model,
        'loss_weights': loss_weights,
        'init_image': init_image,
        'gram_style_features': gram_style_features,
        'content_features': content_features
    }

# 用于显示结果
num_rows = 2
num_cols = 5
display_interval = num_iterations/(num_rows*num_cols)
start_time = time.time()
global_start = time.time()

# 各通道归一化的方法
norm_means = np.array([103.939, 116.779, 123.68])
min_vals = -norm_means
max_vals = 255 - norm_means

# 执行优化并获取中间生成的图像
# 使用 init_image 并通过优化对其进行修改
imgs = []
for i in range(num_iterations):
    grads, all_loss = compute_grads(cfg)
    loss, style_score, content_score = all_loss
    opt.apply_gradients([(grads, init_image)])
    clipped = tf.clip_by_value(init_image, min_vals, max_vals)
```

```
        init_image.assign(clipped)
        end_time = time.time()

        if loss < best_loss:
            # 从总损失中更新最佳损失和最佳图像
            best_img = deprocess_img(init_image.numpy())

        if i % display_interval == 0:
            start_time = time.time()
            # 定义图像标题
            print ('Iteration: {}'.format(i))
            print ('Total loss: {:.4e}, '
                   'style loss: {:.4e}, '
                   'content loss: {:.4e}, '
                   'time: {:.4f}s'.format(loss, style_score, content_score,
time.time() - start_time))

            # 使用.numpy()方法获取具体的numpy数组
            plot_img = init_image.numpy()
            plot_img = deprocess_img(plot_img)
            display_result(plot_img)

    print('Total time: {:.4f}s'.format(time.time() - global_start))
    return best_img, best_loss
```

最后，我们运行代码来进行实际的优化，并查看原始内容照片是如何转换的，如代码清单6-6所示。我们每隔几个迭代暂停一下，看看修改后的图像是什么样的，如图6-4所示。

代码清单6-6　进行实际的优化和风格迁移

```
best, best_loss = run_style_transfer(num_iterations=50)
```

图 6-4　神经风格迁移的结果

这里我们拍了一张照片，把名画的风格应用其上。你可以用不同的绘画来修改你的照片，以获得一些很酷的效果；可以下载 Prizma 这样的应用程序，看看这种效果；也可以自己编写 Prizma 类型的应用程序。

这个特殊的示例及其代码可以在谷歌 Colab Notebook 上找到。

接下来看深度学习的另一个有趣的应用。你可能在新闻中经常听到它——使用神经网络来创建图像。

6.2　使用人工智能生成图像

2018 年与人工智能相关的又一重大新闻是由 NVIDIA 研究人员开发的一种新算法，该算法可以生成假的名人照片。这些照片看似如此真实，任何人都可能被愚弄，认为它们是真实的。然而，这些都是由超级智能的人工智能算法通过识别真实照片中的模式而生成的假照片。这些是叫作**生成模型**的特殊算法，它们学习输入数据的**概率分布**，然后生成新数据。

我们将使用一种流行的生成模型——**生成对抗网络**（GAN），来生成新图像。在我们谈论生成对抗网络之前，请记住，无论是浅层神经网络还是深度神经网络，都会学习将图像数组编码成有限的维向量。这个向量可看作原始图像的压缩编码，如图 6-5 所示。

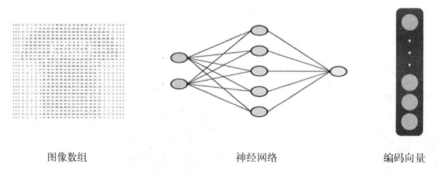

图像数组　　　　　　　　　　神经网络　　　　　　　　编码向量

图 6-5　神经网络捕获图像编码

下面我们来谈谈生成对抗网络。图 6-6 中用艺术品模仿者–检测员的类比对生成对抗网络的工作方式进行了说明。我们有两个神经网络：**生成器**（G）和**判别器**（D）。生成器从随机编码向量开始创建图像，这与图 6-5 所示的编码过程相反。它根据编码向量生成图像。

接下来有一个类似于艺术品检测员的判别器网络，检查图像是真还是假。这个网络每次从真实的片段和生成的片段中获取一幅图像，并学会将其分为真或假。如果生成器生成的图像被判别器认为是真的，那么生成器将得到回报。如果判别器发现是假图，它自己就会得到回报。这两个网络现在相互竞争，因此叫作对抗性的网络。随着两个网络训练时长的增加，生成器就会擅长生成与真实图像完全相同的假图。这就是我们的目的。

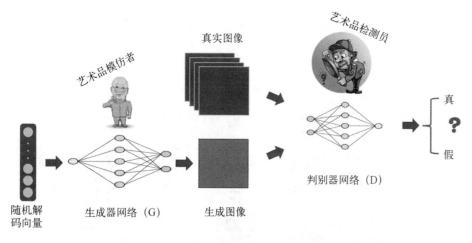

图 6-6 生成对抗网络的艺术品模仿类比

下面通过简单的示例，使用一个非常简单的数据集来看看。我们将使用 Keras 提供的时尚商品数据集，这是一组时尚元素的灰度图像，每个图像为 28 像素×28 像素。这里有外套、T 恤、鞋子等 10 种时尚物品的照片（见图 6-7）。首先，我们加载所需的库，然后加载数据集并显示一些样本图像来探索数据集，如代码清单 6-7 所示。

代码清单 6-7　加载图像并显示数据集样本

```python
# 导入 TensorFlow 和数学库
import tensorflow as tf
import numpy as np

# 导入绘图库
import matplotlib.pyplot as plt
%matplotlib inline

# 打印 TensorFlow 的版本——高于 1.0
print(tf.__version__)

# 为我们生成的图像创建目录
!mkdir images

# 从 Keras 导入时尚商品数据集
fashion_mnist = tf.keras.datasets.fashion_mnist

# 提取训练和测试数据
(X_train, Y_train), (X_test, Y_test) = fashion_mnist.load_data()

# 设置图像的类名称
class_names = ['T-shirt/top', 'Trouser', 'Pullover', 'Dress', 'Coat',
               'Sandal', 'Shirt', 'Sneaker', 'Bag', 'Ankle boot']
```

```
# 绘制前 25 幅图像以查看其外观
plt.figure(figsize=(20,20))
for i in range(25):
    plt.subplot(5,5,i+1)
    plt.xticks([])
    plt.yticks([])
    plt.grid(False)
    plt.imshow(X_train[i], cmap=plt.cm.binary)
    plt.xlabel(class_names[Y_train[i]], fontsize=25)
```

图 6-7　显示时尚商品项目数据集

接下来构建两个神经网络：生成器和判别器。生成器将采用随机编码向量作为输入，并生成大小为 28×28 的图像。判别器接受一幅 28×28 的图像，并给出一个真（对于真实图像）或假（对于生成的图像）的结果，如代码清单 6-8 所示。

代码清单 6-8　构建生成器网络和判别器网络

```
# 导入 Keras 库以创建神经网络
from keras.layers import Input, ReLU
from keras.models import Model, Sequential
from keras.layers.core import Dense
from keras.optimizers import Adam

# 设置编码尺寸——我们将图像数组转换为 128 维向量
ENCODING_SIZE = 128
```

```
# 归一化训练数据
X_train = X_train.astype(np.float32)/255.

# 定义优化器
adam = Adam(lr=0.0002, beta_1=0.5)

# 下面建立生成图像的生成器
generator = Sequential()
generator.add(Dense(256, input_dim=ENCODING_SIZE,
kernel_initializer='random_uniform'))
generator.add(ReLU())
generator.add(Dense(512))
generator.add(ReLU())
generator.add(Dense(1024))
generator.add(ReLU())
generator.add(Dense(784, activation='tanh'))
generator.compile(loss='binary_crossentropy', optimizer=adam)
print('------ GENERATOR ------')
generator.summary()

# 下面建立对图像进行分类的判别器
discriminator = Sequential()
discriminator.add(Dense(1024, input_dim=784, kernel_initializer='random_
uniform'))
discriminator.add(ReLU())
discriminator.add(Dense(512))
discriminator.add(ReLU())
discriminator.add(Dense(256))
discriminator.add(ReLU())
discriminator.add(Dense(1, activation='sigmoid'))
discriminator.compile(loss='binary_crossentropy', optimizer=adam)
print('------ DISCRIMINATOR ------')
discriminator.summary()

# 将两个网络合并为一个模型
discriminator.trainable = False
ganInput = Input(shape=(ENCODING_SIZE,))
x = generator(ganInput)
ganOutput = discriminator(x)
gan_model = Model(inputs=ganInput, outputs=ganOutput)
gan_model.compile(loss='binary_crossentropy', optimizer=adam)
```

结果如下所示：

```
------ GENERATOR ------
```

Layer (type)	Output Shape	Param #
dense_1 (Dense)	(None, 256)	33024
re_lu_1 (ReLU)	(None, 256)	0
dense_2 (Dense)	(None, 512)	131584
re_lu_2 (ReLU)	(None, 512)	0

Layer (type)	Output Shape	Param #
dense_3 (Dense)	(None, 1024)	525312
re_lu_3 (ReLU)	(None, 1024)	0
dense_4 (Dense)	(None, 784)	803600

```
Total params: 1,493,520
Trainable params: 1,493,520
Non-trainable params: 0



------ DISCRIMINATOR ------
```

Layer (type)	Output Shape	Param #
dense_5 (Dense)	(None, 1024)	803840
re_lu_4 (ReLU)	(None, 1024)	0
dense_6 (Dense)	(None, 512)	524800
re_lu_5 (ReLU)	(None, 512)	0
dense_7 (Dense)	(None, 256)	131328
re_lu_6 (ReLU)	(None, 256)	0
dense_8 (Dense)	(None, 1)	257

```
Total params: 1,460,225
Trainable params: 1,460,225
Non-trainable params: 0
```

下面我们将编写两个函数：一个函数绘制训练期间由生成器创建的结果图像，另一个函数将真图像和假图像输入模型来执行实际训练。然后运行训练，在每轮之后，显示一部分创建的图像，如代码清单 6-9 所示。

代码清单 6-9　对图像进行判别器和生成器的训练

```python
# 将生成的图像绘制在数组上
def plotGeneratedImages(epoch, examples=100, dim=(10, 10), figsize=(10,10)):
    # 创建随机编码向量以生成图像
    noise = np.random.normal(0, 1, size=[examples, ENCODING_SIZE])
    generatedImages = generator.predict(noise)
    generatedImages = generatedImages.reshape(examples, 28, 28)

    # 绘制图像数组
    plt.figure(figsize=figsize)
    for i in range(generatedImages.shape[0]):
        plt.subplot(dim[0], dim[1], i+1)
```

```
        plt.imshow(generatedImages[i], cmap='gray_r')
        plt.axis('off')
    plt.tight_layout()
    plt.show()

# 训练生成模型
def train(epochs=1, batchSize=128):
    # 获取一批样品的数量
    batchCount = int(X_train.shape[0] / batchSize)
    print ('Epochs:', epochs)
    print ('Batch size:', batchSize)
    print ('Batches per epoch:', batchCount)

    # 训练轮数
    for e in range(1, epochs+1):
        print ('-'*15, '\nEpoch %d' % e)
        # 训练批数
        for idx in np.arange(0,batchCount):
            if idx%10 == 0:
                print('-', end='')

            # 随机获得一组输入噪声和图像
            noise = np.random.normal(0, 1, size=[batchSize, ENCODING_SIZE])
            imageBatch = X_train[np.random.randint(0, X_train.shape[0],
                                     size=batchSize)]

            # 生成假的时尚图像
            generatedImages = generator.predict(noise)
            imageBatch = np.reshape(imageBatch,(batchSize, 784))
            X = np.concatenate([imageBatch, generatedImages])

            # 生成数据的标签和真实数据的标签
            yDis = np.zeros(2*batchSize)
            # 单面标签平滑
            yDis[:batchSize] = 0.9

            # 训练判别器
            discriminator.trainable = True
            dloss = discriminator.train_on_batch(X, yDis)

            # 训练生成器
            noise = np.random.normal(0, 1, size=[batchSize, ENCODING_SIZE])
            yGen = np.ones(batchSize)
            discriminator.trainable = False
            gloss = gan_model.train_on_batch(noise, yGen)

        plotGeneratedImages(e, examples=25, dim=(5,5))
# 训练 20 轮次
train(20)
```

结果如下所示：

Epochs：200
Batch size: 128
Batches per epoch: 468

该训练过程生成的图像如图 6-8 所示。训练轮数越多，生成的图像越接近预期目标。我们开始看出时尚商品的图案了，可以继续训练来改善图像，并使它们更清晰。

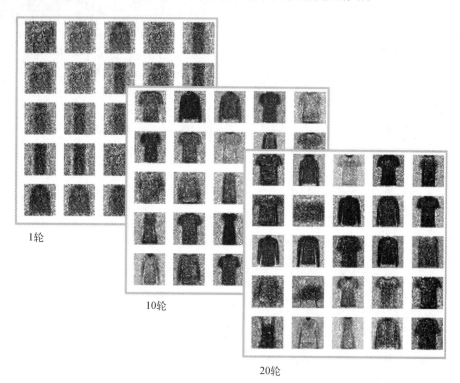

1轮

10轮

20轮

图 6-8　生成对抗网络训练生成时尚图像的结果

NVIDIA 使用名人照片来帮助生成对抗网络模型从已知面孔中学习。经过几个小时的训练，该模型能够捕捉到形成面孔的模式，然后输出一些看起来非常像名人的普通面孔，但这是**假**的。

6.3　利用自编码器进行信用卡欺诈检测

前两个示例使用了图像形式的非结构化数据，下面来看一个结构化表格数据的示例。我们将查看使用信用卡进行金融交易的数据集，并尝试识别欺诈交易的模式。这种特殊的用例在金融界非常普遍。也许你接到过信用卡银行的电话，说有笔可疑的交易，他们想确认这笔交易确实是你所为。交易通常使用某种机器学习模型来标记。

传统上，银行使用预定义的规则来标记可疑交易。例如银行有规则，如果突然发生在不同国家的交易，就提交你批准；或者，如果从一家你不常光顾的商店购买东西，就会标记该交易。设定固定的规则来涵盖所有人的各种情况极其困难，并且有可能产生许多误报。因此，现代系统依靠机器学习来发现欺诈交易的模式，并预测交易是欺诈的还是正常的。

我们将探索一种用于分析这些数据的无监督学习方法——**自编码器**。首先，我们来看数据集。数据集是结构化和表格化的。它包括一个交易列表，该列表包含时间、金额，以及如客户账户、供应商账户、政府税收等一些细节。在本例中，我们将使用布鲁塞尔自由大学（ULB）机器学习小组在公共领域慷慨提供的数据集。该数据集是由 Andrea Dal Pozzolo、Olivier Caelen、Reid A. Johnson 和 Gianluca Bontempi 研究生成的。

该数据集是一个名为 creditcard.csv 的 CSV 文件，包含了 2013 年 9 月欧洲持卡人通过信用卡进行的交易，显示了两天内发生的交易，在 284 807 笔交易中有 492 笔欺诈交易。数据集非常不平衡，因为正类（欺诈）占所有交易的 0.172%。此处有 3 个特征，以 3 列显示：金额、时间和类别。时间包含数据集中每笔交易和第一笔交易之间经过的秒数；金额是交易金额；类别是响应变量，欺诈交易为 1，正常交易为 0。

数据集有 28 列，分别命名为 V1,V2,V3,…,V28。这些列代表每笔交易的客户和供应商的详细信息。然而，使用一种叫作**主成分分析**（PCA）的降维技术，我们只得到了这 28 个 V 特征。这也是为了保护隐私而隐藏客户和供应商的详细信息。我们可以假设这 28 个特征很重要，并开始分析数据。图 6-9 显示了在 Excel 中加载的数据。

Time	V1	V2	V3	V4	V5	V6	V7	V8	V9	V10	V11		V27	V28	Amount	Class
0	-1.36	-0.073	2.5363	1.3782	-0.338	0.4624	0.2396	0.0987	0.3638	0.0908	-0.552		0.1336	-0.021	149.62	0
0	1.1919	0.2662	0.1665	0.4482	0.06	-0.082	-0.079	0.0851	-0.255	-0.167	1.6127		-0.009	0.0147	2.69	0
1	-1.358	-1.34	1.7732	0.3798	-0.503	1.8005	0.7915	0.2477	-1.515	0.2076	0.6245		-0.055	-0.06	378.66	0
1	-0.966	-0.185	1.793	-0.863	-0.01	1.2472	0.3774	-1.387	-0.055	-0.226			0.0627	0.0615	123.5	0
2	-1.158	0.8777	1.5487	0.403	-0.407	0.0959	0.5929	-0.271	0.8177	0.7531	-0.823		0.2194	0.2152	69.99	0
2	-0.426	0.9605	1.1411	-0.168	0.421	-0.03	0.4762	0.2603	-0.569	-0.371	1.3413		0.2538	0.0811	3.67	0
4	1.2297	0.141	0.0454	1.2026	0.1919	0.2727	-0.005	0.0812	0.465	-0.099	-1.417		0.0345	0.0052	4.99	0
7	-0.644	1.418	1.0744	-0.492	0.9489	0.4281	1.1206	-3.808	0.6154	1.2494	-0.619		-1.207	-1.085	40.8	0
7	-0.894	0.2862	-0.113	-0.272	2.6696	3.7218	0.3701	0.8511	-0.392	-0.41	-0.705		0.0117	0.1424	93.2	0
9	-0.338	1.1196	1.0444	-0.222	0.4994	-0.247	0.6516	0.0695	-0.737	-0.367	1.0176		0.2462	0.0831	3.68	0
10	1.449	-1.176	0.9139	-1.376	-1.971	-0.629	-1.423	0.0485	-1.72	1.6267	1.1996		0.0428	0.0163	7.8	0
10	0.385	0.6161	-0.874	-0.094	2.9246	3.317	0.4705	0.5382	-0.559	0.3098	-0.259		0.0425	-0.054	9.99	0
10	1.25	-1.222	0.3839	-1.235	-1.485	-0.753	-0.689	-0.227	-2.094	1.3237	0.2277		0.0264	0.0424	121.5	0
11	1.0694	0.2877	0.8286	2.7125	-0.178	0.3375	-0.097	0.116	-0.221	0.4602	-0.774		0.0215	0.0213	27.5	0
12	-2.792	-0.328	1.6418	1.7675	-0.137	0.8076	-0.423	-1.907	0.7557	1.1511	0.8446		-0.165	-0.03	58.8	0
12	-0.752	0.3455	2.0573	-1.469	-1.158	-0.078	-0.609	0.0036	-0.436	0.7477	-0.794		-0.181	0.1294	15.99	0
12	1.1032	-0.04	1.2673	1.2891	-0.736	0.2881	-0.586	0.1894	0.7823	-0.268	-0.45		0.0928	0.0371	12.99	0
13	-0.437	0.919	0.9246	-0.727	0.9157	-0.128	0.7076	0.088	-0.665	-0.738	0.3241		0.0797	0.131	0.89	0
14	-5.401	-5.45	1.1863	1.7362	3.0491	-1.763	-1.56	0.1608	1.2331	0.3452	0.9172		0.3921	0.9496	46.8	0
15	1.4929	-1.029	0.4548	-1.438	-1.555	-0.721	-1.081	-0.053	-1.979	1.6381	1.0775		0.0223	0.0076	5.0	0
16	0.6949	-1.362	1.0292	0.8342	-1.191	1.3091	-0.879	0.4453	-0.446	0.5685	1.0192		0.0866	0.0635	231.71	0
17	0.9625	0.3285	-0.171	2.1092	1.1296	1.696	0.1077	0.5215	-1.191	0.7244	1.6903		0.0164	-0.015	34.09	0
18	1.1666	0.5021	-0.067	2.2616	0.4288	0.0895	0.2411	0.1381	-0.989	0.9222	0.7448		-0.041	-0.011	2.28	0
18	0.2475	0.2777	1.1855	-0.093	-1.314	-0.15	-0.946	-1.618	1.5441	-0.83	-0.583		0.3366	0.2505	22.75	0

图 6-9 信用卡交易数据集，其详细信息隐藏在 V 特征中

我们会使用一种特殊类型的神经网络来解决这个问题，它叫作**自编码器**。这是一个无监督的学习网络，它基本上试图重现给它的输入。其想法是读取输入向量，并使用编码器神经网络将其**编码**为较小维度的编码向量。然后，该编码向量被**解码**回输入向量。输入被压缩并存储为小的编码向量。这种方法也已应用于数据压缩。

当你将较大维度的输入向量编码成较小维度的编码时，会有一些信息丢失。其做法是为了让模型学习如何很好地编码，以便能在编码中捕获到数据中的所有**重要模式**。图 6-10 解释了这个概念。

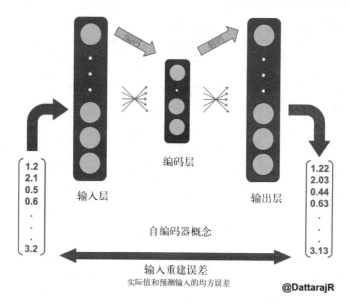

图 6-10   自编码器神经网络的概念

让我们看看构建自编码器的代码，然后用它来检测信用卡交易数据中的异常。首先，我们会加载 CSV 文件并准备训练集。自编码器的关键是输入（X）和输出（Y）数据相同。因此，它将在无监督的情况下学习，并尝试重新创建输入。让我们准备代码清单 6-10 中的训练数据。

代码清单 6-10   加载信用卡数据并准备数据集

```
# 导入所需的库，包括plt库
import pandas as pd
import numpy as np

import matplotlib.pyplot as plt
%matplotlib inline

# 用值加载 CSV 文件
df = pd.read_csv('creditcard.csv')
df.head()
```

首先，我们只关心大额交易，比如 200 美元以上的交易。使用 Scikit-Learn 的内置方法来缩放数据帧中的值，然后创建只有正常交易的测试数组。请记住，只需要 x_train 数组和 x_val 数组，因为使用的是无监督学习。预期的 Y 值会是 X 值本身。可以在代码清单 6-11 中看到这段代码。

代码清单 6-11   准备训练和验证数据数组

```
# 我们只会看价值 200 美元以上的交易
cc_data_subset = df[df.Amount > 200]

# 将'Time'和'Amount'特征缩放到标准比例
```

```
# V 特征已缩放
from sklearn.preprocessing import StandardScaler

cc_data_subset['Time'] = StandardScaler().fit_transform(cc_data_
subset['Time'].values.reshape(-1, 1))
cc_data_subset['Amount'] =
StandardScaler().fit_transform(cc_data_subset['Amount'].values.reshape(-1, 1))

# 下面将正常交易和欺诈交易分开
cc_data_normal = cc_data_subset[cc_data_subset.Class == 0]
cc_data_fraud = cc_data_subset[cc_data_subset.Class == 1]

# 列出每种交易类型中有多少
print("Normal transactions array shape = ", cc_data_normal.shape)
print("Fraud transactions array shape = ", cc_data_fraud.shape)

# 获取当前的欺诈交易数量
num_of_fraud = cc_data_fraud.shape[0]
print("Number of fraud transactions = ", num_of_fraud)

# 下面创建一个正常交易和欺诈交易的测试数据帧
df_testing = cc_data_normal[-num_of_fraud:]
df_testing = df_testing.append(cc_data_fraud)

# 对于训练数据帧，我们会仅使用正常交易
df_training = cc_data_normal[:-num_of_fraud]

# 将训练数据分为训练和验证
# 使用 Scikit-Learn 内置函数进行拆分
from sklearn.model_selection import train_test_split

# 不需要训练框中的结果列
df_training = df_training.drop(['Class'], axis=1) # 删除类别列

# 首先将测试标签存储在框中，然后删除类别列
df_testing_labels = df_testing['Class']
df_testing = df_testing.drop(['Class'], axis=1) # 删除类别列

# 下面创建用于训练自编码器网络的数组
x_training = df_training.values
x_train, x_val = train_test_split(x_training, test_size=0.1)

# 打印数组的形状
print("X Training array shape = ", x_train.shape)
print("X Validation array shape = ", x_val.shape)
```

结果如下所示：

```
Normal transactions array shape =  (28752, 31)
Fraud transactions array shape =  (85, 31)

Number of fraud transactions =  85

X Training array shape =  (25800, 30)
X Validation array shape =  (2867, 30)
```

下面构建自编码器模型。可以看到，这个模型会有编码器和解码器部分。编码器获取高维向量并生成低维编码。我们有一个大小为 30 的输入向量，将使用大小为 15 的编码。这一点也可以改变，看看能否得到更好的结果。可以在代码清单 6-12 中看到这段代码。

结果如下所示：

TIME	V1	V2	V3	V4	V5	V9	....	V25	V26	V27	V28	AMOUNT	CLASS
0	0.0	−1.359807	−0.072781	2.536347	1.378155	0.098698	0.363787	...	0.128539	−0.189115	0.133558	−0.021053	149.62	0
1	0.0	1.191857	0.266151	0.166480	0.448154	0.085102	−0.255425	...	0.167170	0.125895	−0.008983	0.014724	2.69	0
2	1.0	−1.358354	−1.340163	1.773209	0.379780	0.247676	−1.514654	...	−0.327642	−0.139097	−0.055353	−0.059752	378.66	0
3	1.0	−0.966272	−0.185226	1.792993	−0.863291	0.377436	−1.387024	...	0.647376	−0.221929	0.062723	0.061458	123.50	0
4	2.0	−1.158233	0.877737	1.548718	0.403034	−0.270533	0.817739	...	−0.206010	0.502292	0.219422	0.215153	69.99	0

代码清单 6-12　在 Keras 中构建自编码器神经网络

```
from keras.layers import Input, Dense, Dropout
from keras.models import Model
from keras import regularizers

# 输入向量的尺寸——我们有 30 个变量
input_dim = 30
# 下面是编码表示的大小
encoding_dim = 15

# 自编码器——神经网络
# 下面是输入层
input_layer = Input(shape=(input_dim,))

# 输入的编码表示
encoded_layer = Dense(encoding_dim, activation='relu')(input_layer)

# 输入的有损重构
decoded_layer = Dense(input_dim, activation='relu')(encoded_layer)

# 将编码器和解码器组合为一个模型
autoencoder = Model(input_layer, decoded_layer)

# 我们使用 MSE（均方误差）损失编译模型
autoencoder.compile(metrics=['accuracy'],
                    loss='mean_squared_error',
                    optimizer='adam')

# 显示模型摘要
autoencoder.summary()
```

结果如下所示：

```
Layer (type)                   Output Shape              Param #
=================================================================
input_51 (InputLayer)          (None, 30)                0

dense_119 (Dense)              (None, 15)                465
```

```
dense_120 (Dense)              (None, 30)               480
=================================================================
Total params: 945
Trainable params: 945
Non-trainable params: 0
```

下面在 x_train 数组和 x_val 数组上训练模型。请注意，我们没有 y_train 数组和 y_val 数组。使用输入作为预期输出，如代码清单 6-13 所示。

```
# 训练自编码器 25 轮
history = autoencoder.fit(x_train, x_train,
                epochs=25,
                batch_size=32,
                validation_data=(x_val, x_val),
                shuffle=True)
```

结果如下所示：

```
Train on 25800 samples, validate on 2867 samples
Epoch 1/25
25800/25800 [==============================] - 3s 131us/step - loss:
1.7821 - acc: 0.3620 - val_loss: 1.8113 - val_acc: 0.5225
Epoch 2/25
25800/25800 [==============================] - 1s 46us/step - loss:
1.5699 - acc: 0.5834 - val_loss: 1.7444 - val_acc: 0.6264
Epoch 3/25
25800/25800 [==============================] - 1s 48us/step - loss:
1.5282 - acc: 0.6578 - val_loss: 1.7110 - val_acc: 0.6983
Epoch 4/25
25800/25800 [==============================] - 1s 47us/step - loss:
1.5010 - acc: 0.7069 - val_loss: 1.6911 - val_acc: 0.7203
Epoch 5/25
25800/25800 [==============================] - 1s 48us/step - loss:
1.4760 - acc: 0.7460 - val_loss: 1.6697 - val_acc: 0.7719
Epoch 6/25
25800/25800 [==============================] - 1s 47us/step - loss:
1.4617 - acc: 0.7763 - val_loss: 1.6483 - val_acc: 0.7733
Epoch 7/25
25800/25800 [==============================] - 1s 47us/step - loss:
1.4521 - acc: 0.7834 - val_loss: 1.6391 - val_acc: 0.7939
Epoch 8/25
25800/25800 [==============================] - 1s 48us/step - loss:
1.4463 - acc: 0.7956 - val_loss: 1.6355 - val_acc: 0.8036
Epoch 9/25
25800/25800 [==============================] - 1s 57us/step - loss:
1.4430 - acc: 0.8025 - val_loss: 1.6298 - val_acc: 0.8033
Epoch 10/25
25800/25800 [==============================] - 1s 55us/step - loss:
1.4407 - acc: 0.8062 - val_loss: 1.6350 - val_acc: 0.8022
Epoch 11/25
25800/25800 [==============================] - 1s 49us/step - loss:
1.4398 - acc: 0.8091 - val_loss: 1.6290 - val_acc: 0.8099
```

6

```
Epoch 12/25
25800/25800 [==============================] - 1s 49us/step - loss:
1.4384 - acc: 0.8114 - val_loss: 1.6273 - val_acc: 0.8036
Epoch 13/25
25800/25800 [==============================] - 1s 48us/step - loss:
1.4379 - acc: 0.8126 - val_loss: 1.6258 - val_acc: 0.8183
Epoch 14/25
25800/25800 [==============================] - 1s 51us/step - loss:
1.4374 - acc: 0.8140 - val_loss: 1.6267 - val_acc: 0.8204
Epoch 15/25
25800/25800 [==============================] - 1s 49us/step - loss:
1.4368 - acc: 0.8144 - val_loss: 1.6257 - val_acc: 0.8186
Epoch 16/25
25800/25800 [==============================] - 2s 59us/step - loss:
1.4363 - acc: 0.8164 - val_loss: 1.6260 - val_acc: 0.8141
Epoch 17/25
25800/25800 [==============================] - 1s 53us/step - loss:
1.4358 - acc: 0.8174 - val_loss: 1.6253 - val_acc: 0.8190
Epoch 18/25
25800/25800 [==============================] - 1s 53us/step - loss:
1.4356 - acc: 0.8160 - val_loss: 1.6243 - val_acc: 0.8183
Epoch 19/25
25800/25800 [==============================] - 1s 50us/step - loss:
1.4353 - acc: 0.8169 - val_loss: 1.6257 - val_acc: 0.8137
Epoch 20/25
25800/25800 [==============================] - 1s 54us/step - loss:
1.4351 - acc: 0.8186 - val_loss: 1.6245 - val_acc: 0.8134: 0s - loss:
1.4152 - a
Epoch 21/25
25800/25800 [==============================] - 1s 56us/step - loss:
1.4347 - acc: 0.8198 - val_loss: 1.6237 - val_acc: 0.8116
Epoch 22/25
25800/25800 [==============================] - 1s 52us/step - loss:
1.4346 - acc: 0.8181 - val_loss: 1.6255 - val_acc: 0.8193s - loss:
1.3752 - - ETA: 0s - loss: 1.4163 - acc: 0.
Epoch 23/25
25800/25800 [==============================] - 1s 51us/step - loss:
1.4343 - acc: 0.8194 - val_loss: 1.6232 - val_acc: 0.8148
Epoch 24/25
25800/25800 [==============================] - 1s 54us/step - loss:
1.4342 - acc: 0.8189 - val_loss: 1.6230 - val_acc: 0.8155
Epoch 25/25
25800/25800 [==============================] - 1s 56us/step - loss:
1.4340 - acc: 0.8216 - val_loss: 1.6265 - val_acc: 0.8123
```

我们将绘制训练集和验证集的精度和损失值，如代码清单 6-14 所示。

代码清单 6-14 绘制精度和损失值

```python
# 总结历史以绘制精度图
plt.figure(figsize=(20,10))
plt.rcParams.update({'font.size': 22})
plt.plot(history.history['acc'])
plt.plot(history.history['val_acc'])
plt.title('model accuracy')
plt.ylabel('accuracy')
plt.xlabel('epoch')
```

```
plt.legend(['train', 'test'], loc='upper left')
plt.show()

# 总结历史以绘制损失图
plt.figure(figsize=(20,10))
plt.rcParams.update({'font.size': 22})
plt.plot(history.history['loss'])
plt.plot(history.history['val_loss'])
plt.title('model loss')
plt.ylabel('loss')
plt.xlabel('epoch')
plt.legend(['train', 'test'], loc='upper left')
plt.show()
```

结果是两个图，如图 6-11 和图 6-12 所示。

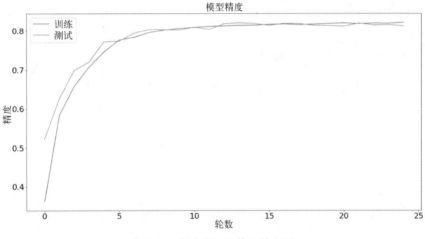

图 6-11　自编码器的模型精度图

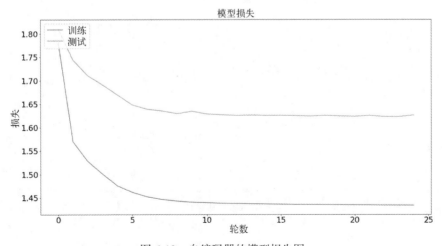

图 6-12　自编码器的模型损失图

　　下面我们将在测试集中使用经过训练的自编码器进行预测。把输入值与预测值进行比较，并计算每个数据点的**重建误差**。由于我们接受了正常交易的训练，因此这些交易应该具有较低的重建误差。欺诈交易会有不同的数据分布，并会给我们带来较高的重建误差，如代码清单 6-15 所示。

代码清单 6-15　使用自编码器进行预测和查找欺诈交易

```
# 设置测试数组——此处有 85 个正常交易和 85 个欺诈交易
x_testing = df_testing.values

# 使用自编码器网络获得预测
x_predictions = autoencoder.predict(x_testing)

# 计算重建误差作为均方误差
reconstruction_error = np.mean(np.power(x_testing - x_predictions, 2), axis=1)

# 创建具有误差和真实类（正常/欺诈）的新数据帧
# 理想情况下，欺诈类应具有较高的重建误差
error_df = pd.DataFrame({'Reconstruction_Error': reconstruction_error,
                'True_Class': df_testing_labels.values})

# 设置误差阈值
threshold_fixed = 2

# 将数据分组进行绘图
groups = error_df.groupby('True_Class')

# 绘图
fig, ax = plt.subplots(figsize=(20,10))
plt.rcParams.update({'font.size': 22})
for name, group in groups:
    ax.plot(group.index, group.Reconstruction_Error, marker='o', ms=8, linestyle='',
      label= "Fraud" if name == 1 else "Normal")

ax.hlines(threshold_fixed, ax.get_xlim()[0], ax.get_xlim()[1],
colors="g", zorder=100, label='Threshold')
ax.legend()

plt.title("Reconstruction error for normal and fraud")
plt.ylabel("Reconstruction error")
plt.xlabel("Testing dataset")
plt.show()
```

结果如图 6-13 所示。

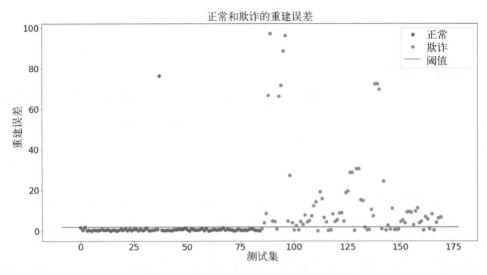

图 6-13　使用自编码器的测试数据预测

图 6-13 给出一个好结果。可以看到，欺诈交易的重建误差很高而大多数的正常交易对应的点低于设定的阈值。现在我们还没有捕获所有的欺诈交易，但捕获率已达到了 75%，这非常好。可以探索修改层数和神经元这样的超参数，看看能否得到更好的结果。希望这段代码展示出了深度学习在数据中发现模式和检测异常的能力。由于这是无监督的，因此我们没有给出标记的输出。你可以在几乎任何领域的数据中使用这种方法。

6.4　小结

在这一章中，我们研究了深度学习技术的一些独特应用，学习了如何使用神经风格迁移方法将一幅画的风格迁移成我们自己的图像；然后了解了生成网络，并创建了非常类似真实数据的新数据点；最后阐释了一种叫作**自编码器**的特殊网络的使用，它通过无监督学习来发现数据中的异常。这些方法相当新，是由研究人员在一些出版物中提出的。深度学习社区真的很棒，可以与每个人分享有价值的内容。你可以在康奈尔大学网站上发表的新论文中探索新的解决方案。另外，强烈鼓励你在那里发表论文，这样每个人都能从你的知识中受益！

## 第 7 章

现代软件世界中的人工智能

本书的前半部分聚焦于人工智能，尤其是深度学习，其中给出了使用机器学习和深度学习从数据中提取模式并驱动分类和回归等结果的示例。我们了解了一个完整的示例，该示例收集软饮品牌标识的数据，扩充数据以生成更多的训练样本，并构建深度神经网络来对这些图像进行分类。我们还使用迁移学习来获取经过验证的架构，并针对特定问题定制架构。希望有了这些知识，我们就能分析自己的数据集，并建立模型来分析它。

本书的后半部分试图弥合数据科学家（构建模型的算法专家）和构建生产代码的软件开发人员之间的差距；研究如何用软件代码打包我们构建的机器学习模型和深度学习模型，并使用现场的实时数据进行实时推断。

在本章中，我们将摘下数据科学家的帽子，戴上软件开发人员的帽子，讨论这些年软件开发是如何演变的，什么样的现代应用程序正在被开发，构建软件的过程以及工具正在发生怎样的演进。理解这些问题很重要，因为这是我们构建和部署机器学习模型的新领域和环境。

我们将谈论 Web 应用程序的发展，云计算的兴起，SaaS、PaaS 和 CaaS，SOA 和微服务，以及使用容器的云原生应用程序的最新趋势；然后花一些时间来了解 Kubernetes，以及它如何帮助我们将代码打包到容器中进行生产部署，并在几秒钟内将其扩展到成千上万个节点。

7.1 快速审视现代软件需求

近年来，软件开发经历了重大的变革。客户（为软件付费）和消费者（最终使用软件）在成本、交付速度、更快的自动化更新，以及提升用户体验等方面提出了更高的要求。随着移动计算的兴起，每个人都有一部功能强大的智能手机，配有专用互联网连接。人们期望软件会充分利用这种处理能力和连接性，为我们带来更好的结果。没人希望下载一个二进制文件，然后把手机通过 USB 接口接入一台笔记本计算机，以升级到新的操作系统。我们已开始期待在后台无线和无缝更新，不中断我们的日常工作。

客户不再期望在自己的后台服务器上定制安装一个庞大的软件。现代 Web 应用程序正在转向公共云，如亚马逊 Web 服务（AWS）、谷歌云平台（GCP）和微软 Azure。这些云供应商提供了快速构建和部署软件的统一生态系统，并为开发人员解决了许多基础架构问题。例如，使用 AWS，你可以在几秒钟内启动新的**虚拟机**，无须接触任何硬件。机器的所有内存、CPU、存储和网络都是虚拟完成的。这是**软件定义**硬件和网络的时代。

我们看到如 Facebook、Twitter、WhatsApp 和 Instagram 等社交媒体应用程序的激增，这些应用程序管理着数百万相互连接的用户并提供实时更新。客户期望在手机支付、电影预订和网上购物等其他领域获得类似社交媒体的体验。几年前，我正在开发显示燃气轮机健康状况的软件。当时客户要求我们提供类似 Twitter 的界面，一旦事件发生（用户发来的消息），整个网络在几毫秒内就会在界面上收到通知。我们研究了 Twitter 的架构，最终建立了一个实时通知引擎。

在前几章中，如果你使用谷歌 Colaboratory 运行了一些示例，就会注意到它无缝的体验和非常强大的界面。程序员传统上习惯于基于桌面的集成开发环境，这需要安装最新版本并保持更新。我们现在正从桌面转向基于 Web 的集成开发环境，比如谷歌 Colaboratory，其支持的所有酷操作都在 Web 浏览器中完成，不需要安装，也没有代码和库包的更新。尤其是对于 TensorFlow 这样每三四个月就有新版本的库，你可以期望 Web 集成开发环境总是提供库的最新版本让你继续工作。

你可以在浏览器内完成所有编码，并在专用硬件（如 GPU）上运行代码，所有这些都是在后台进行的。这是现代软件系统所期望的复杂程度，包括一个用户界面，它自动完成代码语法，给程序员一种近乎在桌面上编写代码的感觉。代码在有专用 GPU 的虚拟机后台上运行，你甚至都注意不到它！

软件的另一个重大演进发生在用户体验领域。我们不再满意于系统的传统鼠标和键盘输入，必须开发可以在触摸屏手机和平板计算机上访问的软件，并且可以识别语音指令。现在有了为用户创建环境的虚拟现实和增强现实设备，软件需要在这个环境中呈现。

为了满足现代应用程序日益增长的需求，整个软件开发过程正在发生变化。传统上，我们有**瀑布**开发模型，在这个模型中，工程师花费大量的时间和金钱提前捕捉需求，构建完整的架构和详细的设计规范，然后经过许多个月才交付工作代码。问题是在快速变化的世界里，我们不能等那么久才得到软件。人、环境和需求在不断变化。此外，我们很大程度上依赖的事实是我们已完美地捕获了所有的需求，然而绝大多数事实不是这样。这可能会导致数小时的返工、延长交付日期和错过目标。

今天，绝大部分组织在转向**敏捷**方法，以促进较小的、自组织的团队在短迭代或**冲刺**中构建和交付工作软件。许多人认为，敏捷使开发软件的速度非常快，而不关注质量和文档。这绝对不是真实的。敏捷开发期望在每个冲刺阶段交付可工作的生产代码，并在这些短冲刺阶段提供可接受的软件质量检查和文档。像 Scrum 这样的正式项目管理技术可帮助工程师实现敏捷开发实践。为了支持这样的敏捷过程，我们不能让工程师浪费时间一遍又一遍地运行相同的单元测试和系统测试，也负担不起手动构建过程以从源代码库中生成生产代码。我们的构建过程应该是这样的：当开发人员签入代码时，测试自动运行，检查损坏的东西，并帮助我们确定相关的区域；然后，一旦代码通过了所有测试，它就会自动与所有正确的依赖项（库、DLl 等）集成在一起并作为包被部署。

为了解决这个问题，敏捷过程的主要组成部分是**持续集成**（CI）和**持续交付**（CD）。CI 旨在整合带有单元测试和集成测试的源代码，并确保代码没有被破坏。当你让多个开发人员（有时是在全球范围内）同时签入代码时，这是非常宝贵的。CD 侧重于将经过验证的内部版本打包成二进制文件，以便在目标计算机上部署。这就是公司管理其软件夜间构建的方式，这些软件可以立即进行测试。例如，谷歌的 Chrome 浏览器有 670 万行代码，都是通过这样的过程管理的。我们可以去网站下载最新版本。同样，为智能手机供电的整个安卓操作系统有大约 1500 万行代码，它是开源的，我们也可以在网上免费查看代码。

7.2　人工智能如何适应现代软件开发

现在，你可能会问，这和人工智能有什么关系？问得好。为了使人工智能有效，它需要成为现代软件开发过程的一部分。想象你建立了一个非常有效的人工智能模型来读取图像，如果它看到一张熟悉的脸，就会设置标签来解锁手机。数据科学家会专注于使用像 Python 和 Jupyter 这样的工具来掌握人脸识别算法。然而，一旦这个有 98% 精度的卓越模型开发出来，如何将它集成到智能手机应用程序中呢？假设你有个朋友是移动软件开发人员，他是 C++、Java 和移动软件方面的专家。这位开发人员需要构建包装应用程序，从智能手机摄像头获取图像，对其进行归一化，并将其提供给你的模型。现在，你的模型是用 Python 开发的，并存储为 H5 文件。这位优秀的移动软件开发人员现在需要找到一种方法，从他的环境（可能是 Java 或 C++）中调用你的深度学习模型，并运行该模型。即使做到了这一点，H5 模型仍是个更为突出的依赖模型，需要整合到 CI/CD 过程中。

想象你从一篇新发表的论文中对更好的超参数调整有了深刻见解，尤其是针对人脸识别问题。（解释一下，超参数调整基本上是调整模型中没有学到的参数。这些是配置参数，如层数、每层中神经元数，等等。）你很兴奋地将这些变化集成到你的数据科学工具中，并对模型进行再训练。现在新模型有 99% 的精度，你必须把这个新模型交给移动开发人员，而他们必须把它集成到代码中。这可能需要一次又一次地重复，可能还会严重伤害你与这些优秀移动开发人员间的友谊！

如前所述，需求在软件世界中不断变化，因此我们需要敏捷过程来随着需求的变化而变化。人工智能也是如此。随着新需求的出现，我们需要修改深度学习模型，并将它们快速集成到软件 CI/CD 流程中。

仅仅发送一个模型文件并不是解决办法，我们需要工具来管理模型生命周期，通过并行运行来评估模型，并为我们的模型提供无缝的 CI/CD 过程。需要考虑整个机器学习模型的生命周期，并且应该自动化正确的点，以使整个应用程序开发变得敏捷。这就是本书后半部分要介绍的内容。

我们将展示如何使用云计算、微服务和容器化应用程序等新技术，使模型开发过程现代化并敏捷化，就像 CI/CD 在整个软件开发周期中所做的那样。使机器学习模型开发过程现代化并与软件开发过程集成是一个活跃的研究领域（截至 2018 年），这背后的技术仍在开发中。我们将分享行业中使用的一些最佳实践和顶级工具，展示一些使用本书前半部分介绍的工具（比如 Keras 和 TensorFlow）开发的模型的示例，并将它们部署到实际应用程序中。

在深入研究之前，我们先来谈谈这些技术的发展，尤其是 Web 应用程序、云计算、微服务、容器和文档。这不是这些技术的全面指南，我们只会用简单的语言解释它们，并试图将这些概念与我们开始的人工智能对话联系起来。

7.3 简单的 Web 应用程序

20 世纪 90 年代，随着桌面应用程序向 Web 应用程序的转变，这些应用程序的动态性以及桌面应用程序的灵活性取得了更大的进展。桌面应用程序类似于运行在计算机或笔记本计算机上的微软办公软件 Word 或 Outlook，可以完全访问系统资源。因此，我们能看到这类软件对数据和一些花哨的用户界面的严格控制。而 Web 应用程序运行在谷歌 Chrome、苹果 Safari 或微软 IE 这样的 Web 浏览器中。这些 Web 应用程序连接到一台叫作 Web 服务器的远程计算机，并以一种叫作超文本标记语言（HTML）的通用格式传送内容。这就是大多数 Web 内容的传递方式。拥有 Web 浏览器的用户可以连接到谷歌这样的网站。该网站检查浏览器请求的信息，将响应打包为 HTML，并发回数据。HTML 是浏览器很好理解的语言。浏览器把 HTML 解码成我们看到的网页。Web 服务器能够理解我们的请求、从某个数据源获取响应，并将它们打包成可以在浏览器中呈现的 HTML 文档（见图 7-1）。

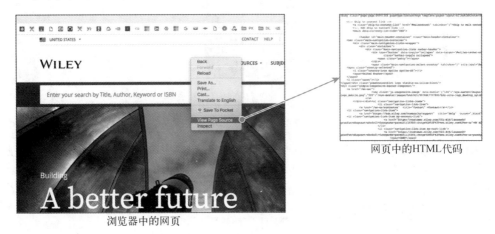

浏览器中的网页   网页中的HTML代码

图 7-1 网页和 HTML 代码

所有底层的通信都是使用超文本传输协议（HTTP）来完成的。该协议本质上是一种用于在网络上传输数据的语言。HTTP 定义了从客户端（浏览器）发送到服务器并返回的数据结构。此外，动词（如读取、放置、删除和更新）定义了需要在服务器上执行的操作。例如，浏览器可能会发送一条 READ HTTP 消息来获取网页内容——这是最常见的用例之一。可能会有一条消息来更新数据库中的值，如用户地址或邮政编码。这就是 HTTP 通过消息来工作的方式。

20 世纪 90 年代早期，Web 服务器非常笨拙，只提供静态 HTML 网页。因此，收集数据和构建 HTML 的所有逻辑都是由某个人完成的，目的是创建一个静态的、可供存储并返回的 HTML 页面。这不足以满足 Web 应用程序的动态需求。因此，CGI 脚本、Java Servlet 和 PHP 这样的方法被开发出来，使服务器端代码能够动态地生成 HTML。因此，如果你需要在图书数据库中查询搜索主题，那么可以在 servlet 中使用 Java 代码来实现，结果显示为定制的 HTML。

服务器端脚本变得非常流行，但这还不够。结果是一个完整的 HTML 文档，人们仍必须将其发送回服务器，客户端必须等待响应。随着 JavaScript 的发展，客户端的脚本编写有了进步。开发人员可以编写一些惊人的 JavaScript 代码来完成数据验证和修改页面与动画风格等工作。JavaScript 与 HTML 样式表相结合，为现代 Web 应用程序带来了非常高级的用户界面。随着 Ajax 的发展，动态内容可用于网页，而不必请求整个 HTML 网页。页面只发送回相关查询，并使用 Ajax 将结果打包成小包显示在页面上。

HTML、JavaScript 和样式表的兴起促成了所谓的 HTML5（见图 7-2）的出现，这是一个构建动态、交互式和响应式 Web 应用程序的现代发展标准。

图 7-2   HTML5 标识
（来源：W3C-Wikimedia）

如果你多年来一直在使用基于 Web 的电子邮件工具，如 Yahoo mail 或 Gmail，你可能已注意到了其用户界面的演变：从 21 世纪初的早期版本（加载需要几秒钟），到在单独的选项卡中加载每条消息，再到最近（2016 年）更现代的类似桌面的用户界面，让你可以在预览窗格中单击和阅读一条消息，并选择和删除多条消息。

7.4   云计算的兴起

在 21 世纪 10 年代，随着 Web 应用程序更加流畅和快速，托管这些应用程序的后端也开始出现范式转变。传统上，公司会把内部服务器藏在大楼的机房里，房间里有成百上千条电线和电缆围绕着大型计算机。因为这些计算机在房间里产生了大量热量，所以需要专门的冷却工具——房间里有很多风扇。通常会有专门的 IT 管理团队，他们知道这些线路连接到哪里，并会花几个小时调试一些问题。你可能在 20 世纪 90 年代的一些电影中见过这样的服务器机房，比如《上班一条虫》（见图 7-3）。

图 7-3　带有刀片服务器机架的数据中心
（来源：cherry servers 网站-Wikimedia）

随着应用程序规模和复杂性的增长，我们很快发现服务器空间不足以维护应用程序。应用程序不再是简单的显示报告和数据输入表单的网页。这些复杂的业务流程系统，需要高端处理和高可用性。此外，随着全球化的兴起，这些应用程序不再只是来自一两个地区的访问，很可能有来自世界各地的客户每天 24 小时不间断地访问，应用程序现在需要极高的可用性和最短的停机时间。

随着 Web 应用程序变得越来越复杂和重要，跟踪停机时间的强大指标开始发挥作用。95% 的可用性虽然最初被认为是好的，但很快就变得不理想了：24 小时持续运营的网站具有 95% 的可用性，意味着一年内要停机 18 天。想想 Wikipedia、Facebook、BestBuy 或者你使用的银行网站，一年中有 18 天瘫痪！因此，新的可用性指标高达 99.99%（4 个 9）或 99.999%（5 个 9）。5 个 9 意味着一年内停机 5 分钟，这是可以接受的。

这种停机时间是必要的，因为软件必须升级新功能，或者修复更换损坏的硬件。工程师很快意识到，单个服务器无法再支持这些全球高可用性的应用程序。这导致应用程序在 20 世纪后期迁移到了专用**数据中心**。数据中心有专门的刀片服务器机架，具有共享的处理能力、存储容量、冷却，等等。数据中心可能会有专门的信息技术团队，而不是站点上的一个单独团队，从而节省数百万美元。数据中心提供的另一个主要好处是灾难恢复。如果数据中心因自然灾害或恶意袭击而被毁，那么组织可能会丢失多年的交易历史和宝贵数据。数据中心开始支持不同地理区域不同站点的数据复制，以避免这些情况。数据中心仍在专用网络上，只能通过网络连接访问，并在自己的内部网中运行。

21世纪 10 年代初，一个新的概念开始出现，它更像公共数据中心或云。这种想法是，设立一个或多个具有数据存储和处理能力的数据中心，公司则"租用"这种存储和处理能力。这在公共互联网上是可行的，幕后的一切被抽象出来供用户使用。于是有了**云**这个术语，因为你并不真正知道其后台发生了什么。你可以获得所需的存储、内存和处理资源，并为该权限按月支付费用。

实现这一点的技术叫作**虚拟化**。图 7-3 中使用虚拟化的数据中心服务器机架可划分为更小的虚拟机，每个虚拟机都有专用处理器、内存和存储。所有与数据中心的通信都是使用前面所述的HTTP 在公共互联网上进行的。

在 HTTP 的基础上还开发了一个安全层，以确保正确的用户能够访问他们的资源，并阻止未经授权的访问。许多安全标准，如 HTTPS、OAuth 和 SAML，已发展到可以确保这一点的程度。因此，一旦在公共云提供商网站上建立了账户，你就可以使用客户端软件连接端点并启动虚拟机。根据使用情况，你的账户会被计费。这就像使用如 Netflix 等付费订阅服务一样。

说明   亚马逊是第一个提供亚马逊Web服务（AWS）的主要云提供商。截至2018年，它在该领域仍处于领先地位。相应地，谷歌有GCP，微软有Azure。任何人都可以用信用卡注册，并开始在云中创建资源。事实上，它们都提供了一个免费层，你可以在这里免费委托某些资源，并在特定时间运行它们。强烈建议你试着这样做，以了解计算的未来走向，并获得软件定义的机器的实践经验。

随着公共云的普及，围绕云计算出现了几种"即服务"（aaS）范例。让我们借助图 7-4 来解释这些。互联网上可能有该框图的不同版本，重要的是理解它背后的概念。

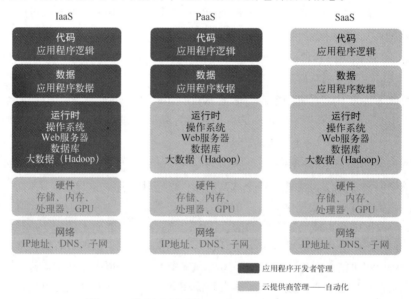

图 7-4   通过框图解释 IaaS、PaaS 与 SaaS

最基本的版本叫作**基础设施即服务**（IaaS）。在这里，你可以从云提供商那里租赁硬件和网络。本质上，这就是登录 AWS 并调试虚拟机。你可以指定所需的 CPU 处理器、RAM 和存储容量的数量和类型。当然，资源越多，你每小时支付的费用就越多。然后，可以使用分配给你账户的安全密钥，通过 SSH（安全外壳协议）登录到该虚拟机。

还可以为窗口启用窗口远程桌面，并将其视为普通桌面。可以在这台机器上安装软件并运行专用处理作业。可以安装 Apache Tomcat 这样的 Web 服务器，部署代码，并将其作为 Web 应用程序托管在互联网上。然后可以在相同或不同的虚拟机上安装一个类似于 SQL Server 的数据库，使应用程序将数据写入该数据库。许多网站是以这种方式托管的。这就是 IaaS。云供应商只负责硬件和网络，应用程序开发人员处理运行时、应用程序数据和逻辑。

应用程序开发人员必须使用 IaaS 做大量工作。他们必须使用 Web 管理屏幕创建虚拟机，登录虚拟机，然后手动安装操作系统、驱动程序、Web 服务器、数据库、应用程序，等等。最近，像 Hadoop 这样的大数据生态系统开始崭露头角。Hadoop 允许普通的 Linux 机器像集群那样运行，并在该集群上分配作业。这样，你就可以将所有机器的处理能力和存储能力结合起来。如果你要自己设置一个 8 节点 Hadoop 集群，就需要调试 8 个虚拟机，然后将每个虚拟机配置为 Hadoop 集群的一部分。工作量会很大！

为了解决这个问题，云供应商开始引入**平台即服务**（Paas）。PaaS 让开发人员专注于应用程序代码和数据，并负责运行时，如图 7-4 所示。这里，应用程序开发人员不需要明确委托虚拟机，而是将代码打包成二进制文件，并上传到 PaaS 生态系统。PaaS 负责建立数据库以及应用程序服务器，在某些情况下还负责大数据生态系统。运行时是应用程序开发人员主要关心的问题，安装、调试和管理版本可能成为主要工作负荷，而 PaaS 会帮你处理这些。

Java 开发人员将他们的应用程序打包成 JAR 文件。JAR 文件包含应用程序代码、配置数据和数据库脚本。PaaS 自动提取这些信息并创造环境。在内部，它委托多个虚拟机来解决每个运行时问题，如服务器、数据库等。开发人员节省了部署和维护时间，但不得不牺牲使用 IaaS 时会有的精细控制。此外，他们还必须依赖于 PaaS 解决方案所支持的服务器和数据库。像 AWS Elastic Beanstalk 和 GCP App Engine 这样的现代 PaaS 工具非常擅长支持所有最新的开发服务器和数据库。

我们将讨论的下一个范例是**软件即服务**（SaaS）。SaaS 用于云环境，不过，SaaS 解决方案在云计算正式定义之前就已存在了。SaaS 的意思是，应用程序从网络、硬件、运行时到应用程序数据和代码，都由供应商负责。大多数基于 Web 的工具，如谷歌 Docs、Gmail 和 Yahoo mail 等均是 SaaS 工具。无须在机器上安装任何软件，只需打开一个兼容的 Web 浏览器，整个应用程序就会在浏览器中运行。像 SalesForce 这样的公司提供了广泛的工具，你可以按照 SaaS 模式构建整个应用程序。微软还采用了 SaaS 模式的 Office 365[①]，你可以在其中使用在线界面构建和管理

① 现已更名为 Microsoft 365。——编者注

云中的所有文档。

近年来，一种新的范例正在行业中发展，叫作**容器即服务**（CaaS）。下一节会讨论这个问题。

7.5 容器和 CaaS

传统上，Web 应用程序被打包成二进制包，如 Java 中的 JAR 文件或 ZIP 文件。开发和测试团队会确保包中包含了所有依赖项，并在应用程序服务器和平台（如 Java 或 Python）上已安装好。然而，随着包从开发到测试再到过渡平台，总会有缺失的依赖项、不正确的版本等，从而造成问题。这将导致软件部署的重大延迟，并已成为敏捷开发的主要阻碍因素。

我记得几年前我们在开发一个 Java 应用程序，当把 JAR 文件从开发服务器迁移到临时服务器时，出现了空指针异常（Java 中很糟糕的东西）。我们花了两天时间检查版本，但似乎没问题，最后发现使用的图表库在那个环境中有一个微小的版本更改，这导致整个图表对象为空。问题在于我们将图表作为外部依赖项，期望在新的环境下，这个库存在且版本正确。

为了应对这样的问题，一种新的开发模式正在发展并变得非常流行，它叫作**容器化应用程序**。这个想法不仅是把应用程序打包成 ZIP 文件或 JAR 文件，而且是把整个机器镜像（包括操作系统、任何依赖的库和代码）打包为容器。容器是使用共享内核架构的轻量级虚拟机。

通常，如果你将应用程序打包为虚拟机，文件可能有几吉字节。要在另一台机器上初始化它，你需要名为**虚拟机管理程序**的特殊软件，这需要几秒钟——当虚拟机启动时，需要启动整个操作系统，然后是应用程序服务器，最后是应用程序代码。

而容器可以在几毫秒内启动，大小可以只有几兆字节。这是因为容器重用了底层操作系统的内核，如图 7-5 所示。

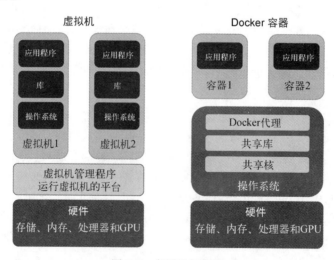

图 7-5　虚拟机与容器

Docker 是当今最流行的容器技术之一。**容器**是软件的标准单元,它打包代码及其所有依赖项,以便应用程序从一个计算环境快速可靠地转移到另一个计算环境。Docker 容器镜像是一个轻量级、独立、可执行的软件包,包括运行应用程序所需的一切:代码、运行环境、系统工具、系统库和设置。

所有需要安装的主机都是 Docker 代理。容器镜像被下载到这台机器上,并实例化为容器。容器重用底层 Docker 代理的 Linux 内核。代理还允许容器在它们之间共享库,从而使容器非常轻便。容器可以在几微秒或几毫秒内旋转起来,一台高端机器上可以运行数千个容器。

容器在独立的环境中运行,有自己的网络栈,给人以虚拟机的印象。它们使用三种 Linux 技术来实现这一点。容器使用命名空间来隔离特定的操作。每个容器都有专用的和独立的资源命名空间,如 CPU、RAM 和存储。Linux cGroups 用于为容器分配资源。这些有助于限制容器消耗的资源量,以便它们可以在同一台机器上共存。最后,容器使用分层操作系统,其中每个增量都对基础镜像进行了处理。例如,我们可以从标准版本的 Linux 镜像开始,添加 Web 服务器、数据库以及代码。每一层都是独立的共享层,允许最终层仅使用我们的代码实现高度轻量级。所有机器上会使用相同的操作系统和服务器层。

容器有两大优势。第一个是针对 DevOps 的。DevOps 基本上是敏捷中的一个新概念,它支持开发人员和运营团队之间更紧密的集成和协调。现代软件团队没有让开发人员测试其代码并"越过围栏"进行部署和监控,而是让专门的 DevOps 成员成为敏捷团队的一部分,这些人致力于确保来自开发人员的代码得到验证和正确部署。传统上,管理软件中的库依赖项对 DevOps 来说是一场噩梦。开发人员总是指出,"它在我的机器上工作",现在要靠 DevOps 让它在过渡机器或生产机器上工作。

容器化应用程序是 DevOps 的救星。因为连同代码,我们用正确的版本打包应用程序服务器,用正确的版本打包所有相关的库,甚至操作系统,所以几乎可以保证代码在过渡环境和生产环境中的工作方式与其在开发人员的机器上的工作方式完全相同。我们不再只是部署代码,还部署了经过充分测试的环境,从而使 DevOps 更加容易,并且有可能实现完全自动化。这是容器应用程序驱动的主要优势。

容器化的第二个同样重要的优势是,我们可以快速(在几毫秒内)并行剥离数千个容器,而不会耗尽资源。资源不会预先分配给容器,只有当容器做了一些工作时才会分配。这种共享资源模型通过并行运行应用程序,极大地提高了应用程序的性能。只要有好的工具来并行调度容器,我们就可以大规模运行应用程序,充分利用并行计算的优势。

在过去的几年里,PaaS 正在被 CaaS 积极地取代或扩展。这类似于 PaaS,不是向 PaaS 发送 JAR 文件,而是将 CaaS 引擎指向容器,该容器发布到 DockerHub 这样的注册中心。CaaS 引擎抽取图像,部署它,并在 Docker 这样的标准运行时中实例化容器。容器是一个完全独立的实体,具有正确的操作系统版本、系统库、Web 服务器和所有其他依赖项。它可以配置为在启动时启动应用程序,还可以监控应用程序是否崩溃并重启它。整个应用程序生命周期都是在容器中管理的,与依赖大量的 JAR 文件相比，这为开发人员提供了更大的灵活性。在日志记录和监控应用程序方面，它还为 DevOps 提供了更多的信息和可见性。

随着 CaaS 变得越来越流行，一种在云中构建软件应用程序的新的补充方法——**微服务**开始崭露头角。使用微服务架构，从一开始就考虑在云情况下开发新的应用程序——**云原生应用程序**。

带有容器的微服务架构

随着向数据中心和公共云的迁移，软件应用程序的架构在很大程度上被新的风格简化了。软件应用程序传统上是在分层架构中开发的，如模型–视图–控制器（MVC），它严格分离数据结构、视图生成逻辑和集成这两者的控制器。然而，这些应用程序是在筒仓中开发的，只专注特定应用程序所服务的领域。例如，一家公司拥有一个结构非常优雅的维护管理应用程序，但它无法有效地与库存管理等另一个应用程序通信。各组织实施了大量的企业资源计划（ERP）系统，试图让组织的不同部分有效地相互沟通。

移除在筒仓中运行的单体应用程序，驱动了一种叫作**面向服务的体系结构**（SOA）的架构风格或模式的开发。SOA 的目标是找到可以在单体应用程序之间共享的数据和功能，并帮助它们更好地集成。

SOA 的重点是实现系统之间的互操作性。专家软件架构师开始识别系统之间的集成点，并定义能够共享数据和功能的**服务**。关键的挑战是管理这些服务的生命周期，并为它们提供了一种便利的智能交流方式。这一需求导致了**企业服务总线**（ESB）产品的开发。

ESB 会提供一种方法来托管来自多个独立产品的服务，并使用公共协议（如 HTTP 或消息传递）驱动它们之间的通信。此外，ESB 提供的一个关键功能是将**企业集成模式**（EIP）存储在集成层，而不是将它们存储在单个服务中。因此，我们可以用更为通用的方式开发服务，并将通信中的所有智能都封装在 ESB 中。

这种 EIP 的一个示例是基于内容的路由，根据消息的内容（如移动短信），必须将请求传递给适当的服务。处理消息并将输出导向适当服务的逻辑由 ESB 管理。举个例子，你的移动运营商发送短信询问反馈，你回复 1 表示肯定，2 表示否定。

目标是最低限度地改变单体应用程序，捕获集成模式并将其存储在 ESB 中。ESB 通过消息代理进行服务通信。

随着对云计算的关注，服务开发和实施的理念发生了变化。与专注于集成单体应用程序的 SOA 不同，一种新的架构风格——**微服务**开始出现。微服务的理念是拥有可独立扩展和管理的独立服务。与 SOA 不同的是，它并没有把重点放在集成单体应用程序上，而是放在打破筒仓和将功能分配到更小的组件上。其想法是修改应用程序，重点是在云中托管，并利用云计算的分布式特性。

　　例如，我们考虑一个巨大的购物应用程序，它可以具有所有功能，如搜索产品、查找成本和完成购买。在微服务架构中，每个功能都会分配到单独的微服务中。搜索微服务会完全拥有系统向用户提供搜索用户界面、运行查询和显示结果的能力。理想的微服务是独立的。因此，我们的搜索微服务会管理向用户显示的用户界面，并且很可能还有优化的产品数据库，专门用于搜索。如果需要添加新功能，如基于照片的搜索，该方案/功能则由拥有该搜索微服务的团队负责和实施。它将有自己的代码库、测试脚本和发布周期。此外，如果我们看到搜索变得越来越慢，那么这个搜索微服务可以从 50 个节点独立扩展到 100 个节点，使其性能翻倍。

　　这种微服务架构导致了高度松散耦合的架构。此外，可以根据特定的功能构建团队，包括开发人员、测试人员和 DevOps 资源等。许多公司正在开始采用微服务方式开发云应用程序。此外，我们已经了解了软件应用程序的早期 CI/CD 管道。我们可以为微服务提供独立的 CI/CD 管道和版本，以便更快地发布关键功能。微服务让我们想到的是松散耦合的应用程序。因此，如果搜索功能需要快速的功能改进，就可以在不影响其他服务的情况下在该微服务中实现。

　　前面我们了解了容器如何帮助构建软件的独立组件以及所有依赖项。可以看到，容器是为测试微服务模型而定制的。可以将微服务打包为一个容器，并将其部署到 CaaS 生态系统中，CaaS生态系统实施独立微服务的扩展和管理。如我们所见，将单个容器扩展为成千上万个实例既简单又快速；同样，使用包装成容器的微服务也可以做到。

　　回顾一下购物应用程序的早期搜索微服务。如果我们知道在圣诞节或排灯节假期，搜索查询会增加两倍或三倍，那么可以适当地缩放容器来处理这个负载。这种独立的可扩展性只是微服务架构的众多好处之一。

　　下面来谈谈这一章的主题——Kubernetes。下一节会解释 Kubernetes 如何提供用于部署微服务的 CaaS 框架，并帮助解决应用程序的基础架构问题。本章的最后将介绍一些基本的 Kubernetes命令，用于配置打包为容器的应用程序。

7.6　Kubernetes：基础架构问题的 CaaS 解决方案

　　Kubernetes 本质上是一个 CaaS 平台。它允许我们部署打包成容器的应用程序，并独立扩展它们。然而，它所做的远不止这些。Kubernetes 的关键作用是它解决了应用程序的许多基础架构问题。在 Kubernetes 上构建应用程序之前，让我们快速看看 Kubernetes 架构及其关键抽象，如pod、部署和服务。我们会从宏观上解释这些概念，并给出一些示例。要了解更多细节，建议浏览 Kubernetes 网站，那里有一些很好的材料，还有一些可以尝试的在线示例。附录 A 提供了一些关于这方面的好文章。

　　此外，我们将列出可以在 Kubernetes 环境中运行的命令。要运行这些命令，你需要一个基于服务器或云托管的 Kubernetes 实例并连接它。这可以在笔记本计算机的单个节点上进行本地安装。这种单节点安装是一种叫作 Minikube 的独立产品。Kubernetes 的优点是，在单节点 Minikube

上运行的所有命令和容器都可以在具有数百个节点的集群上运行。

这甚至适用于在服务器（内部）或公共云（托管）上运行的多节点集群。Kubernetes 最初是由谷歌开发的开源软件。因此，GCP 内置了对 Kubernetes 的支持，你可以登录到 GCP，快速启动 Kubernetes 集群并远程连接到它。在内部，GCP 将管理节点（它们是集群的虚拟机部分），非常接近 PaaS 设置。AWS 和微软最近也开始支持托管 Kubernetes 集群。Kubernetes 无疑已成为在集群上管理容器化应用程序的首选技术。

为了熟悉它，建议你在笔记本计算机上安装 Minikube。它创建了一个单节点集群，你可以在其中部署容器。这个节点充当主机和从机，主机控制从机，并安排作业。所有这些都是在一台机器上完成的。你可以使用 Kubernetes 网站上的安装步骤在 Windows、Linux 或 MacOS 上安装它。

在内部，这为节点创建了虚拟机，该虚拟机具有专用的 IP 地址和网络栈。为此，你可以使用任何虚拟化引擎，如 VMWare 或 VirtualBox。Kubernetes 将连接虚拟化引擎，并在内部创建虚拟机。无须做任何事情来管理该虚拟机。表 7-1 列出了一些有用的 Minikube 命令。

表 7-1   一些有用的 Minikube 命令

命　　令	操　　作
$ minikube start	通过初始化虚拟机启动 Minikube 单节点集群
$ minikube status	显示 Minikube 集群的状态（如果正在运行）
$ minikube stop	停止集群并关闭虚拟机
$ minikube ip	获取单节点集群的虚拟机的 IP 地址
$ minikube ssh	SSH 到 Minikube 集群的单个节点。SSH 之后，你会看到一个很大的 Minikube 标识，然后运行 ls、pwd 和 ifconfig 之类的命令。通过 ifconfig 可以看到，与安装 Minikube 的计算机相比，该虚拟机具有完全独立的网络栈

Kubernetes 是一个 CaaS 平台，因此允许你为应用程序或微服务定义容器，并管理这些容器的生命周期。它遵循主从架构模式：从机使其存储、内存和 CPU 能够工作，而主机控制从机上的数据和作业。Kubernetes 的其他机器叫作**节点**，可以是物理机或虚拟机。每个节点运行容器代理，并可以旋转容器。然而，所有这些对用户都是隐藏的。有一些命令可以查看集群的详细信息，但是通常情况下，你需要处理与应用程序相关的抽象。

一旦有了本地 Minikube 集群或云/服务器托管的 Kubernetes 网络集群，就可以连接到该集群的资源。Kubernetes 的一个显著特点是它公开了一个可扩展的 API。你可以使用此 API 连接 Kubernetes 集群，并访问和修改资源。这是一种与 Kubernetes 系统互动的统一方式。当自定义对象和数据源等新资源被添加到 Kubernetes，我们仍可以使用相同的 API 命令来访问这些资源。

调用这些 API 命令并允许与 Kubernetes 集群交互的工具叫作 Kubectl。Kubectl 可以安装在计算机上，连接到本地集群或远程集群。表 7-2 列出了一些基本的 Kubectl 命令。

表 7-2 通过 API 访问本地和远程 Kubernetes 集群资源的有用 Kubectl 命令

命　令	操　作
$ kubectl cluster-info	获取集群的信息，例如主节点 URL
$ kubectl get nodes	显示集群中的所有节点。对于 Minikube，它将是一个充当主机和其他机器的节点
$ kubectl get pods	一般的 get 命令来获取 Kubernetes 资源，在这种情况下是 pod。这里它将列出所有 pod，本节会讨论 pod

虽然节点是 Kubernetes 集群中的机器，但我们通常不会直接处理它们。Kubernetes 提供了一组抽象来运行集群上的应用程序。这些抽象管理作业在节点上的调度方式，从而节省了我们的精力。Kubernetes 的关键抽象叫作 pod。一个 pod 包含一个或多个容器，这些容器相互共享 CPU、存储器和网络。我们通常会将应用程序打包为单个容器，并将其抽象为一个 pod。Docker 是非常受欢迎的容器引擎，但 Kubernetes 支持其他容器，并不与 Docker 挂钩。每个 pod 都有一个与之相关联的 IP 地址。pod 是 Kubernetes 在不同节点上调度的。我们无须担心这些 pod 最终会在哪里运行，这样就不用担心缩放问题了。

pod 通常不会自行调试。我们使用叫作**部署**的更高级抽象来创建 pod。部署是 Kubernetes 集群中最常见的资源类型之一。它定义了 pod 结构、pod 结构由什么容器组成以及需要的副本数量。Kubernetes 调度程序创建正确数量的 pod，并根据资源可用性在特定节点上运行它们。可以指定 pod 创建策略，例如在每个节点上创建至少一个 pod 实例。部署可以使用 Kubectl run 命令或通过指定 YAML 文件来创建。YAML 文件是标记文本文件，它详细说明了将要构建的 Kubernetes 资源。

下面来看一个非常简单的应用程序的示例，该应用程序被打包成一个容器并部署在 Kubernetes 上。我现在不会把重点放在应用程序的打包上，而是放在 Kubernetes 和扩展上。第 8 章展示了构建 Web 应用程序、容器化和大规模部署的示例。下面，我将使用我创建的测试 Web 应用程序镜像，并将其上传到一个名为 DockerHub 的公共文档中心。这个镜像叫作 dattarajrao/simple-app，是一个简单的 Web 应用程序，在浏览器中显示带有消息的索引页面。代码清单 7-1 显示了使用 Docker 镜像创建部署的部署 YAML 文件。

代码清单 7-1 部署 Web 应用程序的简单 YAML 文件（simple-app.yaml）

```
apiVersion: apps/v1
kind: Deployment
metadata:
  name: simple-app-deployment
  labels:
    app: simple-app
spec:
  replicas: 1
  selector:
    matchLabels:
```

```
      app: simple-app
  template:
    metadata:
      labels:
        app: simple-app
    spec:
      containers:
      - name: simple-app
        image: dattarajrao/simple-app
        ports:
        - containerPort: 80
```

下面来看运行这个 YAML 文件和创建部署的步骤。如前所述，部署将创建包含容器实例或应用程序实例的 pod，如代码清单 7-2 所示。

代码清单 7-2　部署 YAML 文件

```
$ kubectl create -f simple-app.yaml
deployment.apps/simple-app-deployment created
```

这段代码使用 YAML 文件创建部署。它用 dattarajrao/simple-app 镜像指定的容器创建 pod：

```
$ kubectl get deployments
NAME                       .DESIRED    CURRENT     UP-TO-DATE    AVAILABLE     AGE
simple-app-deployment      1           1           1             1             41s
```

部署是使用 API 可以获得的资源。

```
$ kubectl get pods
NAME                                      READY      STATUS        RESTART      AGE
simple-app-deployment-98f597cdb-dtplp     1/1        Running       0            1m
```

该命令获取由该部署创建的 pod。在这种情况下，只有 1 个 pod。代码清单 7-3 用 3 个副本来扩展部署资源，下面它将创造 3 个 pod。

代码清单 7-3　扩展资源

```
$ kubectl scale deployment simple-app-deployment --replicas=3
deployment.extensions/simple-app-deployment scaled
```

可以使用以下命令检查这种情况。

```
$ kubectl get pods
NAME                                      READY      STATUS        RESTART      AGE
simple-app-deployment-98f597cdb-dtplp     1/1        Running       0            2m
simple-app-deployment-98f597cdb-kch76     1/1        Running       0            7s
simple-app-deployment-98f597cdb-wgpq9     1/1        Running       0            7s
```

现在用 3 个副本扩展部署资源，它将创造 3 个 pod。

代码清单 7-4 展示了如何手动删除 pod。现在部署应该会重新创建这个 pod。

代码清单 7-4　可靠性演示：pod 出现故障

```
$ kubectl delete pod simple-app-deployment-98f597cdb-dtplp

pod "simple-app-deployment-98f597cdb-dtplp" deleted
$ kubectl get pods

NAME                                     READY   STATUS    RESTART   AGE
simple-app-deployment-98f597cdb-kch76    1/1     Running   0         6m
simple-app-deployment-98f597cdb-pj7pd    1/1     Running   0         4s
simple-app-deployment-98f597cdb-wgpq9    1/1     Running   0         6m
```

新 pod 是用新 ID 创建的。部署负责在需要的 pod 下降时重新启动它们：

```
$ kubectl describe pod simple-app-deployment-98f597cdb-kch76

Name:             simple-app-deployment-98f597cdb-kch76
Namespace:        default
Node:             minikube/172.17.0.7
Start Time:       Tue, 13 Nov 2018 13:22:12 +0000
Labels:           app=simple-app
                  pod-template-hash=549153786
Annotations:      <none>
Status:           Running
IP:               172.18.0.5
Controlled By:    ReplicaSet/simple-app-deployment-98f597cdb
Containers:
  simple-app:
    Container ID:
docker://e203d9037001a44e5c3b0b93945c0d06f48be29538fabe41be012e9c7757a56b
    Image:          dattarajrao/simple-app
    Image ID:       docker-pullable://dattarajrao/simple-app@sha256:e670
81c7658e7035eab97014fb00e789ddee3df48d9f92aaacf1206ab2783543
    Port:           80/TCP
    Host Port:      0/TCP
    State:          Running
      Started:      Tue, 13 Nov 2018 13:22:15 +0000
    Ready:          True
    Restart Count:  0
```

　　pod 的描述显示了使用的图像、IP 地址和有趣的日志消息等详细信息。我们不会详细讨论它们，但是你可以通过查看这个日志并使用 -kubectl logs <podname> 命令获取更多日志来调试许多问题。

　　在代码清单 7-2 中，我们看到了一个通过增加 pod 数量来扩展部署的示例。Kubernetes 会在内部决定运行这些 pod 的节点，而你是完全不可知的。当然，在 Minikube 的情况下，所有的 pod 运行在同一个节点上。我们还看到如何手动终止一个 pod，Kubernetes 如何自动启动它的备份。如果你的应用程序在运行过程中由于不良数据或网络问题而终止，就会发生这种情况。当打包到 pod 中的应用程序终止时，部署会自动将其恢复。这是 Kubernetes 所关注的可靠性问题。应用程序的可靠性有助于处理故障，并能够在故障后重启。如果应用程序在发生故障后能以某种方式快速重启，这就会大大提高可靠性。

可以看到，通过部署创建的 pod 可以获得任何 ID，这些 ID 可以随着 pod 的删除和重新创建而不断变化。分配给 pod 的 IP 地址也会改变。Kubernetes 管理这些 pod 的生命周期。那么，如何让客户端调用应用程序而不指定 pod 的绝对名称或 IP 地址呢？这将由应用程序的网络来处理。网络由部署之上的另一个抽象（叫作**服务**）来处理。

让我们看一个为部署创建服务并由客户使用该服务的示例。代码清单 7-5 展示了这方面的 YAML。

代码清单 7-5　带有早期应用程序服务的简单 YAML 文件（simple-app-service.yaml）

```
kind: Service
apiVersion: v1
metadata:
  name: simple-app-service
spec:
  selector:
    app: simple-app
  ports:
  - protocol: TCP
    port: 80
    targetPort: 80
```

下面来看在 Kubernetes 环境中部署这个 YAML 文件并创建服务的步骤。然后，我们将使用该服务的网络特性从 URL 调用 pod，如代码清单 7-6 所示。

代码清单 7-6　部署服务 YAML 文件

```
$ kubectl create -f simple-app-service.yaml
service/simple-app-service created
```

这就用 YAML 文件创造了一项服务。下面来看一下服务的详细信息：

```
$ kubectl get service
NAME                 TYPE         CLUSTER-IP     EXTERNAL-IP    PORT(S)     AGE
kubernetes           ClusterIP    10.96.0.1      <none>         443/TCP     47m
simple-app-service   ClusterIP    10.109.89.2    <none>         80/TCP      9s
```

默认情况下，环境中有一个 Kubernetes 服务，现在添加了 `simple-app-service`。这是集群 IP 的默认类型，意味着为集群分配了唯一的 IP 地址。可以使用此 IP 地址访问此服务。其他类型的服务可以是节点端口（在每个节点上创建一个实例）和负载平衡器（在负载平衡器中分配单独的 IP 地址）。

我们的服务指向之前创建的部署，这是由 YAML 的 `app` 字段创建。因此，当我们使用其 URL 访问服务时，Kubernetes 会自动将这些请求定向到部署应用程序的不同 pod。多个请求要得到负载平衡，取决于应用程序扩展的 pod 数量。这样，负载平衡问题得到了解决。

最后，我们调用服务。我们不会使用花哨的客户端，而是使用 CURL 命令来获取 HTML 内容，如代码清单 7-7 所示。

代码清单 7-7 调用新创建的服务

```
$ curl 10.109.89.2
<html>
<title>
  Sample application by Dattaraj Rao
</title>
<body>
  <h3>Simple docker application - Hello World!</h3>
  <b>by Dattaraj Rao - for Keras 2 Kubernetes.</b>
</body>
</html>
```

我们获得了服务的集群 IP，并使用 CURL 命令调用它。CURL 命令本质上是从 URL 中获取的 HTTP 响应。如前所述，请求被路由到部署中的 pod。这个 HTML 在 Web 浏览器中看起来如图 7-6 所示。

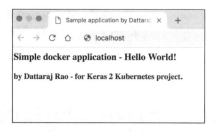

图 7-6　浏览器中显示的简单应用程序

7.7　小结

在本章中，我们暂时放下机器学习，转而了解了软件应用程序是如何开发的。我们介绍了云计算，以及 IaaS、PaaS、SaaS 和新的 CaaS 范式的兴起；阐释了伴随 SOA 和微服务等架构模式的出现，以及软件应用程序的历史；研究了如何将软件应用程序打包到容器中并构建微服务。

然后我们学习了 Kubernetes 平台：研究了 Kubernetes 如何允许大规模部署打包成容器的应用程序；了解了 Kubernetes 如何管理基础架构问题，如扩展、故障迁移、可靠性、负载平衡和网络；分析了在 Kubernetes 上部署 Web 应用程序的示例。

下一章将研究机器学习模型开发周期，以及如何将这一章研究的软件开发架构和实践应用于其中；然后采用之前开发的 Keras 模型，将其作为微服务部署在 Kubernetes 上。

第8章

将人工智能模型部署为微服务

上一章讨论了云计算、容器和微服务；讲解了 Kubernetes 如何从 CaaS 平台扩展为完整的生态系统，用于部署打包为微服务的软件应用程序；研究了在 Kubernetes 上部署应用程序的示例，其中使用了抽象，如 pod、部署和服务。

在本章中，我们将深入使用 Kubernetes 构建应用程序的细节；使用 Python 构建简单的 Web 应用程序，将其打包为 Docker 容器，部署到 Kubernetes 集群；然后修改这个应用程序来实际调用深度学习模型，并在网页上显示结果。这一章开始把 Keras 和 Kubernetes 结合起来，探讨如何构建产品级的深度学习应用程序，从而利用这两种技术的优点。

8.1 用 Docker 和 Kubernetes 构建简单的微服务

我们先构建简单的微服务应用程序，然后把它打包到容器中。微服务的思想是，应用程序是独立的，因此可以作为容器实例独立部署和扩展。我们的应用程序先通过读取文本字符串来显示简单的消息，稍后再对该文本字符串进行处理。

我们会使用 Python 来构建这个 Web 应用程序。传统上，Python 更多地用于脚本和数据科学应用程序，但近年来，它在开发包括 Web 应用程序在内的各种软件方面都得到了极大的普及。许多 Web 应用程序框架可以在 Python 上工作，并帮助快速构建应用程序。我们还会使用 Django 和 Flask。

除了 Python 之外，还可以用 Java 和 Node.js（JavaScript）等语言构建 Web 应用程序。无论使用哪种语言，都需要一些框架来构成应用程序的主干。流行的 Node.js 和 Java（截至 2018 年）框架分别是 Express.js 和 Spring。这些 Web 应用程序框架处理很多通过 HTTP 构建应用程序和通信的底层细节。最终，我们将编写出专注于自己的应用程序的非常基础的代码，而不必担心整个应用程序的运行流程。

下面来看 Python 中的一个示例。你需要安装 Python 2.7 或 Python 3.3（或更高版本）。大多数现代计算机会安装 Python。如果尚未安装，可以从 Python 网站上下载。我们将使用 Python 包安装程序（pip）安装 Flask Web 框架。你还需要可从 Docker 网站安装的 Docker 引擎。代码清单 8-1 中的命令将使你能够检查环境中的必要安装，包括 Python、Flask 和 Docker。我们还将使用应用程序（如 simple-app）的名称创建新文件夹，并运行命令来构建应用程序的基本框架。下一节会添加详细信息。

代码清单 8-1　在空文件夹中运行的入门命令

```
$ python --version
$ pip install -U Flask
$ docker --version
$ touch app.py requirements.txt Dockerfile
```

代码清单 8-1 末尾的 `touch` 命令创建了空文件，它将作为 Web 应用程序的框架。在这个示例中，我们创建了三个文件，每个文件会包含以下内容。

❑ app.py：Python 中的主要应用程序逻辑；为应用程序创建 HTTP 端点。
❑ requirements.txt：包含作为应用程序依赖项的 Python 库。
❑ Dockerfile：包含将应用程序打包到 Docker 容器中的说明。

下面用应用程序的逻辑填充这三个文件。我们将从包含要开发的应用程序的 app.py 文件开始。应用程序将有一些**样板代码**，这些代码是使用 Flask 框架所需要的。我们会突出显示它，这样你就可以直接复制了。我们将创建一个响应客户端传入请求的 HTTP 端点。客户端将使用 Web 浏览器对端点进行 HTTP GET 或 POST 调用，它将根据我们添加的代码进行响应。这即是 Web 应用程序的逻辑。代码清单 8-2 显示了我们在文本编辑器中打开的 Python 文件。以 # 开头的行是注释。

代码清单 8-2　Web 应用程序的 Python 代码（app.py）

```
#### 样板代码 (1) #####
# 导入 Flask 库
from flask import Flask
from flask import request

# 创建 Flask 应用程序
app = Flask(__name__)
#### 样板代码 (1) #####

# 创建函数来充当 Route / HTTP 端点
@app.route('/hello')
def hello():
    return 'Hello, World!'

#### 样板代码 (2) #####
# 主应用程序运行代码
if __name__ == '__main__':
    app.run(debug=False,host='0.0.0.0',port=1234)
#### 样板代码 (2) #####
```

8

代码清单 8-3 显示了 requirements.txt 文件的内容。我们必须添加作为依赖项的库。这里需要 Flask 来运行 Web 应用程序，也要包含 TensorFlow 和 Keras。这些库会在将来添加深度学习代码时使用，可以更新到最新版本。

代码清单 8-3　requirements.txt 文件的内容

```
Flask==1.0.2
tensorflow==1.9.0
Keras==2.1.6
```

我们的微服务应用程序将有单一的 HTTP 端点，它以一个 `Hello World!` 消息作为响应。我们可以通过在应用程序上运行 Python 解释器并在 Web 浏览器中查看结果来测试应用程序，如代码清单 8-4 所示。

代码清单 8-4　运行应用程序并在浏览器中测试它

```
$ python app.py
* Running on http://0.0.0.0:1234/ (Press CTRL+C to quit)
```

我们可能会被要求打开机器上的端口权限。这其实是打开一个 HTTP 端口，并监听从该端口传来的消息。当新消息来自这个端口的客户端时，函数代码被调用，我们会得到一个很好的返回消息。

图 8-1 显示了通过打开 http://local-host:1234/hello 在浏览器中看到的内容。

图 8-1　在浏览器中看到的内容

下面我们添加一个名为 `process` 的新的 HTTP 端点来读取文本参数。这是我们将拥有的应用程序逻辑。当没有参数传递时，我们显示一个简单的带有大文本框（HTML 中的 `TEXTAREA`）的 HTML 网页。页面上会有一个 Submit 按钮，这样就可以将文本提交回同一个 `process` 端点。现在，当提交带有 `TEXTAREA` 参数值的表单（`text_input`）时，就只会在屏幕上显示该值。

请记住，在现实世界中将使用**样式表**来美化这个页面，并将这个代码保存在单独的**样板**文件中。此外，通常会有多个页面，一个用于显示输入表单，另一个用于显示子任务结果。

为了保持逻辑简洁，我们只有一个代码块。下面看看添加到 app.py 文件中的新代码。代码清单 8-5 显示了 app.py 的完整代码，旧代码可以不用关注，我们只关注新代码。代码清单 8-6 显示了运行新的 app.py 文件。

代码清单 8-5　更新 app.py 以包含新的 HTTP 端点来处理文本

```
#### 样板代码 (1) #####
# 导入 Flask 库
from flask import Flask
from flask import request

# 创建 Flask 应用程序
app = Flask(__name__)
#### 样板代码 (1) #####

# 建立路由或 HTTP 端点
@app.route('/hello')
def hello():
    return 'Hello World!'

##### 新代码 #####
# 没有输入时首先显示的默认 HTML
htmlDefault = '<h4>Simple Python NLP demo</h4><form><textarea rows=10
cols=100 name=\'text_input\'></textarea><br><input type=submit></form>'

# 建立路由或 HTTP 端点
# 该路线将读取文本参数并对其进行分析
@app.route('/process')
def process():
    # 通过名称'text_input'获取 HTTP 参数
    in_text = request.args.get('text_input')

    # 如果提供了输入，则显示其他页面
    if in_text is not None:
        # 仅显示
        return 'You typed: <b>%s</b>'%(in_text)
    else:
        return htmlDefault
##### 新代码 #####

#### 样板代码 (2) #####
# 主应用程序运行代码
if __name__ == '__main__':
    app.run(debug=False,host='0.0.0.0',port=1234)
#### 样板代码 (2) #####
```

代码清单 8-6　运行新应用程序并在浏览器中测试它

```
$ python app.py
* Running on http://0.0.0.0:1234/ (Press CTRL+C to quit)
```

在 Web 浏览器中，转到 http://localhost:1234/process，就会看到类似于图 8-2 的内容。

图 8-2   浏览器中显示的新 app.py 文件

输入文本，然后单击 Submit 按钮，我们将得到如图 8-3 所示的页面。

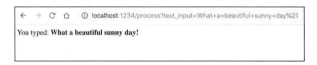

图 8-3   单击 Submit 按钮后的结果

可以看到，输入的文本是作为名为 `text_input`（我们为 HTML `TEXTAREA` 字段提供的名称）的参数提交到端点的。当然，文本实际上经过了修改，以替换空格和逗号，这样它就可以通过 HTTP 正确地传输。不过，它被解码了，并在结果页面中以 HTML 粗体<B>标签显示。

8.2   将人工智能添加到应用程序中

我们开发了新的应用程序来处理文本输入，但截至目前还没有处理任何文本输入。现在让我们使用之前在 Python 和 Keras 中创建的自然语言处理情绪分析模型来处理文本。在第 5 章中，我们用 Keras 构建了使用 LSTM 层的递归神经网络。这个模型是在积极和消极情绪文本的样本上训练的。下面我们将在这个 Web 应用程序中使用该模型。

自然语言处理模型被保存为 H5 二进制文件。当 Web 应用程序加载时，我们会在一开始就将其加载到 Keras 中。只要应用程序在运行，模型的这个实例就会保存在内存中。如果我们在三台真实的或虚拟的机器上扩展这个应用程序，那么每台机器都会有一个模型实例，并在自己的进程和内存空间中进行预测。这就是扩展助力深度学习模型的方式。我们不会占用单个节点的资源，而是将工作负载分配给多台机器。

代码清单 8-7 展示了加载模型的代码，我们将在 Python 中创建一个函数，用于处理我们提供的文本，并返回 0（积极的情绪）或 1（消极的情绪）。因此，在将这种深度学习模型应用到 Web 应用程序中的文本后，我们将能拥有一个人工智能系统，它可以读取文本输入，并告诉我们你的情绪是好还是坏。

首先，需要将 imdb_nlp.h5 二进制模型文件放在与 app.py 文件相同的文件夹中。代码清单 8-7 中显示的 Python 代码将加载这个文件，并创建一个函数，用来获取输入文本的情绪。

代码清单 8-7 更新 app.py 以加载自然语言处理模型和函数来处理文本

```python
#### 样板代码 (1) #####
# 导入 Flask 库
from flask import Flask
from flask import request

# 创建 Flask 应用程序
app = Flask(__name__)
#### 样板代码 (1) #####

#### 加载自然语言处理模型并准备函数的代码 ####
from keras.preprocessing import sequence
from keras.models import load_model
from keras.preprocessing.text import text_to_word_sequence
from keras.datasets import imdb
import numpy as np

# 每个句子中的最大单词数
maxlen = 10

# 从 IMDB 数据集中获取单词索引
word_index = imdb.get_word_index()

# 从文件加载模型
nlp_model = load_model('imdb_nlp.h5')

# 进行预测的方法，我们稍后会调用
def predict_sentiment(my_test):
    # 标记句子
    word_sequence = text_to_word_sequence(my_test)

    # 创建空整数序列
    int_sequence = []

    # 对于句子中的每个单词
    for w in word_sequence:
        # 从词汇表中获取整数并添加到列表
        int_sequence.append(word_index[w])

    # 将数字序列填充到模型期望的输入大小
    sent_test = sequence.pad_sequences([int_sequence],
        maxlen=maxlen)

    # 使用模型做预测
    y_pred = nlp_model.predict(sent_test)

    # 返回范围在 0~1 内的预期情绪真实值
    return y_pred[0][0]
```

```
#### 加载自然语言处理模型并准备函数的代码 ####

# 建立路由或 HTTP 端点
@app.route('/hello')
def hello():
    return 'Hello World!'

##### 代码 #####
# 没有输入时首先显示的默认 HTML

htmlDefault = '<h4>Simple Python NLP demo</h4><b>Type some text to
analyze its sentiment using Deep Learning</b><br><form><textarea rows=10
cols=100 name=\'text_input\'></textarea><br><input type=submit></form>'

# 建立路由或 HTTP 端点
# 该路线将读取文本参数并对其进行分析
@app.route('/process')
def process():
    # 定义返回的 HTML
    retHTML = ''

    # 通过名称'text_input'获取 HTTP 参数
    in_text = request.args.get('text_input')

    # if 提供了输入，否则显示默认页面
    if in_text is not None:
        # 首先显示输入的内容
        retHTML += 'TEXT: <b>%s</b>'%(in_text)
        # 运行深度学习模型
        result = predict_sentiment(in_text)
        # 如果是正面情绪
        if result > 0.5:
        # 如果是负面情绪
            retHTML += '<h4>Positive Sentiment! :-)</h4><br>'
        else:
            retHTML += '<h4>Negative Sentiment! :-(</h4><br>'

        # 仅显示
        return retHTML
    else:
        return htmlDefault

##### 新代码 #####

#### 样板代码 (2) #####
# 主应用程序运行代码
if __name__ == '__main__':
    app.run(debug=False,host='0.0.0.0',port=1234)
#### 样板代码 (2) #####
```

花一点时间浏览代码清单 8-7，它基于我们为测试 Web 应用程序而开发的代码。如前所述，我们将来自 HTML 表单的输入作为 in_text 变量，但不是简单地把它写回来，而是把它反馈给新创建的 predict_sension 函数。这个函数调用我们已从二进制文件加载的自然语言处理模型，并使用与训练数据相同的词汇表将文本序列转换为整数序列。

提醒一下，词汇表实际上是领域中所有单词的列表，并带有一个整数。通常，该整数值对应于该单词在文档列表中出现的频率。较为常见的单词会有较低的整数值，而不太常见的单词会有较高的整数值。我们使用的词汇表是根据 Keras 提供的用于测试自然语言处理模型的 IMDB 数据集构建的。

我们有一个名为 process 的新路由，它被映射到同名的 HTTP 端点上。在这里，我们将输入文本传递给 HTML 表单，并将其传递给函数。根据自然语言处理模型的输出，我们决定它是消极情绪（输出 > 0.5）还是积极情绪（输出 < 0.5）。请记住，模型的好坏取决于我们提供的训练数据。训练数据来自 IMDB 电影评论文本数据库，我们选择评论的前 10 个单词来分类情绪。如果使用更多的单词或更大的文本数据库，精度就会提高。代码清单 8-8 显示了结果。

代码清单 8-8   Web 浏览器中新应用程序的结果

```
$ python app.py
* Running on http://0.0.0.0:1234/ (Press CTRL+C to quit)
```

在 Web 浏览器中，转到http://localhost:1234/process，应该会看到图 8-4 所示的镜像。

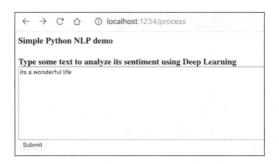

图 8-4   浏览器中的新应用程序演示

输入短语，然后单击 Submit 按钮。这里输入了短语 "its a wonderful life"。图 8-5 显示了结果。

图 8-5   单击 Submit 按钮后得到的结果

就这样，这个简单的应用程序读取我们的文本，告诉我们这个短语表达了什么样的情绪。我们试试另一个示例，如图 8-6 和图 8-7 所示。

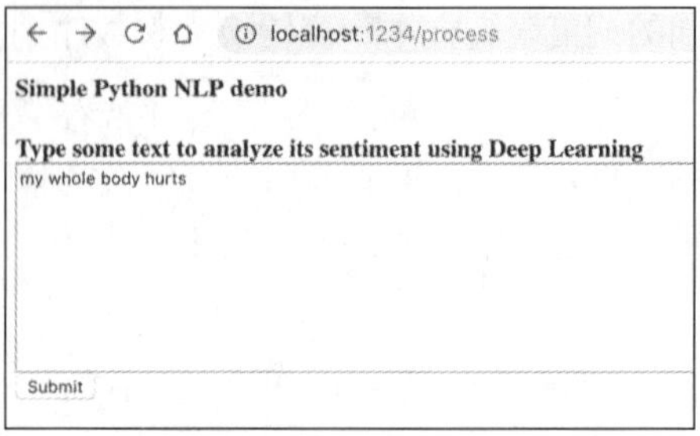

图 8-6　输入新短语

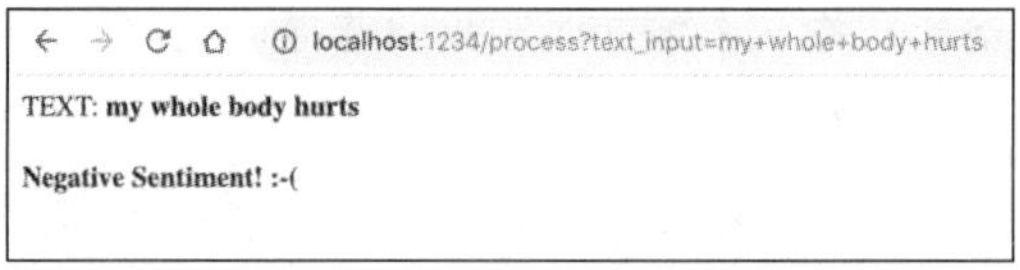

图 8-7　此为消极结果

可以尝试不同的短语。这个程序不能保证输出是正确的，但当建立更好的模型时，我们就会看到精度大大提高。

就这样，我们开发了使用 Keras 的自然语言处理模型。这是一个使用 LSTM 层的递归神经网络模型。我们在可公开获得的 IMDB 电影评论数据集上训练了这个模型，用它来进行情绪分析。这个模型对训练数据的精度为 95%，对验证集的精度为 70%。我们将该模型保存为 HDF5 格式的 H5 文件。

我们使用 Flask 框架创建了 Python Web 应用程序。该应用程序显示了一个 HTML 表单，我们可以在其中输入文本数据，并将其发送到我们的应用程序。当通过 HTTP 端点获得这些数据时，我们对这些文本运行自然语言处理模型并预测情绪。基于预测，我们告诉用户这是积极情绪还是消极情绪。

这只是基本的应用程序。利用 CSS 和 JavaScript，你还可以发挥奇思妙想，比如用特殊类型的小部件来输入和显示数据。也许你不想要平淡无奇的短信，而是想在提交后显示出开心和悲伤的表情；也许你想在文本框输入时实时处理文本。只要有一个坚实的深度学习模型，并且建立了从 HTML 数据中调用它的良好连接，你就可以探索所有这些结果。本章中的代码为你提供了构建这么优秀的应用程序的框架！

8.3　将应用程序打包为容器

下面用应用程序构建 Docker 容器。如前所述，Docker 容器会与人工智能模型、源代码、应用程序服务器以及操作系统融为一体。当然，这些不会封装到容器中，而是作为单独的层引用。

首先，我们将在构建容器时用要安装的依赖项来填充 requirements.txt 文件。在这种情况下，我们将 Flask 作为构建 Web 应用程序所需的依赖项，而且还需要 TensorFlow 和 Keras 来运行深度学习模型。你可以使用这些库的某个版本，或者部署最新版本。通常建议使用测试过库的相同版本，以避免任何意外。要获取已安装的库的当前版本，可以运行命令 `pip freeze`。

代码清单 8-9 显示了 requirements.txt 文件。

代码清单 8-9　要安装的 Python 依赖项（requirements.txt）

```
Flask==1.0.2
tensorflow==1.9.0
Keras==2.1.6
```

下面我们使用以下指令填充 Dockerfile。你可以在互联网上找到针对其他平台（如 Node.js 和 Java）的指令。这些是我们将用于 Python 的指令。如前所述，Dockerfile 必须和 app.py 文件在同一个文件夹中。

Dockerfile 包含一组命令，用于从头开始创建应用程序环境。你可以在任何机器上运行它，并且会创建完全相同的 Docker 容器，应用程序将在这个环境中运行。这就是 Docker 的力量。因为你是从头开始构建整个环境的，所以可以确保所有的依赖关系都得到处理。实际上，整个安装过程并没有发生，但是为了构建环境，层是逐渐增加的。在 Dockerfile 中，你将看到类似于 Linux 的命令和以井号（#）开头的注释行。

下面来看构建这个容器的步骤，如代码清单 8-10 所示。

代码清单 8-10　将应用程序打包成 Dockerfile 中容器的脚本

```
# Docker file for simple NLP app
# Author: Dattaraj J Rao
# For Book: Keras2Kubernetes

# 从最新的 Ubuntu 镜像开始
FROM ubuntu:latest

# 安装最新更新
RUN apt-get update -y

# 安装 Python 并构建库
RUN apt-get install -y python-pip python-dev build-essential

# 将所有文件从当前文件夹 (.) 复制到容器的文件夹 (.)
COPY . .

# 设置工作目录容器的默认文件夹 (.)
WORKDIR .

# 安装需求文件中指定的依赖项
RUN pip install -r requirements.txt

# 定义容器启动时要运行的程序
ENTRYPOINT [ "python" ]

# 将文件作为参数传递给 entry 命令以启动应用程序
CMD [ "app.py" ]
```

希望注释很清楚，这样你就可以跟上每一步。我们从容器所需的操作系统开始，这里选择最新版本的 Ubuntu。我们运行更新并安装 Python 和一些构建工具，然后将现有文件夹中的所有文件复制到容器中，并运行 pip 来安装所有的 Python 依赖项。最后，以文件为参数运行 Python 命令来启动应用程序。

下面使用 Dockerfile 中的这个构建脚本，创建容器镜像。该镜像是容器的模板，一旦有了它，我们就可以根据需要拆分任意多个容器。

以下是构建镜像的命令。我把我的镜像命名为 dattarajrao/simple-nlp-app。你可以随意命名你的镜像，但我更喜欢使用惯例<<docker account>>/<<image name>>。这样可以非常容易地将镜像上传到 Docker 镜像库，如代码清单 8-11 所示。

代码清单 8-11　构建 Docker 容器镜像

```
$ ls
        Dockerfile
        app.py
        requirements.txt
              imdb_nlp.h5
```

首先来看当前文件夹，其中有应用程序的 Python 文件、Dockerfile 文件、需求文件和自然语言处理模型二进制文件。如果是更复杂的应用程序，就会有更多的像 HTML、CSS 和 JavaScript 这样的文件，但这里是非常简单的应用程序。下面构建容器：

```
$ docker build -t dattarajrao/simple-NLP-app
```

以下是该命令的合并输出。我们在 Dockerfile 中有 8 个步骤要运行，每个步骤都会运行并显示状态。如果任何一个步骤失败，你可以用谷歌搜索正确的命令，因为这些命令可能会因版本不同而改变。根据互联网连接，运行需要几分钟时间。它下载构建镜像所需的相关层：

```
Sending build context to Docker daemon  32.34MB
Step 1/8 : FROM ubuntu:latest

        << will take some time to download image >>

 ---> 113a43faa138

Step 2/8 : RUN apt-get update -y

        << will take some time to run command >>

 ---> a497349f5615

Step 3/8 : RUN apt-get install -y python-pip python-dev build-essential

        << will take some time to run command >>

 ---> dd4b73ae6437
```

```
Step 4/8 : COPY . .
 ---> 6cedbaa3a50a

Step 5/8 : WORKDIR .
 ---> Running in 1f83ed6e49b3
Removing intermediate container 1f83ed6e49b3
 ---> 87faae5504c6

Step 6/8 : RUN pip install -r requirements.txt
 ---> Running in e4aa8eeff06d
Collecting Flask==1.0.2 (from -r requirements.txt (line 1))
  Downloading

      << will take time to download,install dependencies >>

Removing intermediate container e4aa8eeff06d
 ---> 1729975b6f07

Step 7/8 : ENTRYPOINT [ "python" ]
 ---> Running in 24dec1c6e94b
Removing intermediate container 24dec1c6e94b
 ---> c1d02422f07

Step 8/8 : CMD [ "app.py" ]
 ---> Running in 53db54348f94
Removing intermediate container 53db54348f94
 ---> 9f879249c172

Successfully built 9f879249c172
Successfully tagged dattarajrao/simple-nlp-app:latest
```

现在我们创建了可以在镜像列表中看到的 Docker 镜像。该镜像被标记为 dattarajrao/simple-nlp-app:latest。这个名称用于引用镜像并从中构建容器。我们还将使用该名称将这个镜像推送到中央容器存储库，比如 DockerHub。让我们先看看机器上的镜像列表：

```
$ docker images
```

REPOSITORY	TAG	IMAGE ID	CREATED	SIZE
dattarajrao/simple-nlp-app	latest	9f879249c172	25 minutes ago	1.11GB
ubuntu	latest	113a43faa138	5 months ago	81.2MB

可以看到创建并下载了两个镜像：一个是我们创建的应用程序镜像；另一个是下载的最新的 Ubuntu 镜像，该镜像放在机器上，用于在顶部构建应用程序镜像。

现在我们将运行这个镜像来创建一个容器。该容器是这个镜像的一个实例，并充当虚拟机。它的创建会更快（以毫秒为单位），并且大小会小得多。一旦被创建，容器就会有它自己的 IP 地址，并且在实际应用中像一台单独的机器一样工作，如代码清单 8-12 所示。

代码清单 8-12　运行新创建的容器镜像

```
$ docker run -p 1234:1234 dattarajrao/simple-NLP-app:latest
```

该命令将 Docker 镜像作为样板创建一个容器。因为容器是一台带有 IP 地址的独立机器，所以需要一种方法来访问应用程序。因此，使用−p 选项将端口 1234 从机器映射到容器端口。容器会启动并运行 Flask 应用程序运行所需的 Python 应用程序。因为我们最初是在应用程序中加载自然语言处理模型的，所以 Keras 会下载 IMDB 数据集，以获取向模型提供数据的词汇表。下面是我们会看到的典型输出：

```
Using TensorFlow backend.

Downloading data from https://s3.amazonaws.com/text-datasets/imdb_
word_index.json
1654784/1641221 [==============================] - 9s 5us/step

* Serving Flask app "app" (lazy loading)
* Environment: production
   WARNING: Do not use the development server in a production
environment.
   Use a production WSGI server instead.
 * Debug mode: off
 * Running on http://0.0.0.0:1234/ (Press CTRL+C to quit)
```

不用担心开发服务器警告。Flask 本身提供了实验性的 Web 服务器，它适用于演示，但不适用于生产。通常是将应用程序插入完整的 Web 服务器，如 NGINX。可以在 Flask 文档中查找如何做到这一点。

既然已将 1234 端口从本地机器映射到了容器，那我们应该能够在本地主机上看到应用程序了。

在 Web 浏览器中，转到http://localhost:1234/process，应该会看到图 8-8 中的屏幕。

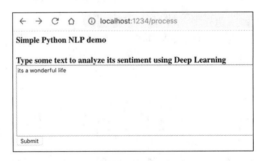

图 8-8   本地主机上的演示

输入短语，然后单击 Submit 按钮。这里输入了短语 "its a wonderful life"，图 8-9 显示了结果。

图 8-9   结果显示在本地主机上

8.4　将 Docker 镜像推送到存储库

下面把这个容器镜像推送到名为 DockerHub 的公共 Docker 镜像库。某些组织可以根据需要维护自己的私有镜像存储库。对于本例，我们将使用 DockerHub。

在推送镜像之前，你需要一个账户。推送镜像时，镜像的标签名称应该与你的 DockerHub 账户相匹配。对我来说，我的 DockerHub 账户名是 dattarajrao，因此我可以用代码清单 8-13 所示的命令推送镜像。

代码清单 8-13　将镜像推送到 DockerHub 的 Docker 存储库

```
$ docker login
```

使用你的 Docker ID 登录，从 DockerHub 中推送和提取镜像。如果你没有 Docker ID，那就去 DockerHub 网站创建一个。

```
Username: dattarajrao
Password: ***********
Login Succeeded

$ docker push dattarajrao/simple-nlp-app
b0a427d5d2a8: Pushed
dcf3294d230a: Pushed
435464f9dced: Pushed
fff2973abf54: Pushed
b6f13d447e00: Mounted from library/ubuntu
a20a262b87bd: Mounted from library/ubuntu
904d60939c36: Mounted from library/ubuntu
3a89e0d8654e: Mounted from library/ubuntu
db9476e6d963: Mounted from library/ubuntu
latest: digest: sha256:5a1216dfd9489afcb1dcdc1d7780de44a28df59934da7fc3a
02cabddcaadd62c size: 2207
```

该镜像现在被推到 Docker 仓库，其他人也可以访问它。你会注意到，这种推动是一层一层发生的。这样，只有更改才会被重写，而不是每次写入整个镜像。我们现在可以在 Kubernetes 部署中使用它了。

8.5　将应用程序作为微服务部署在 Kubernetes 中

现在，应用程序与人工智能模型及所有依赖项已经打包成一个 Docker 容器，我们可以将其部署到 Kubernetes 生态系统中。就像前一章中的常规 Web 应用程序一样，下面我们将为这个包含人工智能模型的应用程序创建部署。

我们先为部署创建一个 YAML 文件，如代码清单 8-14 所示。

代码清单 8-14　部署 Web 应用程序的 YAML 文件（simple-nlp-app.yaml）

```
apiVersion: apps/v1
kind: Deployment
metadata:
  name: simple-nlp-app-deployment
  labels:
    app: simple-nlp-app
spec:
  replicas: 3
  selector:
    matchLabels:
      app: simple-nlp-app
  template:
    metadata:
      labels:
        app: simple-nlp-app
    spec:
      containers:
      - name: simple-nlp-app
        image: dattarajrao/simple-nlp-app
        ports:
        - containerPort: 1234
```

这个 YAML 文件看起来非常像上一章的 simple-app.yaml 文件。因为所有的人工智能逻辑都被捕获在 Docker 容器中，所以 Kubernetes 部署非常标准。唯一的主要变化是 Docker 镜像和容器端口的名称。下面将使用这个 YAML 文件创建部署，如代码清单 8-15 所示。

代码清单 8-15　部署 YAML 文件

```
$ kubectl create -f simple-nlp-app.yaml
deployment.apps/simple-nlp-app-deployment created
```

使用这个 YAML 文件创建部署。它会创建容器，容器由镜像 dattarajrao/simple-app 指定：

```
$ kubectl get deployments
NAME                        DESIRED   CURRENT   UP-TO-DATE   AVAILABLE   AGE
simple-nlp-app-deployment   3         3         3            3           58s
```

根据 Keras 模型的大小，容器大小会增加。因此，创建容器可能需要一些时间，因为它必须从存储库中下载镜像。过一段时间，你会看到所有的 pod 都在运转：

```
$ kubectl get pods
NAME                                        READY   STATUS    RESTARTS   AGE
simple-nlp-app-deployment-98d66d5b5-518x6   1/1     Running   0          1m
simple-nlp-app-deployment-98d66d5b5-95c9m   1/1     Running   0          1m
simple-nlp-app-deployment-98d66d5b5-bvnq5   1/1     Running   0          1m
```

我们可以用 YAML 文件来定义服务，以发布之前的部署。另一种快速创建服务以公开部署的方法是使用 expose deployment 命令：

```
$ kubectl expose deployment simple-nlp-app-deployment
--type=NodePort
```

现在，可以看到一个与我们创建的部署同名的服务。如果我们使用 Minikube，就可以使用以下命令快速获取服务的 IP 地址：

```
$ minikube service simple-nlp-app-deployment --url
http://192.168.99.100:32567
```

根据你的设置，结果会有所不同。如果正连接到 Kubernetes 集群，那么应该能够为你的服务获得外部 IP 地址。一旦有了它，就可以使用浏览器中的链接来访问应用程序，见图 8-10。

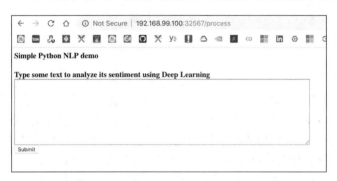

图 8-10　作为 Docker 应用程序访问应用程序

就这样，自然语言处理分析应用程序被打包成了一个 Docker 容器，并在 Kubernetes 生态系统中运行。现在，可以利用 Kubernetes 提供的所有基础架构功能，如扩展、故障迁移、负载平衡，等等。

8.6　小结

在本章中，我们使用 Python 和 Flask 框架开发了一个 Web 应用程序，将其打包成 Docker 容器并部署到公共容器注册中心；更新了此应用程序，来调用深度学习自然语言处理模型并在网页上显示结果；超越了命令行和数据科学 Notebook，学会了如何实际推动模型，并让它们与 Web 应用程序一起运行。现在，我们可以利用 Kubernetes 平台的强大功能来扩展和负载平衡这些人工智能应用程序，并使它们安全和稳健。

在 Web 应用程序中部署模型只触及皮毛，我们需要能够将构建人工智能模型所涉及的数据科学步骤整合到软件开发生命周期中。如果要使用非常先进的敏捷实践，如 CI 和 CD，我们不仅需要能够集成和交付代码，还需要交付深度学习模型。这就是下一章将讨论的内容。我们将研究典型的机器学习模型生命周期和开发过程，并探索一些最佳实践和工具，使部署更加容易和自动化。

8

## 第 9 章

机器学习开发生命周期

在上一章中，我们部署了人工智能模型，其中一起打包了一个响应 HTTP 请求的 Web 应用程序。我们了解了如何用样本数据开发、训练和验证这个模型；然后将该模型部署到一起打包为 Docker 容器的 Web 应用程序中。该容器随后作为平台的微服务部署在 Kubernetes 上，实现扩展、故障迁移和负载平衡等基础架构功能。这种方法是高度定制的，需要应用程序代码和模型紧密耦合。软件工程师需要确切知道如何调用模型，并管理模型的运行时。更好的方法是将模型部署为独立的微服务，并让应用程序用商定的轻量级协议调用该微服务。这样，应用程序就有了自己的开发生命周期，模型也有了自己的生命周期。这种机器学习开发生命周期在业界越来越受欢迎。

在本章中，我们将讨论机器学习开发生命周期的步骤；研究数据科学家在处理数据科学问题（如数据收集、清洗和结构化）时不同步骤中所使用的最佳实践；探索根据数据类型和正在解决的问题选择最佳建模技术的策略；学习模型在云和边缘产品中的部署；了解可用的硬件加速器，它们可以使在边缘设备上的模型训练和推理更快。

9.1　机器学习模型生命周期

在机器学习项目概念化和问题领域被理解后，模型开发过程就应该开始了。图 9-1 显示了模型开发生命周期中涉及的一般步骤。你可能会在其他图书和网站上看到不同的版本，但本质应该一样。

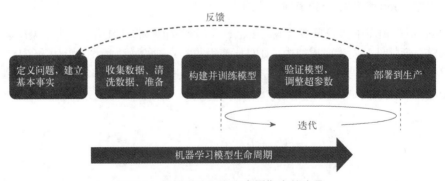

图 9-1　机器学习开发生命周期中的步骤

数据科学家在构建人工智能系统时通常遵循这些步骤。在整个机器学习生命周期中，有许多耗时的、需要手动完成的活动。我们需要为数据科学家提供工具，来处理流程中大多数手动、重复和耗时的工作。这些工具有助于自动化从收集数据到构建有用模型的整个流程中的主要部分，这个流程通常叫作机器学习模型**管道**。

在这一章中，我们将讨论机器学习生命周期的每一步，并介绍有助于让生活更轻松的工具。这个过程的最后一步——部署到生产——需要数据科学家和软件开发人员之间的积极协作。我们的工具不仅可以自动化数据科学家的工作，而且还可以自动化开发人员的工作。正如你会想到的，Kubernetes 就是这样一个工具，它可以帮助将软件部署为微服务，从而使管理和扩展更容易。Kubernetes 负责许多基础架构的问题，如可扩展性、故障迁移和负载平衡。使用一些特殊的**插件**或**扩展**，Kubernetes 可帮助直接部署打包为微服务的机器学习模型。我们会看到一些示例，使用一种建立在 Kubernetes 之上的特殊解决方案——Kubeflow。

现代软件应用程序不再仅仅依赖于固定的规则或编入代码的逻辑。我们可以看到越来越多的应用程序利用数据驱动模型从数据中学习模式并做出预测。机器学习模型创造重大突破，而现代软件开发包括了将机器学习模型与现有代码集成的步骤。大多数情况下，这些集成往往是高度定制的，可重用性较差，需要数据科学家和软件开发人员之间非常紧密的协作。

当下，我们的工作是构建工具来帮助自动化这些步骤，这与 CI 和 CD 工具如何自动化软件开发生命周期（SDLC）没有什么不同。具体到机器学习，我们看到机器学习或数据科学平台的出现，旨在让数据科学家的工作更加轻松。这些平台的示例有亚马逊 Web 服务（AWS）SageMaker、SalesForce 的 Einstein 平台、Facebook 的 FBLearner Flow、谷歌 AutoML 和 Azure 机器学习工作室。你可能在新闻中见过这些名字，甚至用过其中一些。它们提供了高度用户友好的基于 Web 的环境，在这个环境中，数据科学家可以连接到数据源，处理他们的数据，并构建和训练准备部署的机器学习模型。

下一章将探讨用于机器学习生命周期中每一步的一些最好的工具，并在 Kubernetes 上构建机器学习管道。在此之前，我们先来谈谈机器学习模型生命周期中的每一步。

9.1.1 步骤 1：定义问题，建立基本事实

和解决任何工程问题一样，第一步是清楚地定义试图解决的问题。很多时候，我们看到项目开始于一组现成的数据，并围绕这些数据定义了一个问题。你可以摆脱它，你所拥有的数据会为你提供相关的见解。但是，强烈建议你在开始收集并处理数据之前，明确你试图解决的问题以及成功对你意味着什么。如果一开始就坚持数据优先，而不是问题优先，你往往会受到数据偏差的影响（就像模型受到偏差影响一样，如第 2 章中提到的模型）。

随着人工智能和机器学习变得如此流行，并且容易以库和 Python 代码的形式访问，采用数据优先的方法也变得非常容易。我看到许多人利用一些容易获得的数据，尝试应用人工智能来解决问题。你可能很幸运，发现了有价值的好问题。但是我们通常建议花些时间了解系统，以及你

能解决哪些问题。

　　建议你清楚地了解问题领域，见见用户和系统专家，并尽可能多地提问。找出影响你所面临问题的因素，找出正在研究的系统中可测量的元素，确定存在哪些指标以及需要添加哪些新指标。建议根据第 2 章中讨论的因变量和自变量来考虑这一点。试着用因变量描述问题，并找出影响这些变量的自变量。有时，你可能觉得现有的数据源无法完全依赖于正在解决的问题。在这种情况下，你也许可以在系统中提出一种新的测量方法。然而，对于大多数系统来说，必须使用可用的数据。

　　此外，一旦建立了人工智能系统，就需要用一些东西来衡量它。强烈建议在一开始就清楚地定义什么是**基本事实**。这就是你将用来衡量人工智能性能的标准。

　　例如，假设你正在构建一个人工智能系统，它可以查看安全摄像机的录像，以监控进出停车场的汽车。你的目标是拥有一个像人类一样擅长检测汽车的系统，也许可以记录车牌号码，并记录进出停车场的车辆数量。这些操作中的每一个都是一个问题陈述，你将在此基础上构建特定的机器学习解决方案或模型。怎么知道你的系统在解决这些问题上是和人类一样好还是更好呢？为此，需要基本事实作为参考。

　　你可以观看同一个停车场拍摄的汽车进出录像，让一个人坐在那里，当一辆汽车出现在屏幕上时记录车牌，并记录进出的汽车数量。可以想见，这是一项相当辛苦的活动。强烈建议你清楚地建立基本事实，作为人工智能问题的参考，并有计划收集相关信息。

9.1.2　步骤 2：收集、清洗和准备数据

　　如果你在上一步足够努力，定义了问题并建立了基本事实，就会非常清楚在系统中有些什么数据源可用。这些数据可以来自传感器、平面文件、数据库、历史数据、摄像机、网站，等等。数据会被用于训练模型，因此非常适用于"垃圾进，垃圾出"（GIGO）原则。如果给它不良数据，就会有错误的模型，不能很好地在真实的数据上应用。

　　很多时候，你可能觉得当前的数据源不能很好地估计要解决的问题。就像前面的汽车进出车库的示例一样，如果摄像头不对准入口和出口，就不会有好的录像用来分析和跟踪汽车。这种情况下，在进行大量分析前，你需要为摄像机设置正确的安装位置和安装角度。

　　一旦收集到正确的数据，测量数据中的噪声并**清洗**它就很重要了。典型的步骤是从数据源中收集样本，并对其应用**描述性统计**。可以查看 Excel、MATLAB 或 R 等工具中的统计摘要或图表。如果数据是非结构化的（如图像和视频），则可能需要花一些时间来手动检查数据中的噪声。噪声数据会对人工智能模型的性能产生重大的负面影响。

　　数据清洗是使现场数据处于干净状态的非常重要的一步，干净的数据可用于训练人工智能模型。数据清洗是指从数据集中删除或替换不良或缺失的数据。不良或缺失的数据可能是由于监测传感器的传感设备出现故障，数据通过网络发送到分析时通信中断，在数据库中输入数据时的人

为误差，等等。数据清洗可能涉及**删除**不良/缺失记录或用新值**替换**这些数据点。第三种选择是引发**错误**，当数据不好时不进行处理。这通常用于关键任务系统。这可以用 Excel 这样的基本工具来完成，也可以用 MATLAB 或 Python 进行复杂的编程，甚至用专用的数据清洗工具来完成。数据清洗方法所需的复杂程度将取决于噪声数据对结果的影响。

假设你利用恒温器收集室温值，这一数据被结构化为一系列随时间变化的值（**时间序列**），每个数据点代表某个时间的室温值。再假设在某些时候，你会得到嘈杂的数据或不良数据，比如 -9999 或 9999 的温度读数或 NULL 值。根据数据收集系统，这些值将表示由于传感设备故障导致的不良数据。现在要过滤这些数据点，忽略它们，本质上由于无法获得好的数据，你不希望模型考虑这些数据点。当你有许多数据点且某些点并不重要时，通常可以使用这种方式。这里需要注意的是，在忽略这些数据点的期间，系统可能经历一些重大变化，而这些变化无法被系统捕获。

另一种选择是**估算**缺失的数据点。当数据连续缺失时，这种方式通常更好。例如，你在记录恒温器上的温度时，由于电池没电导致出现两个小时的不良数据。你可以用电池没电前后的平均室温来填充数据，或者用当天的平均室温来确定这些数据点。根据问题域，你可以选择估算缺失数据的策略。

如果问题非常重要且缺失的数据可能导致重大问题，那么你会将其看作系统**错误**，而不是试图用不良数据进行任何预测。例如，如果你正在测量患者的心跳并且得到了不良数据，那么强烈建议将其标记为错误，而不是尝试进行插值处理。

一旦开始收集数据并准备好数据清洗策略，下一步就是准备数据供模型使用。这涉及**特征工程**和将数据分成训练集和验证集。特征工程是从原始数据中提取相关特征，以便将其用于构建模型。如果你拥有时间序列这样的结构化数据，那么特征工程就涉及识别感兴趣的特征，并尽可能消除冗余和重复的数据。对于非结构化数据，根据数据类型，特征工程可能涉及许多专门技术。例如对于图像数据，你可能希望通过将图像转换为灰度、调整大小、裁剪等来仅提取相关特征（像素值）。这些方法将减小图像的大小，并且只保留有助于预测模型的相关数据。

我们看到许多数据有限的机器学习项目倾向于将所有数据用于训练，这样就没办法来验证模型是否对训练数据过拟合。需要确保为训练和验证收集数据，并将它们分开。

可以使用数据扩充等技术来增加数据量。我们在标识图像分类问题中提到过这样的示例。通常建议使用扩充技术或方法为训练集生成非自然数据。最好让验证集尽可能接近真实数据。

这就好比你是一名教师，在课上你会在不同主题上训练学生，如果学生已经学习了某个主题，你就会想在考试中找些有挑战的问题来真正测试他们。这些问题可能来自书本之外，这样你就可以验证学生是否真正学会了这个主题。同样，你希望验证数据具有挑战性，这样，如果在这些数据上能获得好的精度分数，你就知道手头有了好的模型。

很多时候，现场数据或存储的可用数据并不是你希望训练模型的格式。你可能需要进行格式转换，才能以想要的格式获取数据来进行训练。例如，视频数据通常以高度压缩的 H.264 格式存储。然而，要在计算机视觉或深度学习应用程序中使用它，需要使用 H.264 编解码器进行解码，并转换为三维像素阵列进行分析。数据格式是模型开发周期中需要考虑的部分。

9.1.3 步骤 3：构建和训练模型

现在，我们定义了问题，识别了数据源，清洗了数据，分离了相关特征，并将数据集分成了训练集和验证集，接下来就开始构建模型并对其进行训练。为了节省返工时间，在构建模型之前充分考虑这些步骤是非常重要的。

第 2 章和第 4 章介绍了不同的机器学习和深度学习建模技术。图 9-2 显示了选择模型时可以遵循的高级策略。作为一名数据科学家，你可能（也应该）找到自己的方法来规划这个策略，这里的方法可作为参考。

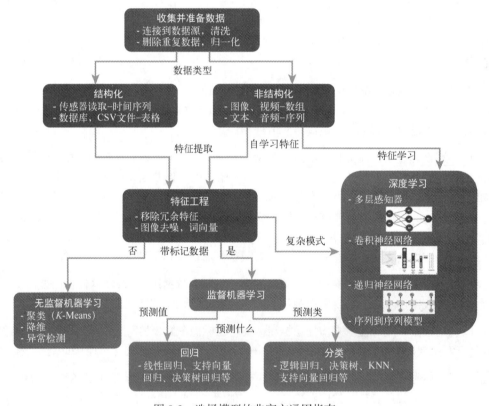

图 9-2　选择模型的非官方通用指南

先要理解数据的类型——结构化或非结构化。对于结构化数据，每个特征或列都与我们的问题有着重要的联系。这种类型的数据通常是表格格式（如数据库表）或者时间序列格式（如传感器读数）。非结构化数据可能是图像、文本、音频或视频——它在计算机内存中以数组或数组序列的形式表示。这里，每列数据单独来看都没有意义，通常是图像的像素强度值或文本的词嵌入。这些数值只有在图像或文本序列中被视为整体时才有意义。

对于结构化数据和非结构化数据，可以进行一些特征工程。这里，我们试图删除一些没有意义的特征，或者运行提取有价值特征的计算机视觉或自然语言处理方法。例如，在前面监控汽车进出停车场的示例中，可以将大图像裁剪到较小的窗口中，仅显示可能出现汽车的停车场大门。其余的图像数据不相关，可以删除。特征工程对于结构化数据尤其重要。

在进行特征工程后，可以应用第 2 章讨论的监督或无监督机器学习技术。监督机器学习是给数据贴上标签来指导训练，而无监督机器学习是试图在不知道现有标签的情况下发现模式。

下面我们跳过特征工程，使用第 4 章谈到的深度学习技术。深度学习可以帮助我们构建**端到端模型**，以原始格式获取数据，并自动提取重要特征。这对于无监督数据尤其重要。可以将图像或文本形式的原始数据传递给深度学习模型，通过许多层，模型提取重要特征。从像素值等最低级别的特征开始，在每一层尝试提取高级别特征。通过这种方式，可以将复杂的三维像素阵列映射到 10 个数字的阵列，表示图像可能属于 10 个类别。

根据正在处理的数据类型，存在一些特定的已标准化的神经网络架构。对于图像分析，卷积网络作为可选架构已被广泛接受。对于文本或音频等数据序列，行业标准是使用递归神经网络，尤其是 LSTM。为了将一个序列转换成另一个序列，例如文本从一种语言到另一种语言或者从文本到语音，我们还有新的架构——序列到序列模型。你可能会看到一种流行的神经网络架构，它已被其他人用来解决类似的问题。例如，一种叫作 VGG-16 的特殊类型的卷积神经网络架构在图像识别领域非常受欢迎。如果你有类似的问题，可以用特定的架构构建模型，并使用数据对其进行训练。另一种选择是采用带有权重的现有模型，使用迁移学习来训练数据。第 4 章有这方面的示例。

为了实际构建模型，可以使用通用的编程方法。这里，使用我们喜欢的数据科学语言（如 Python、R 或 MATLAB）构建模型，然后以二进制格式存储模型以供部署。最近，许多人工智能工作台受到了关注，它们允许数据科学家通过编写最少的代码或者不编写代码来构建模型。我们见过谷歌 Colaboratory，它帮助我们在不安装任何软件的情况下，在云 CPU 和 GPU 上运行 Python 代码。有了 H2O 和 DataRobot 这样的人工智能工作台，即使模型开发也可以自动化。H2O.ai 提供一个 Web 接口，如图 9-3 所示，允许从 CSV 文件和数据库上传数据，并帮助我们仅通过配置构建机器学习模型。

9

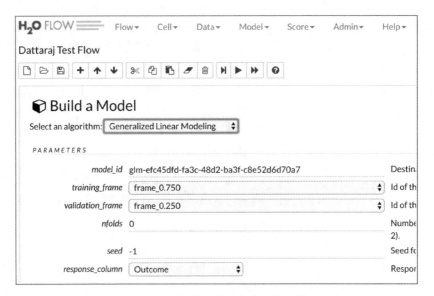

图 9-3　H2O 人工智能工作台允许无代码模型开发

9.1.4　步骤 4：验证模型，调整超参数

构建模型后，需要根据数据集对其进行训练和验证。在第一次尝试中，很少能获得关于训练集和验证集的精确数值，很可能需要调整多次来改善这些数值。在做出明显的初始决策后，比如使用什么样的机器学习技术或者采用什么样的深层架构，大部分的数据科学工作是在调整这些超参数。通过改变超参数的值，如层数、层中的神经元、学习率、激活函数类型等，你就可以理解如何提高模型的精度。虽然这些决策大多取决于你的领域和数据集，但经过多年的实践，专业的数据科学家还是会使用一些经验法则。像 H2O 这样的人工智能工作台会试图捕捉这些最佳实践，帮助用户相应地修改这些值。

最近，一种调整模型超参数的新技术非常受欢迎，这种技术叫作 AutoML。AutoML 仍在发展，但它本质上提供了一种构建和训练模型的自动化方式。其想法是，对于研究中的给定数据集，同时应用许多不同的浅层学习模型和深度学习模型。每个模型都有许多超参数，它们通常由数据科学家遵循的最佳实践决定。使用这些并行组合，可以为特定问题确定模型和超参数的最佳组合。

谷歌一直大力推广 AutoML，将其作为神经网络构建新神经网络的技术。我们之前看到的 H2O 工作台也支持 AutoML。当我们针对给定的问题在 H2O 中运行 AutoML（带有训练数据和验证数据）时，它会并行尝试几种模型和参数组合，然后显示一个包括前几个模型及其排名的排行榜，如图 9-4 所示。

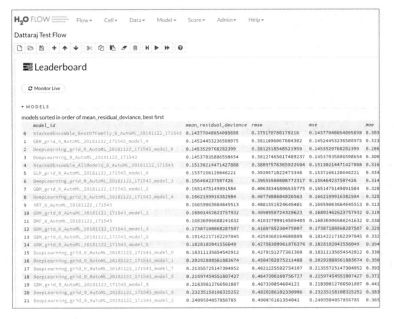

图 9-4 AutoML 排行榜的 H2O 人工智能示例

9.1.5 步骤 5：部署到生产中

用可接受的精度数字对模型进行训练和验证后，可将其部署到生产中。如上一章所述，这可以用 Web 应用程序来完成，把数据送到从用户界面收集的模型中。这里要记住的是，在训练过程中对数据进行的任何预处理现在也应该在推理过程中进行。例如，对于图像数据，除以 255，这样就可以将值归一化为 0～1。在馈送到模型之前，同样的事情必须在 Web 应用程序中完成，之后必须评估模型的结果。

像 MATLAB 和 R 这样的环境能够将模型打包成可执行文件并部署在系统上。最近，基于云的模型部署受到了很多关注。亚马逊 Web 服务 SageMaker 就是一个例子。AWS SageMaker 为开发人员提供了 Jupyter Notebook 来构建模型。数据可以从 Web 或 AWS S3（简单存储服务）中获取，后者存储任何类型的文件。在使用代码进行训练和验证之后，该模型可以自动部署在云中，并按比例扩展以在多台机器上运行。

在前面的示例中，我们将模型打包为 Docker 容器中的微服务，并将其部署在 Kubernetes 集群上。扩展、故障迁移和负载平衡由 Kubernetes 负责。然而，你必须编写应用程序代码来包装模型文件。此外，来自用户的输入必须格式化并馈送到从代码调用的模型中。谷歌开发了一个开源解决方案，名为 TensorFlow-Serving，它允许将模型文件自动打包到微服务和部署。现在可以使用 REST API 通过 HTTP 调用来调用它。TensorFlow-Serving 还支持谷歌的高性能远程过程调用协议。下一章将进一步讨论这个主题。

9.1.6   反馈和模型更新

请记住，在生产中部署模型并不表示工作已完成，还需要有一个持续的反馈机制来观察模型对真实数据的表现。由于一些原因，模型经常会无法获得真实的现场数据。模型可能需要重新校准，用新数据重新调整和部署。从构建模型到在生产中部署的机器学习生命周期，其中可能涉及几次迭代。这种迭代的本质应在机器学习平台中考虑，并使用自动化的工具来监控性能、重建模型、重新训练它，并将新版本部署到生产中。

说明   理想情况下，每个新模型部署都应该和代码部署分离。你并不希望你的软件团队在生产中领导新的机器学习模型的部署并试图调试问题。机器学习平台应该能够让数据科学家验证数据上的新模型并部署它。一个好的机器学习平台应该有自动化工具，可以在最少的人工干预下自动部署新版本的模型。

随着时间的推移，模型的性能也可能下降。其原因可能是环境变化、校准不正确等，或者为训练和验证模型而收集的数据不再有效。系统改变了，需要重新训练。你应该谨慎地考虑在软件过程中重新训练系统，因为不可能发布一个通用模型来永久解决问题。几次之后，需要在新数据上修改和重新训练模型，并再次部署它。开发过程应该包含这个变更管理步骤，这样，你就有了收集新数据、验证模型、重新训练和部署新版本的既定流程。

Kubernetes 可以极大地帮助你重新训练和部署模型。诸如 Kubeflow 之类的新工作流程工具正在不断发展，可以帮助你构建机器学习管道，其中包括规定以测试新数据上的模型，构建新模型并将其部署到生产中。这些系统与现有的连续集成工具相结合，会使部署变得非常简单。下一章会讨论这些更新的工具。

9.2   边缘设备上的部署

目前，我们已讨论了使用 Kubernetes 这样的平台在云或内部服务器中的部署。但是，很多时候，我们需要分析接近源的数据，并提供结果以立即采取行动。在专用硬件上的边缘部署有其自身的限制。这些模型被打包成二进制文件，通常由用 C 或 C++ 编写的嵌入式代码调用。部署人工智能模型的另一种方式是将其打包为移动应用程序，并部署在功耗相对低（与云服务器相比）的移动设备上。

这些移动和边缘设备受限于其处理能力和内存大小。因此，在这些设备上运行的模型需要非常高效和轻量级。此外，这些设备经常使用硬件加速来使模型运行得更快，常用于现场发生的特定活动的实时警报。例如，如果想用能看到汽车进入的摄像头来控制停车场的大门，就需要能检测汽车在边缘设备上行驶的模型，并在汽车接近时实时调用开门的电路。

现代边缘设备由硬件加速芯片支持，以支持深度学习模型。其中最受欢迎的芯片之一是 NVIDIA GPU。GPU 最初是专门用来在屏幕上快速呈现复杂图形的芯片。用于笔记本计算机和游戏机的显卡都嵌入了 GPU 芯片。这些芯片可以支持大规模并行线性代数计算。它们有数千个处理核心，可以并行执行这些操作，并在屏幕上呈现图像。

事实证明，对于高级深度学习，我们还需要进行大量并行线性代数计算。NVIDIA 开始扩展其图形卡用于计算，它们变得非常受欢迎。现在 NVIDIA 为深度学习制作了复杂的 GPU 卡。它还开发了像 DGX-1 这样的高端系统，其中有多个这样的 GPU 卡作为一个单元，非常快速地解决复杂的深度学习问题。GPU 背后的想法非常简单。CPU 芯片是一种通用芯片，可以非常快速地按顺序完成复杂类型的操作。使用多核 CPU，我们可以获得并行性，但这会非常有限。GPU 将这些基本内核扩展到成千上万个核心。因此，我们得到了并行计算的真正好处。

截至 2018 年，其他公司开始进入这一深度学习芯片组领域。谷歌推出了张量处理单元（TPU），其运行原理与 GPU 相同，但声称功耗更低。微软正在投资一项名为现场可编程门阵列（FPGA）的技术，该技术允许处理器的程序化开发。微软声称，使用 FPGA 给他们带来了更大的好处，类似于 GPU 的并行计算。

这项技术正在不断发展。虽然 NVIDIA 是 GPU 的市场领跑者，但竞争者正在迎头赶上。我相信几年后，我们将能够肯定地说，一种特定的技术是领先的，而一种特定的芯片最适合在边缘部署深度学习模型。

为了实际展示相比 CPU，GPU 和 TPU 是如何改进深度学习模型训练时间的，让我们在不同的系统上运行相同的代码并来分析性能。对此的简单方法是在谷歌 Colaboratory 中构建 Jupyter Notebook，使我们可以在双核 CPU、NVIDIA K80 GPU 和谷歌 TPU 之间切换运行时。这样，就可以在这 3 个环境中分别测试代码。

首先，我们将确定什么设备连接到谷歌 Colaboratory 实例——GPU、TPU，或只有 CPU。请记住，GPU 和 TPU 都是辅助芯片，机器仍需要 CPU 来运行主操作系统。下面来看代码清单 9-1 中的代码。

代码清单 9-1　检查 TPU、GPU 是否连接

```
# 导入必要的库
import tensorflow as tf
import os

# 检查 GPU 是否存在
gpu_exists = (tf.test.gpu_device_name() != '')
# 检查 TPU 是否存在
tpu_exists = (os.getenv('COLAB_TPU_ADDR') is not None)

# 如果连接了 GPU 设备
if gpu_exists:
    print('GPU device found: ', tf.test.gpu_device_name())
# 如果连接了 TPU 设备
elif tpu_exists:
    print('TPU device found: ', os.getenv('COLAB_TPU_ADDR'))
```

9

```
else:
    print('No GPU or TPU. We have to reply on good old CPU!')

print ('----------------')
print ()
print ()
print('---------- CPU configuration --- START ----------')
command = 'cat /proc/cpuinfo'
print (os.popen(command).read().strip())
print('---------- CPU configuration --- END ----------')

print('---------- Memory configuration --- START ----------')
command = 'cat /proc/meminfo'
print (os.popen(command).read().strip())
print('---------- Memory configuration --- END ----------')
```

你可以创建一个新的谷歌 Colaboratory Notebook，并在单元块中输入该代码。然后，逐一选择提供的 3 个运行时选项。选择每个运行时后，单击 CONNECT 委托云虚拟机，当该虚拟机准备就绪时，运行此代码。你将了解机器的配置，并区分 GPU 和 TPU。这段代码是谷歌 Colaboratory 特有的，但可以很容易地针对你拥有的特定边缘硬件进行修改。

在 Runtime 菜单下，你可以选择 Change runtime type 选项，然后在 GPU、TPU 或 None 之间进行选择（见图 9-5）。None 意味着只有 CPU 可用，没有硬件加速器。然后，你可以连接到该运行时，并在不同的实例上运行该代码块，以查看有什么硬件加速器。

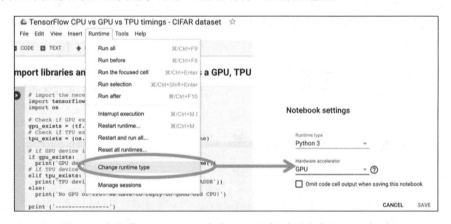

图 9-5   在谷歌 Colaboratory 中从 CPU 运行时更改为 GPU 运行时

我们将在 Keras 附带的标准 CIFAR 数据集上训练卷积神经网络，然后改变运行时，看看训练时间是如何变化的。可以看到，相同的代码可以在 GPU 和纯 CPU 上运行。对于谷歌的 TPU，需要进行一些修改。然而，随着 TPU 技术的发展，我认为相同的代码也即将能够在 TPU 上运行。理想情况下，硬件加速芯片不应该影响代码。只要为 GPU 或 TPU 配置了正确的驱动程序，相同的代码就应该能够在多个环境中运行。毕竟，这是 TensorFlow 和 Keras 这样的平台具有的能力，如代码清单 9-2 所示。

代码清单9-2　加载数据集，显示一些样本图像和创建模型

```python
# 导入库
from tensorflow import keras
import numpy as np
# 配置绘图
import matplotlib.pyplot as plt
%matplotlib inline

# 导入数据集
dataset = keras.datasets.cifar10

# 收集训练数据和测试数据
(train_images, train_labels), (test_images, test_labels) = dataset.load_data()

# 定义 CIFAR 10 的类名
class_names = ['airplane', 'automobile', 'bird', 'cat', 'deer', 'dog','frog', 'horse',
'ship', 'truck']

# 绘制一些示例图像
plt.figure(figsize=(8,8))
for i in range(25):
    plt.subplot(5,5,i+1)
    plt.xticks([])
    plt.yticks([])
    plt.grid(False)
    plt.imshow(train_images[i])
    plt.xlabel(class_names[train_labels[i][0]])

# 预处理训练测试数据
x_train, x_test = train_images / 255.0, test_images / 255.0
y_train, y_test = train_labels, test_labels

# 构建卷积神经网络模型
model = tf.keras.models.Sequential([
        tf.keras.layers.Conv2D(32, (3, 3), padding='same',
input_shape=x_train.shape[1:]),
        tf.keras.layers.Activation('relu'),
        tf.keras.layers.MaxPooling2D(pool_size=(2, 2)),
        tf.keras.layers.Dropout(0.25),
        tf.keras.layers.Conv2D(64, (3, 3), padding='same'),
        tf.keras.layers.Activation('relu'),
        tf.keras.layers.Conv2D(64, (3, 3)),
        tf.keras.layers.Activation('relu'),
        tf.keras.layers.MaxPooling2D(pool_size=(2, 2)),
        tf.keras.layers.Dropout(0.25),

        tf.keras.layers.Flatten(),
        tf.keras.layers.Dense(512, activation=tf.nn.relu),
        tf.keras.layers.Dropout(0.2),
        tf.keras.layers.Dense(10, activation=tf.nn.softmax)
        ])
```

9

```
model.compile(optimizer='adam',
              loss='sparse_categorical_crossentropy',
              metrics=['accuracy'])


model.summary()
```

图 9-6 显示了示例图像。

图 9-6　来自 CIFAR-10 数据集的示例图像

现在我们已加载了数据并定义了模型，下面在数据集上训练模型。GPU 和 TPU 环境代码的模型开发部分是相同的。而 TPU 的模型执行代码略有不同，所以我们使用 tpu_exists 标记，它告诉我们是否附加了 TPU，如代码清单 9-3 所示。

代码清单 9-3　检查 TPU 是否已连接，并运行代码以训练模型——捕获时间

```
import datetime

# 捕获开始时间
st_time = datetime.datetime.now()

# 我们将训练 10 轮
num_epochs = 10
```

```
# 如果不是 TPU, 则运行简单的训练命令
if not tpu_exists:
    model.fit(x_train, y_train, epochs=num_epochs)

# 对于 TPU, 我们必须使用自定义数据结构
else:
        tpu_url = 'grpc://' + os.environ['COLAB_TPU_ADDR']
    tpu_model = tf.contrib.tpu.keras_to_tpu_model(
        model, strategy=tf.contrib.tpu.TPUDistributionStrategy(
                tf.contrib.cluster_resolver.TPUClusterResolver(tpu=tpu_url)
            )
        )
    tpu_model.compile(
            optimizer=tf.train.AdamOptimizer(learning_rate=1e-3, ),
            loss=tf.keras.losses.sparse_categorical_crossentropy,
            metrics=['sparse_categorical_accuracy']
        )

    # 定义训练函数
    def train_gen(batch_size):
        while True:
            offset = np.random.randint(0, x_train.shape[0] - batch_size)
            yield x_train[offset:offset+batch_size], y_train[offset:offset + batch_size]

    # 在 TPU 上拟合模型
    tpu_model.fit_generator(
        train_gen(1024),
        epochs=num_epochs,
        steps_per_epoch=100,
        validation_data=(x_test, y_test),
        )

# 训练后记录时间
end_time = datetime.datetime.now()

print('Training time = %s'%(end_time-st_time))
```

下面将运行时从 GPU 改为 TPU, 再改为 CPU, 并分别记录训练时间。我们将看到硬件加速如何有助于训练。训练通常是机器学习任务中比较耗时的环节。我们很可能会在推理时间里看到同样的性能提升, 如图 9-7 和代码清单 9-4 所示。

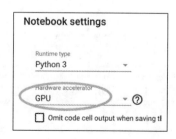

图 9-7 更改设置以使用 GPU

代码清单 9-4　在 GPU、TPU 和 CPU 上运行训练的结果

```
GPU device found:  /device:GPU:0

----------------
Epoch 1/10
50000/50000 [==============================] - 22s 430us/step - loss:
1.4497 - acc: 0.4754
Epoch 2/10
50000/50000 [==============================] - 19s 372us/step - loss:
1.0527 - acc: 0.6242
Epoch 3/10
50000/50000 [==============================] - 19s 386us/step - loss:
0.9037 - acc: 0.6807
Epoch 4/10
50000/50000 [==============================] - 19s 370us/step - loss:
0.8085 - acc: 0.7163
Epoch 5/10
50000/50000 [==============================] - 19s 376us/step - loss:
0.7259 - acc: 0.7443
Epoch 6/10
50000/50000 [==============================] - 18s 370us/step - loss:
0.6556 - acc: 0.7687
Epoch 7/10
50000/50000 [==============================] - 19s 375us/step - loss:
0.6067 - acc: 0.7864
Epoch 8/10
50000/50000 [==============================] - 19s 373us/step - loss:
0.5561 - acc: 0.8038
Epoch 9/10
50000/50000 [==============================] - 19s 375us/step - loss:
0.5156 - acc: 0.8187
Epoch 10/10
50000/50000 [==============================] - 19s 379us/step - loss:
0.4776 - acc: 0.8319
----------------

Training time = 0:03:11.096094

TPU device found:  10.12.160.114:8470

----------------
Epoch 1/10
100/100 [==============================] - 24s 243ms/step - loss: 1.6977
- sparse_categorical_accuracy: 0.3873 - val_loss: 1.4215 - val_sparse_
categorical_accuracy: 0.4956
Epoch 2/10
100/100 [==============================] - 16s 162ms/step - loss: 1.3143
- sparse_categorical_accuracy: 0.5318 - val_loss: 1.1858 - val_sparse_
categorical_accuracy: 0.5812
Epoch 3/10
100/100 [==============================] - 15s 151ms/step - loss: 1.1498
- sparse_categorical_accuracy: 0.5938 - val_loss: 1.0693 - val_sparse_
```

```
categorical_accuracy: 0.6247
Epoch 4/10
100/100 [==============================] - 16s 157ms/step - loss: 1.0443
- sparse_categorical_accuracy: 0.6324 - val_loss: 0.9734 - val_sparse_
categorical_accuracy: 0.6594
Epoch 5/10
100/100 [==============================] - 15s 152ms/step - loss: 0.9380
- sparse_categorical_accuracy: 0.6722 - val_loss: 0.9119 - val_sparse_
categorical_accuracy: 0.6779
Epoch 6/10
100/100 [==============================] - 14s 144ms/step - loss: 0.8462
- sparse_categorical_accuracy: 0.7031 - val_loss: 0.8745 - val_sparse_
categorical_accuracy: 0.6959
Epoch 7/10
100/100 [==============================] - 15s 148ms/step - loss: 0.7809
- sparse_categorical_accuracy: 0.7281 - val_loss: 0.8322 - val_sparse_
categorical_accuracy: 0.7050
Epoch 8/10
100/100 [==============================] - 15s 147ms/step - loss: 0.7181
- sparse_categorical_accuracy: 0.7507 - val_loss: 0.8213 - val_sparse_
categorical_accuracy: 0.7170
Epoch 9/10
100/100 [==============================] - 15s 148ms/step - loss: 0.6556
- sparse_categorical_accuracy: 0.7708 - val_loss: 0.7956 - val_sparse_
categorical_accuracy: 0.7236
Epoch 10/10
100/100 [==============================] - 14s 145ms/step - loss: 0.5934
- sparse_categorical_accuracy: 0.7922 - val_loss: 0.7902 - val_sparse_
categorical_accuracy: 0.7333
----------------

Training time = 0:02:58.394083

No GPU or TPU. We have to reply on good old CPU!

----------------
Epoch 1/10
50000/50000 [==============================] - 206s 4ms/step - loss:
1.4893 - acc: 0.4583
Epoch 2/10
50000/50000 [==============================] - 203s 4ms/step - loss:
1.1087 - acc: 0.6055
Epoch 3/10
50000/50000 [==============================] - 204s 4ms/step - loss:
0.9576 - acc: 0.6615
Epoch 4/10
50000/50000 [==============================] - 203s 4ms/step - loss:
0.8492 - acc: 0.7010
Epoch 5/10
50000/50000 [==============================] - 203s 4ms/step - loss:
0.7750 - acc: 0.7285
Epoch 6/10
50000/50000 [==============================] - 202s 4ms/step - loss:
0.7060 - acc: 0.7523
```

```
Epoch 7/10
50000/50000 [==============================] - 203s 4ms/step - loss:
0.6430 - acc: 0.7733
Epoch 8/10
50000/50000 [==============================] - 203s 4ms/step - loss:
0.5984 - acc: 0.7884
Epoch 9/10
50000/50000 [==============================] - 203s 4ms/step - loss:
0.5564 - acc: 0.8027
Epoch 10/10
50000/50000 [==============================] - 203s 4ms/step - loss:
0.5184 - acc: 0.8172
----------------

Training time = 0:33:54.456107
```

下面我们将更改 Colaboratory 中的设置，以包括 TPU，并返回到仅用 CPU。图 9-8 和图 9-9 显示了这些设置。

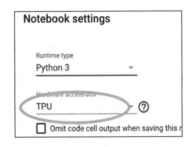

图 9-8　更改设置以使用 TPU

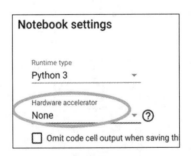

图 9-9　将设置更改为仅使用 CPU

我们发现，与 CPU（时间 33:54）相比，GPU（时间 3:11）和 TPU（时间 2:58）在训练深度学习模型方面表现得明显更好。我们得到了 10 倍的提升，也就是说，使用 GPU 或 TPU 的训练时间是原来的 1/10。这 30 分钟的基本模型训练时间非常宝贵。尤其是当数据科学家不得不尝试不同场景并训练成百上千个模型时，每种模型节省 30 分钟是非常宝贵的。因此，GPU 硬件非常昂贵。然而，如果我们的团队参与训练许多不同配置的模型，那么肯定会获得很好的投资回报。

　　由于技术的发展日新月异，因此 GPU 和 TPU 之间的这种比较并不具有代表性。新的 NVIDIA GPU 可以提供比 K80 更好的性能。与此同时，谷歌会提出更好的 TPU 选项。当新设备可用于验证性能时，我们可以使用此代码来测试它们。

9.3　小结

　　在这一章中，我们了解了机器学习模型开发生命周期。我们阐释了获取和清洗数据的步骤；学习了基于数据类型选择最佳建模技术的工作流程；研究了超参数调整过程和新推出的 AutoML 技术，它有助于找到最佳超参数；讨论了模型部署到生产；还探讨了边缘部署和使用硬件加速器，如 GPU 和 TPU，来提高训练和推理性能。

　　在下一章中，我们将详细介绍如何将机器学习模型部署到生产环境中，并了解一些可用的最佳工具。我们将讨论针对机器学习生命周期不同阶段的开源工具的示例，以及如何使用 Kubernetes 网络将它们结合起来形成一个机器学习管道；通过一个构建回归模型的示例来讨论 H2O 人工智能工作台；探索 TensorFlow-Serving 来部署打包为 Docker 容器中微服务的模型；学习 Kubeflow，它帮助构建机器学习管道，以建立数据科学的 CI 进程。

9

## 第 10 章

机器学习平台 *10*

在上一章中，我们讨论了机器学习模型的生命周期，了解了模型开发是怎样一个大难题，包括问题定义、数据收集、清洗、准备、超参数调整和部署。一个好的数据科学或机器学习平台应该提供能在不同阶段推动自动化的工具，以便数据科学家推动端到端的周期，而无须参与软件开发。这就像机器学习的 DevOps。一旦模型在生产中发布，就应该被软件应用程序使用，而无须特殊的集成。

在本章中，我们将研究一些被广泛用于构建机器学习平台的工具和技术；讨论数据科学家在部署人工智能解决方案时必须处理的常见问题；了解一些解决这些问题的一流工具；学习如何结合这些产品，以形成一个更大的数据科学平台，托管在 Kubernetes 上。

10.1　机器学习平台关注点

在上一章中，我们了解到实际算法选择和模型开发是解决人工智能问题的关键活动。然而，通常这还不是最耗时的。我们有强大的库和平台来简化这一活动，并帮助我们用几行代码构建和训练模型。一些现代数据科学平台实际上允许我们选择正确的模型并进行训练，而无须编写代码。模型开发和数据训练完全通过配置完成。本章会介绍这类平台。

数据科学家通常花更多时间来解决围绕收集数据、清洗数据、为模型使用做好准备，以及分发模型训练和超参数的一般问题。将模型部署到生产中是另一项主要活动，主要涉及数据科学家和软件开发人员之间的大量手动交互和转换工作。有些数据科学家表示，整个解决方案开发时间的 50% ~ 80% 是花在与构建或训练模型没有直接关系的活动中，如数据准备、清洗和部署。事实上，今天的模型开发非常自动化，可以使用 Python 和 R 等语言的库，但数据科学过程的其余部分仍主要是手动的。

亚马逊、谷歌和微软等需要大量数据分析的公司正在大力开发机器学习或数据科学平台，这些平台包括亚马逊 SageMaker、谷歌 AutoML 和微软 Azure Studio，可以在模型开发生命周期中自动化这些不同的活动。它们通常与特定供应商各自的云产品相关联。只要你同意将所有大数据存储在各供应商的云中（并为此付费），就可以使用他们的数据科学平台来简化模型开发过程。根据具体要求，你可能会发现这些云产品有限，或者可能不想将你的数据存储在公共云中。在这种情况下，可以根据需求构建内部数据科学平台。

我们来讨论每种方法的利弊。无论如何，如果你的公司正在构建和使用大量的数据分析，强烈建议你投资一个机器学习平台，该平台可以简化数据科学家所进行的软件活动。

在软件开发中，敏捷框架努力通过在较短的开发周期内更快地发布新代码来迭代地向产品添加功能。该速度是通过使用自动化工具来实现的，如 CI/CD，它们处理代码编译、运行单元测试和集成依赖项等问题。同样，数据科学平台将帮助你快速收集、访问和分析数据，并找到可在现场部署以获利的模式。我们希望平台有助于处理特定的数据科学问题，这样数据科学家就不会浪费太多时间手动完成这些工作。下面来看图 10-1 中概述的一些问题。

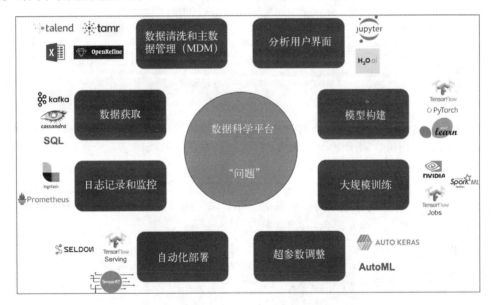

图 10-1　典型的数据科学问题和解决这些问题的工具

图 10-1 显示了一个好的数据科学平台或机器学习平台应该解决的主要问题。本书中这两个平台的名称是通用的，因为你会发现这两个名称都在工业中使用。它本质上是一个平台，可帮助数据科学家解决图 10-1 中的问题。下面来看这些问题，以及一些主要工具是如何解决它们的。

10.1.1　数据获取

获得正确的数据来训练模型，对确保构建可在现场工作的模型至关重要。在大多数有关机器学习的在线教程或图书中，你会看到数据已打包成 CSV 文件，并馈送到模型中。然而，生成这个包装整齐的 CSV 需要付出很大的努力，如果平台能够处理其中的一部分，就会帮数据科学家很大忙，这包括连接到生产数据源，查询正确的数据，并将其转换成所需的格式。

传统数据源使用关系数据库来存储大量数据。结构化查询语言（SQL）是从这些数据库中提取数据的首选工具。关系数据库以表格形式存储数据，表格链接到叫作主键或外键的特定字段。理解数据表之间的关系有助于我们构建能够提取正确数据的 SQL 查询。然后，可以将查询结果以可管理的格式存储，如 CSV 文件。

现代软件系统经常使用 Hadoop 和 Cassandra 等大数据技术来存储数据。这些系统形成了包含多个节点的集群，数据在其中跨节点复制，以确保故障转移和高可用性。这些系统通常使用类似于 SQL 的查询语言来收集数据。同样，了解数据结构对于编写正确的查询来提取数据非常重要。

最后，一个新兴的趋势是让数据流动起来。连续发生的数据事件被推到消息队列中，感兴趣的消费者可以订阅和获取数据。Kafka 正在成为非常受欢迎的高频数据消息代理。

平台应该能够自动连接到数据源并提取数据，无须我们每次手动提取数据和构建 CSV。数据科学平台应该有连接到 SQL、大数据和 Kafka 数据源的连接器，以便根据需要提取数据。这些从不同数据源收集的数据会结合起来，并交给模型进行训练。这发生在后台，没有数据科学家的手动干预。

一种越来越流行的方法是使用 Kafka 作为多个来源的所有数据的单一输入源。Kafka 是一个消息传递系统，专门设计用于以非常高的速度（每秒成千上万条信息）接收和处理数据。它由 LinkedIn 开发，通过 Apache 基金会开源。Kafka 帮助我们建立数据处理管道，在该管道中，我们将打包成消息的数据发布到特定主题。客户端应用程序订阅这些主题，并在添加新消息时收到通知。这样，可以通过消息传递系统分离数据的发布者和订阅者。这种松散耦合有助于构建强大的企业级应用程序。图 10-2 显示了这一过程的运行情况。

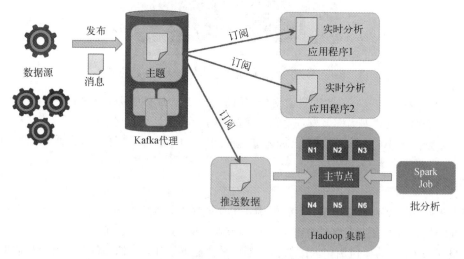

图 10-2　这个基于 Kafka 的数据摄取系统包括用于长期数据存储的 Hadoop 连接器

图 10-2 显示了一个带有主题的 Kafka 代理，数据源在其中将数据包装成消息。可以将数据

打包成 JSON（JavaScript 对象表示法）这样的标准化格式，并将其作为消息推送出去。通常，我们为每个数据源创建一个主题，以便以不同的方式处理这些消息。Kafka 实现了发布–订阅机制：一个或多个客户端或消费者应用程序可以订阅一个消息**主题**，当新消息进入该主题时，订阅的客户端会收到通知。对于每条新消息，客户端编写一些处理逻辑来描述需要对消息中的数据做些什么。当新数据到来时，我们可以对数据进行分析，例如计算摘要、趋势和发现异常值。当新数据以消息的形式进入时，这些分析就会被触发，Kafka 会将新数据的主题通知给订阅用户。正如你注意到的，可以很容易地向同一个主题或数据源添加更多的客户端，以便在多个客户端之间共享相同的数据。这使得该架构高度松散耦合。许多现代软件产品遵循这种松散耦合的架构。

图中还可以看到，在 Hadoop 集群中有一个特殊的客户端或消费者推送数据。这里，传入的消息被发送到 Hadoop 集群以长期存储数据。Hadoop 是处理批处理作业最流行的开源数据处理框架之一，遵循主从架构。

在图 10-2 中，可以看到一个主节点有 6 个从节点。主节点在从节点间分配数据和处理逻辑。在示例中，与实时客户端或流式客户端一起，我们还将数据发送到 Hadoop 集群，并存储在 Hadoop 分布式文件系统中。下面可以使用这些存储的数据来运行批处理作业。例如，我们可以每小时对存储的数据运行一次批处理作业，以计算平均值和关键性能指标（KPI）。Hadoop 还与另一个用于批处理的开源框架（Apache Spark）集成得非常好。Spark 也可以在分布式 Hadoop 集群上运行批处理作业，但是这些作业是在内存中运行的，非常快速且高效。Cassandra 等其他大数据系统可以将数据存储在集群中，并将机器学习模型应用于这些数据并提取结果。

在本例中，可以看到大数据处理的两种情况：使用 Kafka 的实时数据处理或流式数据处理。我们为使用数据的特定主题建立订阅用户，并对这些数据应用特定分析。这些数据存储在 Hadoop 集群中以长期存储，并以批处理模式对这些数据应用机器学习模型。

不管原始数据源是什么，所有数据都被转换成通用格式，且容易被分析模型使用。这种将数据源与消费者分离的模式极大简化了数据科学工作流程，并使其高度可扩展。通过以商定的通用格式将数据添加到现有队列，可以快速地添加新数据源。现代数据科学平台通常支持连接到这些流和批处理系统。可以使用 AWS SageMaker 这样的平台从 Kafka 主题中提取数据，然后运行机器学习模型，或者连接到 Hadoop 数据源（托管在 AWS 上）并读取数据来训练模型。

这个领域正在出现的另一个趋势是拥有**金数据库**（gold dataset）。这是一个数据集，完美地表示了模型将在字段中看到的数据类型。理想情况下，它应该涵盖所有极端情况，包括任何需要标记的异常。例如，你的模型正在观察股票价格，并做出买入和卖出的决定。如果有重大市场上涨或下跌的历史记录，我们会希望在金数据库中（分别）捕捉这些情况以及相应的买入或卖出决策。开发的任何新模型都应该能够正确预测这些模式，以便我们知道它们运行良好。通常，金数据库将包含模型在能够迁移到更复杂的模式之前能够预测的明显情况。我们还可以包括对金数据库的验证，作为部署到生产中的前提条件，也算作机器学习持续集成过程的一部分。

10.1.2   数据清洗

数据清洗就是要消除数据中的所有噪声，使其准备好馈送到模型。这可能包括删除重复的记录、输入缺失的数据，以及改变数据的结构，使之成为一种通用的格式。数据清洗可以通过加载一个 CSV 文件并应用简单的搜索和过滤工具在 Microsoft Excel 中完成，虽然这是最基本的形式，但难以在真正的生产环境中实现。实际系统中的数据量不能用 Excel 这样的工具来处理。我们通常使用专门的流或批处理作业来清洗数据，这些作业包含处理缺失数据或不良数据的规则。

如前一节所述，可以有一个统一的 Kafka 代理，为我们提供来自不同数据源的数据。现在我们可以订阅这些主题，编写清洗数据的逻辑，并将清洗后的数据写回新队列。可以使用批处理作业处理框架（如 Spark）对存储在 Hadoop 中的数据进行批处理作业，以完成清洗。

还有一些数据清洗的专用工具。一种流行的工具叫作 Tamr，它在内部使用人工智能来匹配数据。它基于**无监督学习**原则，试图识别相似数据的簇，并对这些数据应用通用的清洗策略。另一个具有类似功能的工具叫作 Talend，它具有更高的确定性，并基于预定义的规则进行清洗。这些工具还连接到 Hadoop 和 Kafka 这样的数据源，并提供干净的数据来构建机器学习模型。

含许多数据源的大型系统的另一个常见问题是缺少主数据。你可能在多个地方复制了相同的信息，但没有标准的识别字段来关联数据。像客户姓名和地址等常见的数据字段，通常以不同的方式存储在不同的系统中，这在搜索时会导致问题。因此，大型企业采用主数据管理（MDM）策略，其中来自特定数据源的数据被视为参考，并用于表示单一的事实来源。所有系统都将此作为标准，并围绕它工作。这个 MDM 系统可以作为训练机器学习模型的很好的输入，应该考虑与数据科学平台集成。Talend 和 Informatica 是非常流行的 MDM 系统，它们帮助组合不同的数据源，并建立单一的事实源供下游应用程序使用。

10.1.3   分析用户界面

用于分析的用户界面应该是直观的，并提供对数据运行描述性统计的简单访问。它应该以编程方式或者通过代码提供对 SQL 和 Kafka 等数据源的访问，且允许我们在数据上尝试不同的机器学习算法并比较结果。

可以在浏览器中打开的基于 Web 的用户界面已成为构建现代分析模型的标准。Jupyter Notebook 是一个开源解决方案，已被许多数据科学平台采用，包括谷歌 Colaboratory（前面使用过）和亚马逊 SageMaker。Jupyter 提供了非常直观的编程界面，用于试验数据和运行代码以获得即时结果。因为 Jupyter Notebook 是从 Python 启动的，所以可以创建包含所有必要的 Python 库的环境，并在 Jupyter Notebook 内部提供这些库。现在，Jupyter Notebook 可以运行许多复杂的函数调用，而不必显式地安装这些库。上一章中有一个示例，在谷歌 Colaboratory 提供的 Jupyter Notebook 中，我们运行了 TPU 模型的定制代码。

H2O.ai 和 DataRobot 是为数据科学开发强大可配置用户界面的创业公司。它们提供了非常强大的用户体验，无须编写代码就能链接到数据源和模型开发。截至 2018 年，这些创业公司仍处于起步阶段，我们不知道在你阅读本书时它们会增长多少，也许其中之一会成为构建机器学习模型的事实标准 UI 工具！

下面快速了解一下 H2O.ai 是如何让我们无须编写代码就能构建模型的。界面可能会改变，但我想让大家关注的是简化工程师数据科学过程的思维过程。H2O 是分布式机器学习框架，试图解决我们之前谈到的一些数据科学问题。它包括一个名为 H2O 流的分析用户界面和一个机器学习引擎，支持一些顶级的监督和无监督算法。它还支持将数据存储在集群中，并在集群上分发机器学习作业。

H2O 是开源的，免费提供。你可以在本地机器上下载并运行它，或者从 H2O.ai 网站上获得 Docker 镜像。它唯一的依赖项是 Java，本质上是一个独立的 Java 应用程序。我们不会详细介绍安装和设置，将展示用定制数据构建模型的示例。我们下载的数据是 CSV 文件格式的公开提供的葡萄酒质量数据集。下一节将展示在 H2O 上用这个数据文件构建的模型，注意用户界面的易用性。

无须编写代码就能在 H2O 上开发机器学习回归模型

H2O 是由 H2O.ai 公司开发的现代数据科学平台，允许用户拟合成千上万个潜在模型，作为发现数据模式的一部分。可以从统计软件包 R、Python 和其他环境中调用 H2O 软件运行。H2O 还有一个非常直观的 Web 用户界面，叫作 H2O Flow，它可以让你无须编写代码，就能在 Web 浏览器中导入数据，建立模型，并对其进行训练。所有这些都是使用基于 Web 的用户界面及其配置完成的。接下来我们看一个示例。要安装 H2O，请按照 H2O.ai 网站上的步骤操作。

可以将 H2O 安装为独立的 Java 应用程序或 Docker 容器，然后启动 Web 用户界面。可以在 Web 用户界面中浏览不同的菜单和帮助选项。要上传 CSV 文件，请从 Data 菜单中选择 Upload File 选项。H2O 还支持到 SQL 数据库和 Hadoop 分布式文件系统（HDFS）的连接。H2O Web 用户界面如图 10-3 所示。

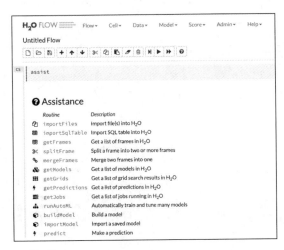

图 10-3　H2O Web 用户界面——流

　　下面使用并上传葡萄酒质量 CSV 文件（见图 10-4）。一旦 CSV 文件上传，H2O 就会自动解析列并提取数据。它将显示可用的字段或列以及数据类型。可以修改数据类型，例如将数值更改为分类。如果葡萄酒质量是 0~10 范围内的整数值，最好将其转换为分类。然后点击按钮，就可以解析这个 CSV 文件，并将数据存储在叫作**数据帧**的压缩二进制数据结构中。数据帧的优点是，它是一个分布式数据结构，因此，如果你有一个 5 节点集群，就可以存储分布在该集群中的数据。无须担心分布式数据存储问题，数据帧可以解决这个问题。

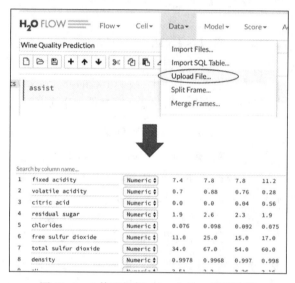

图 10-4　上传和解析 CSV 文件，无须代码

　　H2O 还有一个简单的界面，可以将数据分成训练数据帧和验证数据帧。这样，当构建模型时，就可以指定将哪个数据帧用于训练，哪个用于验证。可以指定用于将数据分发到训练集和验证集中的比例，通常是 80∶20 或 75∶25（见图 10-5）。

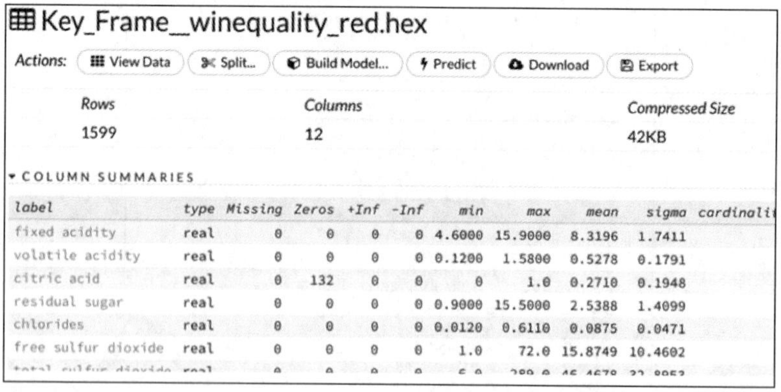

图 10-5　检查已解析的数据帧并将其分为训练集和测试集

定义数据帧后，转到 Model 菜单，选择要使用的算法。截至 2018 年，H2O 已为几种流行算法提供了建模选项，包括广义线性模型、随机森林等。它还支持深度学习，但只支持结构化数据。你可以选择模型类型，训练帧和验证帧以及要预测的输出特征。根据所选模型，填充相应的超参数。每个超参数都有一个默认值，你可以根据需要修改它。选择正确的超参数是数据科学家必须解决的一个主要问题。通常，有了经验，你就可以根据问题领域和正在处理的数据类型，制定一些选择正确超参数的经验法则，如图 10-6 所示。

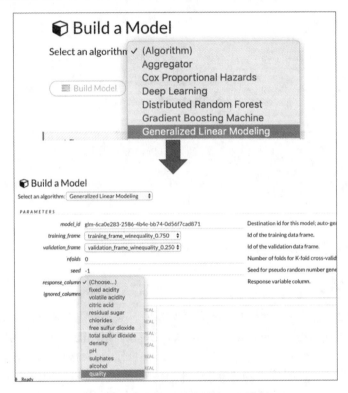

图 10-6　选择模型并为其定义超参数

然后，你可以提交训练模型的作业，该作业构建特定的模型。H2O 还显示了配置过程中选择的训练集和验证集的精度参数。在图 10-6 中，我们选择了一个广义线性模型（GLM），它向我们展示了每个自变量（X）对因变量（Y，这里是葡萄酒的质量）的影响程度。可以看到，这个模型是在没有编写任何代码的情况下纯粹通过配置用户界面构建、配置（超参数）和训练的。这就是H2O 的能力。当然，编码会带来更多的灵活性，但是 H2O 是熟悉机器学习不同方面的好方法，如图 10-7 所示。

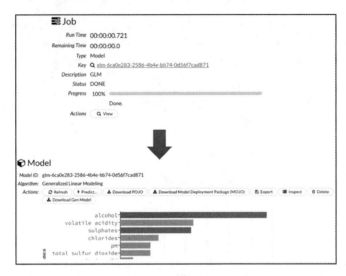

图 10-7　运行训练，评估训练好的模型，仍无须编写代码

然后，创建的模型可以导出为二进制文件。你可以编写 Java 代码来调用这个二进制文件以运行模型。此代码还可以打包为 Web 应用程序，并部署为微服务。这种模型部署方法在业界获得了广泛的欢迎。

H2O 示例的展示到此结束。下面回到数据科学家通常必须处理的其他主要问题。

10.1.4　模型构建

我们了解了 H2O 这样的平台是如何使用直观的基于 Web 的用户界面进行模型开发来解决模型构建问题的。可以将 H2O 或 Jupyter Notebooks 安装在一组功能极其强大的服务器上，这些服务器具有许多 CPU、内存和存储设备。然后，允许来自你的公司或者世界各地的数据科学家访问集群并构建模型。这将节省大量为单个数据科学家提供强大的机器和许可证（如 MATLAB）用于模型开发的投资。这是当今重度依赖数据分析的公司中最流行的模式之一。它使他们能够拥有一个集中的公共模型开发用户界面，可以被 Web 浏览器这样的瘦客户端访问。

如果在 Python 中以编程方式构建模型，那么用于浅层机器学习模型的首选库是 Scikit-Learn。对于深度学习，最好有一个框架，可以让我们建立代表神经网络的计算图。流行的框架是谷歌的 TensorFlow 和 Facebook 的 PyTorch。两者都是免费开源的，可以帮助构建不同的前馈和递归网络架构，以帮助解决领域中的问题。我们通常调用这些框架，因为它们不仅仅是插入现有的运行时中，而且有自己的完整运行时。这些框架允许开发人员连接到其运行时，并使用它们选择的语言（如 Python、Java 或 C++）运行训练作业。当你构建 TensorFlow 模型时，它在自己集群的单独会话中运行，该集群可能由 CPU 或 GPU 组成。

通常，许多流行的工具都可用来进行模型开发，并具有良好的文档。这是非常受关注的一个问题。

10.1.5　大规模训练

对于小型演示项目和概念证明，你主要拥有 CSV 这样通用格式的有限数据，并构建快速模型以查看它在这些数据上的拟合效果如何。然而，训练数据越大，模型就越通用。在现实世界中，数据量会非常大，且数据通常会使用 Hadoop 这样的框架分布在一个集群上。当拥有大量数据时，你很可能需要一种方法来在集群上分发模型训练，以利用数据的分布式特性。我们之前看到了 H2O 训练示例，它会自动将训练作业分配到集群中。H2O 很好地捕捉到了这种模式，但需要进入 H2O 生态系统才能利用它。还有其他工具可用于解决大规模训练的问题。

Spark 框架有一个 MLLib 模块，可以用于构建分布式的训练管道。Spark 在 Python、C++和 Java 中有接口，因此你可以用任何语言编写逻辑，并让它在 Spark 框架上运行。Spark 和 Hadoop 等大数据框架背后的理念是，将计算推到数据所在的位置。对于分布在集群中的大量数据，集中收集数据进行处理非常耗时。因此，这里的模式是打包代码并部署到数据存在的各个机器上，然后收集结果。在数据所在的机器上，所有数据处理都发生在后台，最终用户只需编写一次代码。Spark MLLib 模块通常适用于机器学习算法。

面向深度学习的 TensorFlow 还支持分布式模型训练。创建计算图后，可以在会话中运行它，该会话在分布式环境中运行。会话也可以在高度并行化的环境中运行，如 GPU。如上一章所述，GPU 有成千上万个并行处理核心，每个核心都致力于执行线性代数运算。总的来说，这些核心有助于并行运行深度学习计算，比在 CPU 上更快地训练模型。

谷歌还在为 Kubernetes 网络开发一个名为 **TFJob** 的 TensorFlow 分布式训练模块。本章的最后部分将详细地讨论这一点。

10.1.6　超参数调整

数据科学家的大部分时间是在尝试不同的超参数，如层数、层中的神经元、学习率、算法类型，等等。我们在上一章中讨论过超参数调整。通常，数据科学家开发最佳实践，为手头的特定问题或数据集选择超参数。像 H2O 这样的工具可以捕捉其中一些最佳实践并给出建议。你可以从这些建议开始，然后搜索更好的拟合超参数。

一种正在发展的新方法叫作 AutoML，通过并行搜索许多组合来自动找到最佳的超参数。AutoML 仍是一个不断发展的领域。随着它的成熟，这肯定会为数据科学家节省很多时间。

H2O 在 Model 菜单中有一个 AutoML 模块，可以并行运行具有不同超参数的不同类型的模型。它显示了一个模型排行榜。谷歌有一个云自动软件，你可以上传数据，比如图像和文本，系统选择具有合适超参数的合适深度学习架构。下一节我们将快速看一下 H2O 的 AutoML 模块。

Keras 的顶部有一个新工具，叫作 AutoKeras。它为 Keras 模型提供了一个 AutoML 接口。因此现在我们可以调整深度学习模型中的超参数，并选择最准确的参数。

10

使用 AutoML 的 H2O 示例

我们将继续使用前面的 H2O Web 用户界面中对葡萄酒质量数据集进行回归分析的示例。我们将选择 H2O 提供的 AutoML 技术，看看它是否对我们有帮助。首先选择 AutoML 选项，然后选择训练数据帧和验证数据帧，如图 10-8 所示。

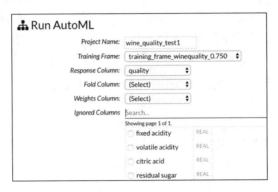

图 10-8　从菜单栏中选择 Run AutoML

下面运行 AutoML 作业。运行需要几分钟，进度条上会显示进度。一旦并行运行了大量模型，我们就会得到一个结果的比较排行榜，见图 10-9。这里有回归，因此 mean_residual_deviance 用作在排行榜上给模型打分的指标。排行榜上的任何模型都可以作为二进制文件下载并部署。

图 10-9　运行 AutoML 作业。注意与你的数据集进行比较的所有不同模型的排行榜

10.1.7　自动化部署

在模型开发过程中，有两个主要方面可以自动化：训练模型和推断新数据。训练涉及使用训练集调整权重，以便模型能够做出准确的预测。推理是向模型输入新数据并做出预测。在第 10 章中，我们开发了一个 Web 应用程序，它将数据提供给训练好的模型，进行推理，并在应用程序中显示结果。这对于具有基本模型的小型应用程序是可以的，但对于大型应用程序，我们需要软件代码和模型之间的松散耦合。

创建这种松散耦合的最流行方法之一是使用微设备架构模式。该模型被打包为容器，并部署为微服务，该微服务通过轻量级的 HTTP 请求进行调用。这可以像第 7 章那样使用定制的应用程序来完成，或者使用自动化的部署框架。机器学习模型部署框架仍在发展。亚马逊 SageMaker 有一个专门针对 AWS 的部署引擎。有一些公开可用的模型服务框架可以插入数据科学平台中。下面来看看。

谷歌提供了一个流行的开源部署和推理引擎，叫作 TensorFlow-Serving（TF-Serving）。虽然其名称如此，但 TF-Serving 非常灵活，还可以部署在 Scikit-Learn 中开发的普通机器学习模型。唯一的问题是，该模型要以谷歌的开放原型缓冲格式提供。该模型应被保存为扩展 PB 文件，然后可以在 TF-Serving 中部署为微服务。你可以管理模型的不同版本，TF-Serving 会加载这些版本，并允许你使用单独的 URL 调用它们。

另一个正在发展的流行推理引擎是 NVIDIA 的 Tensor-RT。对于在边缘快速运行模型而言，这变得非常流行。对于服务器和云模型部署，它也越来越受欢迎。Tensor-RT 与 TensorFlow 无关，它允许部署和推断在不同深度学习框架中开发的模型。部署之前，模型必须转换成 Tensor-RT 二进制格式。与使用本机 TensorFlow 运行推理相比，使用 Tensor-RT 通常可以得到大约 10 倍的改进，这是因为 Tensor-RT 通过应用一些优化和更紧凑的架构来重新创建深度学习模型。Tensor-RT 是一种基于 Docker 的容器化微服务，你可以在环境中部署它。

TF-Serving 在 DockerHub 中作为 Docker 镜像提供。可以使用此镜像构建容器，作为服务打包模型的微服务。模型被打包成具有特定文件夹结构的原型缓冲格式。下面来看如何部署。我们会使用 TensorFlow 代码的一个简单示例来构建基本的计算图。这里不会使用 Keras，因为没有多层的深度网络。我们将只做一些基本的操作来说明这个概念。

代码清单 10-1 显示了简单计算图的代码，该计算图有两个输入变量（$x1$、$x2$）并计算输出（y）。

代码清单 10-1　构建简单模型并将其导出为原型缓冲区的 TensorFlow 代码——app.py

```
# 导入 TensorFlow 库
import tensorflow as tf

# 定义导出模型的路径，附带版本信息
export_path = "/tmp/test_model/1"

# 启动 TensorFlow 会话
```

```
with tf.Session() as sess:
    # 定义 2 个常数并赋值
    a = tf.constant(10.0)
    b = tf.constant(20.0)

    # 在推断时为 x1 和 x2 定义 2 个占位符
                # 我们对 y 的预测是一个简单的公式：y=a×x1+b×x2
    x1 = tf.placeholder(tf.float32)
    x2 = tf.placeholder(tf.float32)
    y = tf.add(tf.multiply(a, x1), tf.multiply(b, x2))

    # 初始化图的变量
    tf.global_variables_initializer().run()

    # 创建封装输入/输出的 protobuf 对象
    tensor_info_x1 = tf.saved_model.utils.build_tensor_info(x1)
    tensor_info_x2 = tf.saved_model.utils.build_tensor_info(x2)
    tensor_info_y = tf.saved_model.utils.build_tensor_info(y)


    # 定义签名，用 TF 预测 API
    prediction_signature = (
        tf.saved_model.signature_def_utils.build_signature_def(
            inputs={'x1': tensor_info_x1, 'x2': tensor_info_x2 },
            outputs={'y': tensor_info_y}, method_name=tf.saved_model.signature_
constants.PREDICT_METHOD_NAME))


    # 将模型导出到文件夹
    print ('Exporting trained model to', export_path)
    builder = tf.saved_model.builder.SavedModelBuilder(export_path)

    # 导出，以便将其由 TF-Serving 调用
    builder.add_meta_graph_and_variables(
        sess, [tf.saved_model.tag_constants.SERVING],
        signature_def_map={
            'predict_images':
                prediction_signature,
            tf.saved_model.signature_constants.DEFAULT_SERVING_
SIGNATURE_DEF_KEY:
                prediction_signature,
        },
        main_op=tf.tables_initializer())

    # 保存模型
    builder.save()
```

如果运行此文件，它将创建一个名为/tmp/test_model/1 的文件夹，并将我们刚刚创建的模型保存在该文件夹中。这是一个确定性的模型，总会给出相同的输出。我们可以捕捉复杂的模式并构建此模型。

下面创建一个包含 TF-Serving 镜像的容器，并尝试通过 REST API 调用模型。TF-Serving 镜像可以在开放的 DockerHub 存储库中使用，并且可以下载。我们将从镜像中运行 Docker 容器，

并将开发模型的文件夹作为参数传递。我们还将把容器中的网络端口映射到机器上,这样就可以通过调用主机来访问微服务。TF-Serving 将包装我们的模型,并将其作为微服务提供,如代码清单 10-2 所示。

代码清单 10-2　将模型部署为微服务

```
$ docker run -it --rm -p 8501:8501 -v '/tmp/test_model:/models/test_
model' -e MODEL_NAME=test_model tensorflow/serving
```

注意,我们传递了模型文件夹和名称。此外,我们将端口 8501 映射到本地端口。镜像名称是 tensorflow/serving。现在可以使用 REST API 调用直接调用这个模型,如下所示:

```
$ curl -d '{"instances": [{"x1":2.0,"x2":3.0},{"x1":0.5,"x2":0.2}]}'  -X
POST http://localhost:8501/v1/models/test_model:predict

{
    "predictions": [80.0, 9.0]
}
```

我们调用 TF-Serving 所公开的模型的 URL,传递 JSON 数据,指示要处理的点数(实例),以及变量 x_1 和 x_2 的值。就是这样。可以传递更多打包为 JSON 的数据,镜像将作为容器。结果是带有预测值的 JSON 字符串。对于具有 Keras 之类的库的深度学习模型也可以这样做。

深度学习模型在 Keras 中的部署

上一节是 TensorFlow 中计算图的一个非常基本的示例,我们将其部署为微服务,但还不太令人印象深刻。下面我们采用深度学习模型,"服务"它,并使用客户端应用程序调用它。我们将使用第 5 章中创建的 Keras 模型来对百事可乐和可口可乐标识进行分类。可以回想一下,当时我们将这个模型保存为名为 my_logo_model.h5 的 HDF5 文件。我们将把这个文件保存在文件夹中,并运行代码清单 10-3 中的代码,将其转换成 TF-Serving 期望的原型缓冲区格式。

通常,要进行这种转换,最好每次都编写通用的实用程序文件,而不是自定义代码。让我们编写实用程序,它将采用 H5 文件,输出模型名称和版本作为参数,并将 H5 文件转换成版本化的模型,稍后会提供该模型。

你可以选择任何语言来编写该实用程序,只要它能够处理命令行参数并调用 TensorFlow 库。我会用 Python 来做,代码清单 10-3 显示了代码。

代码清单 10-3　命令行实用程序的 Python 代码,用于将 Keras H5 模型文件转换为版本化原型缓冲区 PB 文件——h5_to_serving.py

```
import os
import sys

# 检查 H5 文件和导出文件夹是否作为参数提供
if len (sys.argv) != 4:
    print ("Usage: python h5_to_serving.py <my_file.h5>
```

10

```
                        <model_name> <model_version>")
        sys.exit (1)

# 获取 H5 文件以转换和导出文件夹
h5_file = sys.argv[1]
model_name = sys.argv[2]
model_version = sys.argv[3]
export_folder = './' + model_name + '/' + model_version

# 打印（导出文件夹）

if os.path.isdir(export_folder):
    print ("Model name, version exists - delete existing folder.")
    sys.exit (1)

import tensorflow as tf

# 在 TensorFlow 上使用 keras 加载 H5 文件
model = tf.keras.models.load_model(h5_file)
tf.keras.backend.set_learning_phase(0)

# 获取 Keras 会话并保存模型
# 签名定义由输入和输出张量定义
with tf.keras.backend.get_session() as sess:
    tf.saved_model.simple_save(
        sess,
        export_folder,
        inputs={'input_image': model.input},
        outputs={t.name:t for t in model.outputs})

# 关闭会话
sess.close()
```

使用这个实用程序将生成 PB 文件。深入代码，你将看到它确保你已为 H5 文件以及模型名称和版本传递了正确的参数。此外，它还验证了不存在相同的模型和版本。当你编写代码来检查这样的故障模式时，这是一个好主意。它大大提高了代码的可靠性。你永远不知道用户会在这里输入什么。

然后，代码从 H5 文件加载 Keras 保存的模型。由于 Keras 运行在 TensorFlow 之上，该模型也自动加载到 TensorFlow 会话对象中。我们现在要做的就是保存这个会话对象，然后就有了原型缓冲区文件。这就是我们所做的，已为服务准备好了模型。TF-Serving 的文件夹结构为 <Model_Name>/<Version>，这有助于更好地管理模型的版本。

下面使用这个实用程序来转换以前的 my_logo_model.h5 文件。我们将文件放在运行这个 Python 脚本的同一个文件夹中，然后运行代码清单 10-4 所示的代码。

代码清单 10-4　将 H5 文件转换为 PB，并在服务容器中运行它

```
$ python h5_to_serving.py my_logo_model.h5 my_logo_model 1
```

我们传递模型 H5 文件，并将模型名称和版本作为参数输出。结果将是一个名为 my_logo_model/1 的新文件夹，其中包含 PB 文件和 variables 文件夹：

```
$ ls my_logo_model/1/
    saved_model.pb    variables
```

下面创建 Docker 容器，就像之前使用 tensorflow/serving 镜像一样。该容器将托管模型，并公开调用模型的 HTTP 接口。无须编写任何定制的应用程序代码，所有用于公开 REST API 的管道都由 TF-Serving 负责：

```
$ docker run -it --rm -p 8501:8501 -v '/my_folder_path/my_logo_model:/
models/logo_model' -e MODEL_NAME=logo_model tensorflow/serving

    Adding/updating models.
Successfully reserved resources to load servable  {name: logo_model
version: 1}
    ....
Successfully loaded servable version {name: logo_model version: 1}
```

现在我们已在 TF-Serving 中加载了标识检测模型作为微服务。在前面的示例中，我们使用 CURL 命令调用模型微服务并传递参数。在这个示例中，我们必须将整个 150×150 大小的图像传递给模型。为此，我们使用 Python 加载图像并调用服务。代码清单 10-5 构建了一个完全这样做的客户端。

代码清单 10-5 调用模型微服务的 Python 代码

```python
import requests
import json
from keras.preprocessing.image import load_img
from keras.preprocessing.image import img_to_array

# 由 TF-Serving 提供的模型微服务 URL
MODEL_URL = 'http://localhost:8501/v1/models/logo_model:predict'

# 创建一个函数调用微服务并预测标识
def predict_logo(image_filename):
    # 加载图像并转换为阵列
    image = img_to_array(load_img(image_filename, target_
size=(150,150))) / 255.

    # 创建要传递给 HTTP 请求的负载
    payload = {
        "instances": [{'input_image': image.tolist()}]
    }

    # 进行 HTTP post 调用
    r = requests.post(MODEL_URL, json=payload)

    # 获取 JSON 结果
    return json.loads(r.content)
```

10

```
# 下面将调用不同图像的函数

print('Prediction for test1.png = ', predict_logo('test1.png'))
print('Prediction for test2.png = ', predict_logo('test2.png'))
```

图 10-10 显示了用于测试的图像（test1.png 和 test2.png）。

'test1.png'

'test2.png'

图 10-10　用于验证模型的图像

输出如下所示：

```
Prediction for test1.png =  {'predictions': [[1.23764e-24]]}
Prediction for test2.png =  {'predictions': [[1.0]]}
```

可以看到，对于可口可乐图像（test1.png），当我们将图像传递给模型时，它给出的预测值接近 0；而对于百事可乐图像（test2.png），它给出的值为 1。这就是我们训练模型的方式，我们看到了好结果。还可以使用从互联网上下载的图像来查看结果。

请记住，我们运行的客户端代码没有任何直接的 TensorFlow 依赖项。我们获取图像，将其归一化（除以 255），转换为列表，并传递给 REST 端点。结果以 JSON 值返回，可以解码得到 0 或 1。这是二元分类，因此，我们只有一个结果，即 0 或 1。实际上，你会构建更复杂的模型来进行多类预测。这些也可以在 TF-Serving 上托管。

我们已了解了如何使用 TF-Serving 来处理数据科学家关心的一个主要问题：大规模部署模型。如前所述，由于 TF-Serving 作为 Docker 容器运行，我们可以很容易地将其打包为 Kubernetes 的部署，并将部署扩展到多个 pod。Kubernetes 将处理扩展和故障迁移，以便处理大型客户端负载。我们必须创建存储模型文件的卷。Kubernetes 包括持久卷和持久卷声明等概念，可以解决这个问题。

下面回到数据科学家关心的另一个主要问题——日志记录和监控，并讨论如何使用这个平台来处理它们。

10.1.8　日志记录和监控

最后，所有类型的软件应用程序中最常见的两个问题涉及日志记录和监控。我们需要能够持续监控软件应用程序来捕获和记录错误，如内存不足错误、运行环境异常、权限错误，等等；需要记录这些错误或感兴趣的项目，以便运营团队能够识别你的软件或模型的健康状况；还需要监控为模型提供服务的应用程序或微服务，以便客户端可以使用。如果我们使用 Kubernetes 这样的平台，它会附带日志收集和监控工具来帮助解决这些问题。像 TF-Serving 和 Tensor-RT 这样的部署平台内置了日志记录，可以为我们提供快速输出。

监控和日志记录问题通常会传递到 Kubernetes 这样的平台上。如果在 Kubernetes 部署模型训练和推理微服务，我们就会使用 Prometheus 这样的监控工具和 Logstash 这样的日志记录工具。这两者也可以作为微服务部署在同一个 Kubernetes 集群上。

10.2　将机器学习平台整合在一起

在上一节，我们学习了如何使用工具来解决特定的数据科学问题，以及 Kubernetes 如何作为单一的统一平台来解决软件应用程序问题。通过扩展 Kubernetes，我们可以解决这些数据科学问题。因为前述的许多工具可以打包成微服务，所以我们可以托管特定的微服务，使 Kubernetes 能够满足数据科学需求。这个扩展是由谷歌正在开发的一个开源项目来完成的，这个项目叫作 Kubeflow。

Kubeflow 允许在 Kubernetes 集群上轻松、统一地部署机器学习工作流。相同的机器学习部署管道可以在本地 MiniKube、本地 Kubernetes 集群和云托管环境中完成。

Kubeflow 采用行业领先的解决方案来解决许多数据科学问题，并将它们一起部署到 Kubernetes 上。我不会谈论 Kubernetes 集群上的 Kubeflow 安装，主要是因为这些说明随着产品而不断变化。你可以在 Kubeflow 网站上获得最新的说明。

一旦 Kubeflow 安装在其命名空间中，你就可以列出该命名空间中的部署和服务，以查看安装了什么。Kubeflow 是安装在 Kubernetes 上的高级应用程序，它安装所有特定的微设备。Kubeflow 本身并不能解决任何数据科学问题，而是致力于集成各个组件。

至少，你应该可以看到 JupyterHub（分析用户界面）、TF-Job（模型训练）和 TF-Serving（部署）组件。你可以从 Jupyter Notebook 开始构建模型，并将其提交到 TF-Job，以安排分布式训练作业。一旦训练了模型，你就可以使用 TF-Serving 充当 Kubernetes 集群上的微服务来部署它。客户端可以调用 HTTP API 接口来调用模型并运行推理。TF-Serving 还支持谷歌的 gRPC 协议，这比 HTTP 快得多。gRPC 以二进制格式打包数据，并利用 HTTP/2 处理非结构化数据，如图像。

如你所见，Kubeflow 本身并不是完整的解决方案。它更像胶水，为我们提供了一个标准接口，可将机器学习组件集成到 Kubernetes 上。随着时间的推移，越来越多的组件会被添加到 Kubeflow 中，并且会很容易在 Kubernetes 上部署。如果你正在为数据科学家建立自己的平台，Kubernetes 的 Kuberflow 无疑应该是你的一个选择。

10.3　小结

在本章中，我们讨论了影响数据科学家的常见问题，如数据清洗、分析用户界面和分布式训练；介绍了一些行业标准工具，如 TF-Serving 和 Jupyter，用于解决特定的问题；然后研究了

Kubeflow，它提供了一种在 Kubernetes 上部署机器学习工作负载的标准方法；阐释了使用 TF-Serving 部署简单 TensorFlow 分析的示例。

就这样了，朋友们。我们了解了机器学习和深度学习的基本概念；学习了如何处理结构化数据和非结构化数据；使用名为 Keras 的流行库开发了用于分析文本和图像数据的深度学习模型；开发了模型来对苏打汽水标识图像进行分类，并从文本中识别情绪；阐释了一些使人工智能模型创作绘画并生成新图像的很酷的示例。在本书的后半部分，我们研究了将模型打包成微服务并管理它们的部署；探讨了不同的数据科学问题，如数据收集、清洗、准备、模型构建、超参数调整、分布式训练和部署；最后学习了 Kubeflow，这是一种在 Kubernetes 上部署机器学习工作流的技术。

10.4　最后的话

本书的所有代码都可以在这里找到：https://github.com/dattarajrao/keras2kubernetes。

希望本书为你提供了构建人工智能模型并在生产环境中大规模部署这些模型的整体图景。我们经常看到数据科学家专注于算法开发，而没有足够的工具来解决数据清洗、分布式训练和部署等其他问题。如我们所见，这些技术仍在开发中。这个领域前景广阔，新的解决方案即将出现。希望本书已激发了你对这个领域的兴趣，当你面对这些问题时，你将能够利用正确的工具。如果你有关于这本书的任何反馈和评论，请一定告诉我。祝你在现实世界的机器学习之旅中一切顺利！

附　录　A

本附录提供了相关的图书、论文和在线文章，这些资料详细涵盖了书中提到的许多话题。我们按章列出参考资料，其中大部分是免费的，还包括可以方便使用的代码示例。感谢非常令人惊叹的深度学习社区，那里有许多这样的资源随时可供使用。只要你理解了关于机器学习和深度学习的基本概念，就应该能够理解这些参考资料和代码。

第1章　大数据和人工智能

- ❏ 吴恩达博士是机器学习和人工智能领域中最重要的研究人员之一。强烈推荐他定义人工智能状态的视频和新闻。
- ❏ 随着工业互联网的兴起，通用电气公司（GE）一直引领着工业领域的大数据革命。可以在 GE 网站查看其关于工业物联网前景的白皮书。
- ❏ 工业物联网革命叫作工业 4.0，尤其是在欧洲。Bernard Marr 写了一篇很好的文章（"What is Industry 4.0?"）来解释这一点。
- ❏ "Inside Amazon's Artificial Intelligence Flywheel—How Deep Learning Came to Power Alexa, Amazon Web Services, and Nearly Every Other Division of the Company"是一篇很好的文章，展示了亚马逊如何围绕人工智能转变自身。它包含了一个很好的示例：推动一个平台愿景来同时改进几个产品。
- ❏ 关于利用现代人工智能生成绘画和假的名人照片的新闻层出不穷。

   人工智能生成的艺术品售价 432 500 美元！参见 CHRISTIE'S 网站的文章 "Is Artificial Intelligence Set to Become Art's Next Medium?"。

   人工智能生成假的名人照片，参见 THEVERGE 网站的文章 "All of These Faces are Fake Celebrities Spawned by AI"。

- ❏ 最后建议访问大公司的人工智能研究页面，上面经常有惊人的内容。下面是我经常浏览的几个大公司的网站：

   - 谷歌的 Google AI 网站
   - Facebook 的 ONNX 网站

- NVIDIA 的 Deep Learning AI 网站
- 英特尔的人工智能网站
- IBM Watson 网站
- SalesForce 网站
- H2O.ai 网站

第 2 章　机器学习

- ❑ 每当有人问我学习机器学习和深度学习的良好起点时，我的第一个参考总是吴恩达博士的视频课程。它被公认为学习机器学习的重要资源，非常好地解释了不同的算法并提供了许多基本概念的细节。你可以在以下网站认证课程。虽然认证需收费，但可以免费观看课程视频。

  - coursera 网站上搜索 Machine Learning 即可。
  - deeplearning.ai 网站。
  - 课程材料的某些部分也可以在 YouTube 网站上免费获得。

- ❑ 谷歌提供了机器学习方面的在线免费速成课程，相当不错。
- ❑ 我个人非常喜欢的节目是 Tyler Renelle 的有关机器学习基础的播客。我发现自己迷上了这个，因为 Tyler 解释概念的方式非常简单。我强烈推荐这个播客，详见 ocdevel 网站。
- ❑ 下面还有几个推荐的播客：

  - Talking Machines 网站
  - SoundCloud 网站
  - O'Reilly Data Show Podcast

- ❑ 另一个很棒的网站是 Analytics Vidhya，里面有非常棒的机器学习文章和示例代码。这个网站是由 Kunal Jain 创建的，其中提供了优秀的教程。
- ❑ kaggle 对于机器学习从业者来说是一个很棒的资源，其中有一些公司举办的比赛，在比赛中，公司提供了可以分析的良好数据集。你可以与世界各地的数据科学家同台竞技，以极高精度建立模型，并根据预先确定的结果评分。这是一个探索你的数据科学技能并处理真实世界数据的好方法，而且许多比赛有现金奖励。强烈推荐。

第 3 章　处理非结构化数据

- ❑ 计算机视觉细节和教程可在 OpenCV 教程网站上获得。我更喜欢 Python，但 OpenCV 教程网站也有 C++ 和 Java 教程。
- ❑ 另一个极好的资源是 Adrian Rosebrock 提供的计算机视觉教程，其中包含一些非常好的代码。我特别欣赏 Adrian 提供的示例代码，因为它高度通用，易于重用。
  Adrian 还开设了一门相当不错的计算机视觉速成课程。

- 对于核心机器学习算法，我们使用的库（Scikit-Learn）也提供了一些非常好的教程。
- 对于自然语言处理，自然语言处理工具包提供了一个非常全面的在线教程。

推荐图书 *Natural Language Processing with Python：Analyzing Text with the Natural Language Toolkit*。

- 同样是自然语言处理，我发现 DZone 网站上的文章 "NLP Tutorial Using Python NLTK (Simple Examples)" 简单明了，很有帮助。
- *Jupyter Notebook for Beginners：A Tutorial* 是一本关于使用 Jupyter Notebook 的入门好书。

第 4 章　使用 Keras 进行深度学习

- 对于深度学习，强烈推荐前面提到的吴恩达视频课程。这些概念解释得很好，这是最好的开始方式之一。
- Keras 被公认为 TensorFlow 的首要前端库。TensorFlow 网站现在有一些非常好的代码测试，解释了如何使用 Keras 构建深度网络。
- 对于使用 Keras 的深度学习，推荐由 Keras 的创始人 François Chollet 所著的《Python 深度学习》①。
- 一些有用的 Keras 资源，在 GitHub 网站上搜索 fchollet/keras-resources 即可查看。

第 5 章　高级深度学习

- 深度学习的另一个重要资源是 Reza Zadeh 和 Bharath Ramsundar 的著作《基于 TensorFlow 的深度学习》。特别推荐此书的第 8 章。
- KDnuggets 网站有一些非常有用的使用 Keras 的深度学习文章。

第 6 章　前沿深度学习项目

- Leon A.Gatys、Alexander S. Ecker 和 Matthias Bethge 的技术论文 "A Neural Algorithm of Artistic Style" 是一个很好的资源。
- TensorFlow 团队的 Raymond Yuan 提供的带有样本代码的神经风格迁移帖子。
- Ian J. Goodfellow、Jean Pouget-Abadie、Mehdi Mirza、Bing Xu、David WardeFarley、Sherjil Ozair、Aaron Courville 和 Yoshua Bengio 的技术论文 "Generative Adversarial Networks" 也是一个很好的资源。
- 我最喜欢的网站 Analytics Vidhya 中含有关于生成对抗网络的文章，还附有示例代码。
- David Ellison 博士关于在 Keras 中使用自动编码器进行欺诈检测的精彩文章 "Fraud Detection Using Autoencoders in Keras with a TensorFlow Backend"。

---

① 此书已由人民邮电出版社出版，详见https://www.ituring.com.cn/book/2599。——编者注

第 7 章　现代软件世界中的人工智能

- ❏ Kubernetes 网站提供了关于设置集群的优秀互动教程，包括基本命令。这是无须在机器上安装就能熟悉界面的好方法。
- ❏ 另一个提供优秀互动教程的优秀网站是 Katacoda。你可以获得与产品 Kubernetes 安装中相同的界面，但是可以安全地尝试所有命令。这是一种教授技术的神奇方式。

第 8 章　将人工智能模型部署为微服务

- ❏ Martin Fowler 和 James Lewis 撰写的有关微服务架构的优秀概述教程。里面没有代码，但其中包含了定义该架构的核心概念的优秀解释。
- ❏ 我的 GitHub 仓库，带有一个开源工具包，用于快速将镜像处理 Keras 模型转换为 Flask 上托管的微服务。

第 9 章　机器学习开发生命周期

- ❏ *Design & Build an End-to-End Data Science Platform* 是 Mesosphere 撰写的一本优秀白皮书，旨在构建数据科学的端到端平台。它涵盖了几个数据科学方面的问题，以及平台如何解决这些问题。
- ❏ 谷歌云平台团队的在 YouTube 网站上的视频 "The 7 Steps of Machine Learning"。
- ❏ Algorithmia 中的博客文章 "Data Scientists and Deploying Machine Learning into Production—Not a Great Match"。

第 10 章　机器学习平台

- ❏ 英特尔关于训练 TensorFlow 模型和在 Kubernetes 上部署的博客 "Let's Flow within Kubeflow"。
- ❏ Gautam Vasudevan 和 Abhijit Karmarkar 撰写的文章 "Serving ML Quickly with TensorFlow Serving and Docker"。
- ❏ Katacoda 关于使用 Kubeflow 和 Kubernetes 部署机器学习工作负载的交互式教程。

技术改变世界 · 阅读塑造人生

Keras 深度学习：基于 Python

◆ 独具特色地借助乐高玩具模块
◆ 充满创意地实现深度学习模型

书号： 978-7-115-53261-9
定价： 99.00 元

精通特征工程

◆ 通过Python示例掌握特征工程基本原则和实际应用，增强机器学习算法效果

书号： 978-7-115-50968-0
定价： 59.00 元

微服务设计

◆ 通过Netflix、Amazon等多个业界案例，从微服务架构演进到原理剖析，全面讲解建模、集成、部署等微服务所涉及的各种主题

书号： 978-7-115-42026-8
定价： 69.00 元

基础设施即代码：云服务器管理

◆ DevOps之父Patrick Debois、《重构》作者Martin Fowler、中国DevOpsDays社区组织者刘征推荐
◆ 实现IT基础设施管理向云时代转型，提升自动化程度、效率和可靠性

书号： 978-7-115-49063-6
定价： 89.00 元

站在巨人的肩上

Standing on the Shoulders of Giants

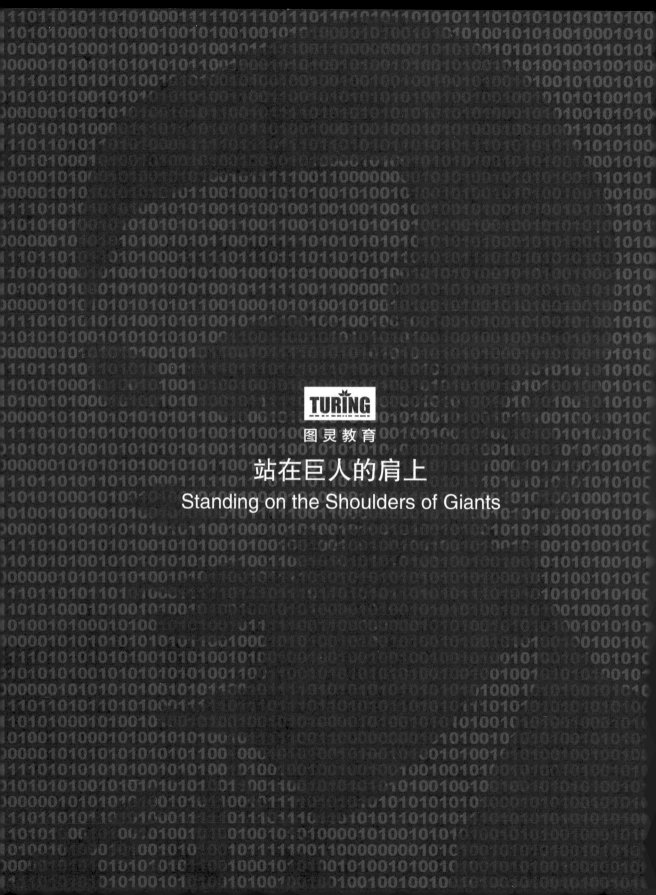

TURING

图灵教育

站在巨人的肩上

Standing on the Shoulders of Giants